Inhaltsverzeichnis

Vorwort zur zweiten Auflage

In den vergangenen 4 Jahren haben wir dieses Arbeitsbuch im Physiotherapieunterricht eingesetzt. Während dieser Zeit hat sich herausgestellt, was den Schülern an dem Buch gefällt, welche Fragestellungen mißverständlich waren und was fehlerhaft war. Durch tiefergehende Fragen bezüglich der Themen und Aufgaben haben uns unsere Schüler, unsere Kollegen im ganzen Land und wiederum deren Schüler herausgefordert. Mit ihrer Hilfe konnten wir die Übungen herausfinden, die den Schülern Schwierigkeiten bereiten, und die Aufgaben erkennen, die das Lernen effektiv erleichtern. Insgesamt hat uns die Arbeit mit dem Arbeitsbuch gezeigt, daß es sinnvoll ist, daß die Schüler mit Informationen aus unterschiedlichen Quellen umgehen und sie auch komplexe Zusammenhänge selbständig erarbeiten zu lassen.
Bei der Überarbeitung des Arbeitbuches haben wir viele der Themen und Fragen bearbeitet, die an uns herangetragen worden sind. Das frühere erste Kapitel wurde in ein Biomechanik- und ein Befundkapitel unterteilt. In den anderen Kapiteln wurde die Terminologie aktualisiert, unklare Fragestellungen und Antworten überarbeitet, neue Übungen hinzugenommen, Fehler korrigiert und Übungen entfernt, die sich nicht bewährt haben.
Dem Arbeitsbuch Kinesiologie liegt auch in der zweiten Auflage das Prinzip zugrunde, Schüler Informationen aus verschiedenen Quellen anwenden und komplexe Zusammenhänge erarbeiten zu lassen. Es wäre schön, wenn wir weiterhin erfahren würden, wie es Ihnen beim Lernen mit dem Buch geht.

Jan F. Perry, David A. Rohe, Anita O. Garcia

Vorwort zur ersten Auflage

Das Arbeitsbuch Bewegungslehre ist aus vielen Jahren des Unterrichts eines Einführungskurses der Physiotherapie über die Grundlagen der Befunderhebung (Bewegungslehre, Goniometrie und Muskelfunktionstests) hervorgegangen. Wir haben dieses Buch entwickelt, um den Schülern zu helfen, die Lücke zwischen der Präsentation des Stoffes in den Lehrbüchern und der tatsächlichen Befunderhebung der normalen Bewegung - die Lücke zwischen Wissen und Tun - zu schließen.

Kurz gesagt bietet das Arbeitsbuch Bewegungslehre eine Auswahl an Übungen, die sich auf die Prinzipien der Bewegungslehre und der Biomechanik jedes einzelnen Gelenkes sowie auf den Gang und die Haltung beziehen. Es gibt Hausaufgaben, Aufgaben für den Unterricht und Gruppenübungen.

Unsere Lehrerfahrung und somit auch dieses Buch stützen sich auf die Annahme, daß der Umgang mit Daten und Konzepten das Lernen verbessert. Es gibt praktische und theoretische Übungen in diesem Arbeitsbuch der Bewegungslehre. Alle Übungen sind so konzipiert, daß sie den Schüler dazu anregen, Verbindungen zwischen den Dingen, die sie in einem Lehrbuch gelesen haben, und der praktischen Arbeit am Patienten herzustellen.

Dieses Arbeitsbuch kann Schülern im Bereich der Physiotherapie, der Ergotherapie, Sportlehrern und Schülern der Trainingslehre helfen. Es kann als zusätzliches Buch für die Einführung in die Bewegungslehre, die funktionelle und die grobe Anatomie benutzt werden. Als Ausbilder wissen wir, daß es unterschiedliche Arten des Lernens gibt. Deswegen wollen wir die Schüler und Lehrer dazu anregen, die Übungen auszuwählen und anzupassen, die für sie am nützlichsten sind, und die zu überspringen, die nicht in ihre Lernsituation passen. Beispielsweise hilft es einigen Schülern, die Muskeln in die Zeichnungen einzuzeichnen und die Listen zu vervollständigen, anderen ist so etwas wiederum keine Hilfe. Jeder sollte sich also das auswählen, was ihm am meisten bringt.

Der Schlüssel zu diesem Buch ist, daß es dafür gemacht ist, benutzt und nicht nur gelesen zu werden. Es würde uns sehr freuen, wenn wir von Ihnen hören würden, welche Erfolge und Probleme Sie beim Gebrauch des Arbeitsbuches Bewegungslehre hatten und wie Sie Übungen für Ihre Zwecke angepaßt haben.

Jan F. Perry, David A. Rohe, Anita O. Garcia

Einleitung

Das Studium der Funktion des menschlichen Körpers ist eine Herausforderung und sehr interessant. Die Konzepte und Informationen im Bereich der Kinesiologie und der angewandten Anatomie sind physisch (körperbetont) und praxisorientiert, die Lehrbücher, die sich mit diesem Thema beschäftigen, sind jedoch meist sehr theoretisch. Dieses Arbeitsbuch soll Ihnen die Möglichkeit geben, die Informationen aus Ihren Lehrbüchern praktisch anzuwenden. Häufig müssen Sie sie aus mehreren Quellen zusammensuchen. Dieses Vorgehen, Informationen aus unterschiedlichen Quellen zusammenzuziehen und anzuwenden, ist exakt die Methode, die Sie auch nach dem Examen in der Praxis anwenden werden. Praktische Fragestellungen, wie Sie Ihnen in der Klinik begegnen, fordern praktische Antworten und nicht Rezitation gelernter Programme.

Das Ziel dieses Buches ist, Ihnen die Möglichkeit zu geben, Gelerntes anzuwenden. Wir haben absichtlich darauf verzichtet, Lerninhalte darzustellen. Es gibt bereits viele Bücher, die gesicherte Fakten der Kinesiologie und der angewandten Anatomie bereithalten. Wir gehen davon aus, daß Sie diese Quellen benutzen, um die notwendigen Informationen zur Lösung unserer Fragen zusammenzutragen und um bei der Übungsdurchführung zu helfen.

Ein weiteres Ziel dieses Buches ist es, Aktivitäten anzubieten, die Ihnen bei der Entwicklung Ihrer Fähigkeit, Übungen patientengerecht zu entwerfen, helfen. Viele dieser Aktivitäten halten Sie dazu an, herauszufinden, mit welcher Übung oder Bewegung ein bestimmtes Ziel erreicht werden kann. Dies entspricht dem Entwerfen einer Übung mit einem bestimmten Ziel in der Patientenbehandlung. Viele Übungen beziehen sich auf die Prinzipien der Gelenkmessung und der Muskelfunktionstests. Die Grundlagen für diese Übungen müssen einem Lehrbuch entnommen werden.

Das erste Kapitel enthält Übungen zur Anwendung der Prinzipien der Biomechanik. In Kapitel 2 werden die Grundlagen der Bewegungslehre praktisch angewendet. Viele dieser Prinzipien stehen in direktem Zusammenhang mit der Befundaufnahme am Patienten, wie Muskelfunktionstests, Gelenkmessung und Palpation. Kapitel 3 - 10 befassen sich mit den Regionen und großen Gelenken des Körpers. Im dritten Kapitel geht es um die komplexen Zusammenhänge zwischen Wirbelsäule und Beckenring. Kapitel 4, 5 und 6 enthalten Übungen zur unteren Extremität: Hüftgelenk, Kniegelenk, Fuß- und Sprunggelenke. In Kapitel 7 - 9 wird die obere Extremität abgehandelt. Kapitel 7 enthält Details zum Schulterkomplex. Das Ellenbogengelenk wird in Kapitel 8 dargestellt, und Kapitel 9 befaßt sich mit der Handfunktion und den Handgelenken. Im zehnten Kapitel ist das Kiefergelenk Thema. Kapitel 11 und 12 handeln die Haltung und den Gang ab. Grundsätzlich beginnen die Kapitel mit leichten Übungen, die sich im laufe des Kapitels bis zu komplexen Zusammenhängen steigern.

Sie werden den größten Nutzen von diesem Buch haben, wenn Sie bei der Bearbeitung für Neuentdeckungen offen bleiben. Vertrauen Sie darauf, daß die Übungen Sie zur gewünschten Information führen. Führen Sie erst die Übung durch, und erklären Sie dann, was passiert ist. Sammeln Sie Informationen aus Ihrem Anatomie- bzw. Bewegungslehrebuch zusammen. Denken Sie darüber nach, was sie durchführen sollen oder durchgeführt haben. Die Nachforschungen, die Sie anstellen müssen, und die Gedanken, die Sie sich machen, um die Aufgaben zu lösen, sind notwendig für erfolgreiches Lernen. Die Beantwortung aller Fragen (das Ausfüllen der Fragebögen) ist weniger wichtig. Am Ende jedes Kapitels werden Antworten zu den einzelnen Aufgaben gegeben, um Ihnen bei der Bearbeitung behilflich zu sein. Unsere Erfahrung im Unterricht ist jedoch, daß frühzeitiges Lesen der Antworten Ihnen zwar ermöglicht, die Fragen in geringer Zeit zu bearbeiten, Ihren Lernerfolg jedoch deutlich vermindert.

Einige Übungen können mit Papier und Bleistift bearbeitet werden; andere sind Bewegungsübungen, oder man benötigt noch weitere Hilfsmittel. Es gibt auch praktische Übungen. Häufig werden diese Aktivitäten mit einem Partner oder in der Kleingruppe bearbeitet.

Viele Übungen im Arbeitsbuch benötigen Zeit, um gemeinsam mit den Mitschülern Entdeckungen zu machen. In vielen Fällen werden Sie gebeten, eine Meßmethode zu entwickeln, Bezugspunkte festzulegen oder herauszufinden, wie man eine bestimmte Struktur dehnen kann. Häufig gibt es für diese Aktivitäten Standardmethoden. Wir haben diese Standards bewußt nicht genannt, sondern wollen, daß Sie die Standards herausfinden, die Sie für sinnvoll halten, und möchten, daß Sie diese gegenüber Ihren Mitschülern und Lehrkräften begründen (verteidigen). Wir halten es für sehr wichtig, daß Sie eine eigene vertretbare Lösung der Aufgaben aufgrund der Informationen aus Anatomie und Bewegungslehre, die in dieser Situation maßgeblich sind, finden. Das bedeutet nicht, daß wir uns gegen die wichtigen Standards aussprechen. Es entsteht vielmehr ein Verständnis dafür, warum Standards gewählt wurden. Es wird Ihnen auch helfen, die Standards bei Patienten anzupassen, bei denen ein nicht standardisiertes Vorgehen gefordert ist.

Aufgrund unserer Ansicht, daß man durch Forschen lernt, hat es den Anschein, daß bei einigen Übungen Informationen fehlen oder die Übungen nicht vollständig beschrieben sind. Dies geschah mit Absicht, da wir Ihnen die Chance geben möchten, Ihre Informationen aus den Lehrbüchern zusammenzutragen, wie es auch in der klinischen Situation der Fall sein wird.

Wie schon vorher bemerkt wurde, soll dieses Arbeitsbuch nicht ohne Lehrbuch bearbeitet werden. Es werden Lehrbücher benötigt, um die Informationen nachzuschlagen, die die Grundlage der Übungen bilden. Am besten bearbeiten Sie die Aufgaben mit jemandem, der über viel praktische Erfahrung und einen guten Hintergrund in der Bewegungslehre verfügt. Manche Aktivitäten werden am besten von einer solchen Person vorgeführt. Einige Diskussionen, die durch das Arbeitsbuch angeregt werden, benötigen die Unterstützung von Lehrkräften oder Menschen mit Fachkenntnissen in Bewegungslehre, Anatomie, Biomechanik und mit viel praktischer Erfahrung. Scheuen Sie sich nicht nachzufragen, wenn es nötig ist. Vergessen Sie nicht, daß Ihre Mitschüler eine reiche Quelle der Information sind. In unserer Ausbildung zum Physiotherapeuten befinden sich häufig Schüler, die anerkannte Sportlehrer, Trainer und „Übungsphysiologen“ sind oder über viel klinische Erfahrung verfügen, die sie mit Ihren Klassenkameraden teilen können. Häufig können die Mitschüler besser beim Verständnis der Lerninhalte helfen als eine weitere Erklärung der Lehrkraft. Reden Sie miteinander, und lernen Sie voneinander. Wir glauben daran, daß Lernen Spaß machen muß. Dieses Arbeitsbuch zu schreiben, hat uns viel Freude bereitet und uns manches gelehrt. Nun wünschen wir Ihnen ebensoviel Freude, wenn Sie sich jetzt in das Studium der Bewegungslehre stürzen!

1 Biomechanik

Dieses Kapitel enthält Übungen, die Ihnen helfen, die Prinzipien der Kinetik und der Kinematik zu verstehen. Dabei handelt es sich um die Definition und Beschreibung von Bewegungen und die Analyse der Kräfte, die auf diese Bewegungen wirken. Es wird mit einfachen Übungen begonnen, die im Verlauf des Kapitels an Schwierigkeit zunehmen, da sie auf die Erkenntnisse aus den vorhergehenden Übungen zurückgreifen. Um die Fragen beantworten zu können, sind Lehrbücher und andere Quellen notwendig. Die Fragen sind thematisch geordnet. Wir beginnen mit der Kinematik.

Benennung der Bewegungen

1. Wie heißt die Bewegung, wenn Sie aus der Neutral-Nullstellung
   a. das Ellenbogengelenk aus der gestreckten Stellung in die 90° gebeugte Stellung bewegen? ____________________
   b. das Ellenbogengelenk in der gebeugten Stellung belassen und die Handfläche nach unten drehen? ____________________
   c. das Ellenbogengelenk in der gebeugten Stellung belassen und die Handfläche nach oben drehen? ____________________
   d. das Ellenbogengelenk in der gebeugten Stellung belassen, der Ellenbogen weiterhin mit dem Rumpf Kontakt hält und der ganze Arm zur Seite herausgedreht wird, so daß am Ende die Finger direkt vom Rumpf weg zeigen? ____________________
   e. das Ellenbogengelenk in der gebeugten Stellung belassen, der Ellenbogen weiterhin mit dem Rumpf Kontakt hält und der Arm zurückgedreht wird, bis die Finger direkt nach vorne zeigen? ____________________
   f. das Ellenbogengelenk strecken? ____________________
   g. den Arm vom Rumpf wegbewegen, bis er parallel zum Boden ist? ____________________
   h. den Arm wieder zurück in die Ausgangsstellung bewegen? ____________________

   Die obengenannten Bewegungen sind Beispiele für die Schulter-, Ellenbogen- und Unterarmgelenke. Ähnlich kann auch mit den Hand-, Finger-, Hüft-, Knie-, Zehen- und Wirbelsäulengelenken verfahren werden. Die Bewegungen der Sprunggelenke werden üblicherweise anders benannt, wie auch einige Bewegungen der Handgelenke und der Wirbelsäule.

2. Finden Sie die Synonyme für die folgenden Bewegungen in den Hand-, Sprung- und Wirbelsäulengelenken. Nehmen Sie dafür verschiedene Lehrbücher zu Hilfe, z.B. Bücher der Anatomie, Kinesiologie, Gelenkmessung und Muskelfunktionstests.

   Sprunggelenk
   Dorsalextension ____
   Plantarflexion ____
   Wirbelsäule
   Flexion ____
   Extension ____
   Lateralflexion ____

Handgelenk
Radialduktion ____________________
Ulnarduktion ____________________

3. Benennen Sie die Gelenkstellung, die erreicht wird, wenn die folgende Bewegung durchgeführt wird:
   a. Das Ellenbogengelenk wird auf 90° gebeugt ____________
   b. Das Ellenbogengelenk wird gestreckt ____________
   c. Die Handfläche wie unter 1.c nach oben zeigt ____________
   d. Die Handfläche wie unter 1.d nach unten zeigt ____________

4. Wie wird die Bewegung genannt, wenn:
   a. das Ellenbogengelenk aus 90° Beugung in 45° Beugung bewegt wird? ____________
   b. der ausgestreckte Arm von Schulterhöhe auf 45° Beugung bewegt wird? ____________
   c. Sie soweit hinter sich greifen wie Sie können und aus dieser Stellung Ihren gestreckten Arm nach vorne bringen, bis er nur noch wenig hinter Ihrer Hüfte ist? ____________

   Hier ist es besonders wichtig, daß Sie sich sprachlich exakt ausdrücken, damit der Unterschied zwischen einer Gelenkbewegung und einer Gelenkstellung deutlich wird. Es können die gleichen Wortstämme benutzt werden, jedoch muß eine Bewegung sehr deutlich beschrieben werden, um Mißverständnisse zu vermeiden.

5. Eine Methode, Gelenkbewegungen exakt zu beschreiben, ist die 3er-Regel (McKeough, DM, unveröffentlicher Verfasser). Bei Ihrer Anwendung werden die Bewegung, der Knochen bzw. der Körperteil, der bewegt wird, und das Gelenk, in dem die Bewegung stattfindet, genannt. Wendet man die Regel auf 1.a an, so ist die Antwort: Flexion des Unterarms im Ellenbogengelenk statt Flexion des Ellenbogengelenks. Bei 1.d hieße die Antwort: Außenrotation des Humerus im Schultergelenk statt Außenrotation des Schultergelenks. Der Nutzen dieser Methode wird deutlicher, wenn in Kapitel 2 das Vertauschen des Punktum fixum und des Punktum mobile besprochen wird. Erstellen Sie nun eine vollständige Liste der willkürlichen Bewegungen des Schulter- und Kniegelenks unter Einsatz der 3er-Regel.

6. Um uns selbst oder Gegenstände im Raum zu bewegen, müssen die angulären Bewegungen, die an den unterschiedlichen Gelenken auftreten, zu linearen Bewegungen werden. Beobachten Sie einen Mitschüler und beschreiben Sie die angulären Bewegungen der folgenden Knochen bei der Durchführung des geforderten Bewegungsablaufs.
   a. Humerus im Schultergelenk und Unterarm im Ellenbogengelenk, um ein Buch vom Körper weg über den Boden zu schieben.

   b. Femur im Hüftgelenk und Tibia im Kniegelenk, um ein Buch von vor dem Körper unter den Körper zu ziehen. Am deutlichsten ist dies in sitzender Stellung.

Ebenen und Achsen der Bewegung

7. Welchen anderen Namen gibt es für die Koronalebene, die sich an der Kranznaht des Schädels orientiert? ______________________________
8. Welchen anderen Namen gibt es für die Horizontalebene? ______________________________
9. Nehmen Sie einen festen Karton, z.B. die Rückseite eines Schreibblocks, und halten Sie ihn parallel zu den Kardinalebenen Ihres Körpers oder zu denen Ihres Partners. So können Sie sich ein besseres Bild von den imaginären 2dimensionalen Ebenen machen. Sie werden zudem in Diagrammen im 3. Kapitel dargestellt.
10. Um sich eine Achse besser vorstellen zu können, kann man einen Bleistift oder einen ähnlichen geraden Gegenstand einsetzen. Der Bleistift wird nun so an das Schultergelenk gehalten, als würde er sich durch das Schultergelenk hindurch fortsetzen, so kann man sich vorstellen, wie der Humerus sich um diese Achse bewegt. Der Stift wäre so ein Drehpunkt des Humerus in der Schulter. Nun wird das Schultergelenk aus der Neutral-Null-Stellung wie unten angegeben bewegt. Der Stift wird so angelegt, daß der Humerus die folgenden Bewegungen durchführen kann:
    a. Flexion und Extension
    b. Adduktion und Abduktion
    c. Außenrotation und Innenrotation
11. Benennen Sie Ebene und Achse der obengenannten Bewegungen. Für unseren Zweck richtet sich die Benennung der Achse nach der Richtung Ihrer Orientierung, d.h. medio-lateral, anterior-posterior, vertikal.

    Ebene **Achse**

    a. ______________ und ______________
    b. ______________ und ______________
    c. ______________ und ______________
12. Benennen Sie die Ebenen, in denen die folgenden Bewegungen stattfinden. (Für die Beschreibung von Bewegungen ist es zweckdienlich, die Bewegungsebenen in Relation zum Körper zu benennen. Beachten Sie, daß sowohl bei der Beschreibung von Präparationen als auch von Operationen die Ebenen relativ zur Neutral-Null-Stellung des jeweiligen Körperabschnitts benannt werden. Wir beschäftigen uns jedoch mit Bewegungen und benötigen deswegen die Körperebenen.)
    a. Hochsteigen auf eine Treppenstufe ______________
    b. Seitschritt mit dem rechten Bein (Bewegung des Schwungbeines wird beschrieben) ______________
    c. Drehen eines Schraubenziehers mit dem Unterarm:
       Wie 1.c ______________
       Mit dem Unterarm an der Seite ______________
    d. Kopfschütteln „nein" ______________
    e. Aus Rückenlage mit geradem Oberkörper zum Sitzen kommen ______________
    f. Seitneigen des Rumpfes ______________

Unterstützungsfläche

13. Nehmen Sie die Miene aus einem Kugelschreiber und stellen Sie die Hülse auf die Spitze. Sie sollte von allein stehen. Nun wird die Miene wieder in den Kugelschreiber gesteckt und der Kugelschreiber auf die Schreibspitze gestellt. Erklären Sie die unterschiedlichen Ergebnisse unter Einbeziehung des Schwerelots und der Unterstützungsfläche.

14. Versuchen Sie, diese Situation jetzt mit ihrem eigenen Körper darzustellen. Wie können Sie die Wirkung einer verkleinerten Unterstützungsfläche zeigen?

15. Nun wenden Sie das gleich Prinzip im Vierfüßlerstand an. Wie reagiert der Körper, wenn einer der vier Standpunkte entfernt wird?

Schwerpunkt/Schwerelot

16. Finden Sie das Massenträgheitszentrum Ihres Stiftes oder Kugelschreibers.
    a. Wie machen Sie das? Wie können Sie das Massenträgheitszentrum bei jedem Ihrer Klassenkameraden finden?

    b. Jetzt definieren Sie das Massenträgheitszentrum.

17. Für diese Übung benötigen Sie ein Lot an einer Schnur, einen Spatel, Klebeband, Aufkleber mit A und B beschriftet und einen Mitschüler im Trainingsanzug.
    a. Ihr Mitschüler wird aufgefordert, sich hinzustellen, der Aufkleber A wird seitlich auf den Körper geklebt, dort, wo Sie das Massenträgheitszentrum vermuten. Nun lassen Sie das Lot von dieser Stelle nach unten hängen. Wo befindet es sich relativ zu den Füßen?

    b. Jetzt soll Ihr Mitschüler sich auf einen Stuhl setzen. Wenn er sitzt, liegt das Massenträgheitszentrum (in etwa) auf einem Punkt auf der Vorderseite des Körpers direkt oberhalb des Nabels. Jetzt befestigen Sie den Aufkleber B wieder seitlich auf Höhe des Massenträgheitszentrums. Das Lot wird von diesem Punkt aus gefällt. Wo befindet es sich relativ zu den Füßen?

    c. Nun fordern Sie Ihren Mitschüler auf, langsam aufzustehen ohne Rumpf- oder Hüftgelenksflexion. Beschreiben Sie was passiert. Schien Aufkleber B jemals über den Füßen zu liegen?

    d. Nun wird die Rumpf- und Hüftgelenksflexion zugelassen und Ihr Mitschüler soll abermals vom Sitzen aufstehen. Es ist wichtig, darauf zu achten, daß der Bewegungsablauf langsam durchgeführt wird, damit die Ausrichtung des Aufklebers B relativ zu den Füßen genau beobachtet werden kann. Wenn Ihr Mitschüler beginnt, sich zu erheben, lassen Sie ihn anhalten und fällen Sie das Lot. Wo befindet es sich relativ zu den Füßen? Wo sind die Schultern und der Kopf im Verhältnis zu den Füßen?

Tip: Es kann zu diesem Zweck eine beschwerte Schnur seitlich an der Schulter befestigt werden, so daß die Schnur über die Schulter hinaus an der Seite des Stuhls herunterhängt. Meist kann dies mit einem Spatel, der auf der Schulter festgeklebt wird und an dessen Seite eine Schnur hängt, bewerkstelligt werden.

Die Ergebnisse sollten in bezug auf folgende Dinge besprochen werden:

- Verschiebung des Schwerelots des Rumpfes
- Verhältnis zwischen Schwerelot und Unterstützungsfläche beim Aufstehen
- Gibt es eine Verbindung zu Übung 13?

Wirkung der Schwerkraft

18. Finden Sie für die 3 Bewegungsabläufe in dieser Übung heraus, welches der wichtigste Muskel der Bewegung ist, welche Muskeln insgesamt an der Bewegung beteiligt sind und welche Arten der Muskelkontraktion (konzentrisch, exzentrisch, isometrisch) vorliegen. Bedienen Sie sich bei der Beschreibung der verantwortlichen Muskulatur lieber der Muskelgruppen (Flexoren, Extensoren...), statt einzelne Muskeln aufzuzählen. Führen Sie den Bewegungsablauf selbst durch, oder lassen Sie es Ihren Partner tun, und palpieren Sie die in Frage kommende Muskulatur, um Ihre Beobachtungen zu bestätigen.
Folgende Bewegungen werden aus dem Stand ausgeführt:
   a. Senken Sie ein 5-Kilo-Gewicht langsam aus gebeugter Ellenbogenstellung in die endgradig gestreckte Ellenbogenstellung.
   b. Beugen Sie sich langsam in den Hüftgelenken nach vorne.
   c. Stehen Sie auf dem rechten Bein, und heben Sie den linken Fuß vom Boden ab. Halten Sie sich an einem Tisch fest, und beugen Sie nun das rechte Kniegelenk aus der endgradigen Streckung. Vergessen Sie nicht, daß Sie sich auf die Bewegung und nicht auf die neu erreichte Position konzentrieren wollen.
19. Die Bewegungen, die unter 18. durchgeführt wurden, hießen Extension des Unterarms im Ellenbogengelenk, Flexion des Rumpfes und des Beckens im Hüftgelenk sowie Flexion des Femurs und der Tibia im Kniegelenk. Die Muskelgruppen, die bei diesen Aktivitäten die Hauptbeweger sind, sind die Ellenbogenextensoren, Rumpf-, Hüft- und Knieflexoren. Nun beschreiben Sie Ihrer Vermieterin, die keine Kenntnisse der Kinesiologie hat, warum diese Muskeln bei der Durchführung der beschriebenen Bewegungsabläufe nicht gebraucht wurden.
20. Nun machen Sie folgendes:
   a. Bringen Sie Ihren Körper oder Ihre Extremität in eine Stellung, daß die Bewegungen aus 18. tatsächlich von den dazugehörigen Muskeln ausgeführt werden, d.h., die Ellenbogenextensoren verursachen nun die Extension des Unterarms im Ellenbogengelenk etc. Vergewissern Sie sich, daß die Schwerkraft die Bewegung nicht unterstützen kann.
   b. Notieren Sie die Stellung der Extremität bzw. des Körpers, die diesen Kriterien gerecht wird.
   c. Welche Art der Kontraktion (exzentrisch, konzentrisch, isometrisch) war bei den verantwortlichen Muskeln zu beobachten?

Kräftepaare/Kräfteparallelogramm

21. Binden Sie ein 4 Meter langes Seil an zwei diagonal gelegene Beine eines Tisches (Abb. 1.**1**).
   a. Eine Person zieht so stark an Seil X, daß der Tisch sich bewegt.
   b. Nun zieht eine andere Person unabhängig von der ersten (die erste Person hört auf zu ziehen) so stark an Seil Y, daß sich der Tisch in die angegebene Richtung bewegt.
   c. Beschreiben Sie die entstehende Bewegung, wenn jede Person einzeln zieht.

d. Nun ziehen beide Personen gleichzeitig an den Seilen, so daß sich der Tisch bewegt. Durch den gemeinsamen Zug entsteht ein Kräftepaar. Beispiele für Kräftepaare bei Muskelaktionen werden in diesem Buch in den Kapiteln 3, 7 und 10 beschrieben.

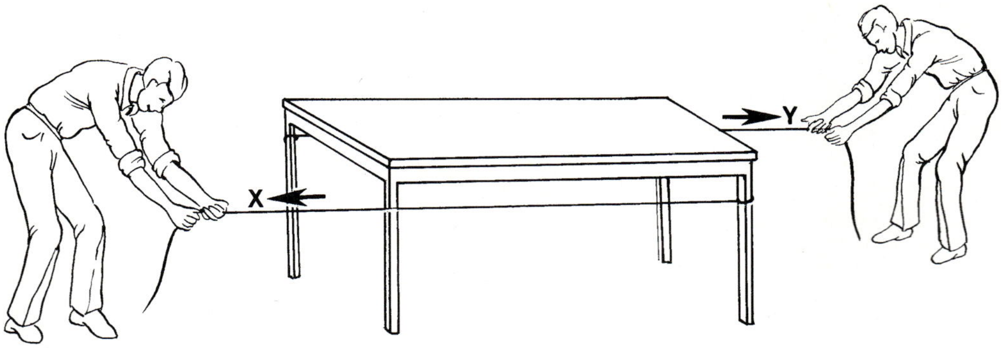

Abb. 1.1

Vektoren - Grundlagen

Die verbleibenden Aufgaben dieses Kapitels beschäftigen sich mit der graphischen Darstellung von Kräften, Vektoren. Außerdem werden die Themen Hebelarm, Hebelsysteme, Drehmoment, Neutralisierung von Kräften sowie Muskelkräfte und ihre Wirkung behandelt. Für die Bearbeitung dieser Aufgaben benötigen Sie ein Lineal mit Millimetereinteilung.

22. 1 mm = 1 N (Newton); setzen Sie in Abb. 1.**2** einen Vektor ein, der den Hebel AB in Uhrzeigerrichtung bewegt. Was bedeutet das Symbol?

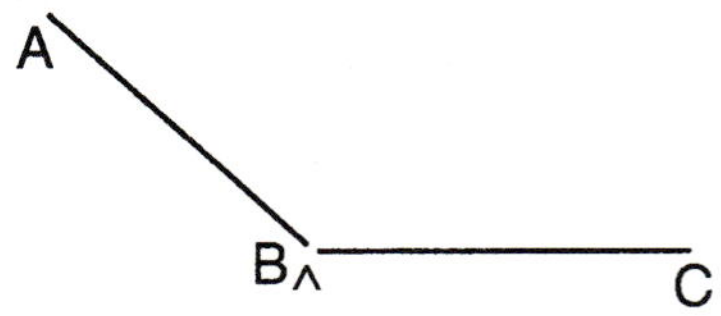

Abb. 1.2

23. Wiederholen Sie die Definition des Massenträgheitszentrums in Aufgabe 16. In Hebeldiagrammen werden die Vektoren an der Stelle des Massenträgheitszentrums eingezeichnet.
   a. Welche Richtung haben alle Schwerkraftvektoren?
   b. Wovon hängt die Länge der Schwerkraftvektoren ab?
   c. Die Schwerkraft, die in Abb. 1.**2** auf den Hebelarm CB wirkt, beträgt 10 N. Welcher der folgenden Vektoren entspricht dieser Tatsache?

Abb. 1.2a

24. Jede Kraft, die auf einen Hebel wirkt, kann als Vektor dargestellt werden. Das Muskelskelettsystem kann man sich wie ein System von Hebelarmen vorstellen, auf die extrinsische und intrinsische Kräfte wirken. Die meisten intrinsischen Kräfte entstehen durch Muskelzug. Wenn es sich um eine Muskelkraft handelt, so wird die Richtung des Vektors in der Regel der Muskelzugrichtung entsprechen, der Betrag des Vektors ist jedoch nicht abhängig vom Abstand zwischen Muskelursprung und Muskelansatz.
   a. Zeichnen Sie in Abb. 1.**3** einen Vektor ein, der die Muskelkraft eines Muskels darstellt, dessen Anheftungen X und O sind. Beachten Sie, daß O 5 mm von der Rotationsachse entfernt ist.

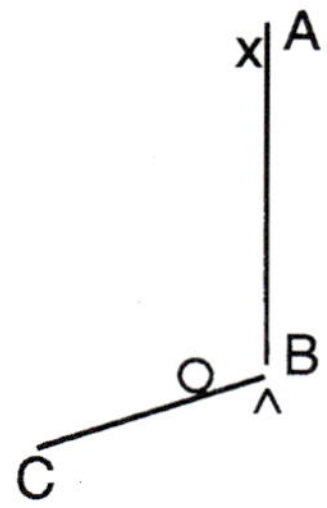

Abb. 1.3

   b. Warum kann der Vektor in beide Richtungen zeigen?

   c. Wie hoch ist der Betrag der Kraft, die Sie eingezeichnet haben, wenn 1 mm = 1 N?

25. Wenn Sie den Muskelkraftvektor in Abb. 1.**3** nicht für den Hebel CB eingezeichnet haben, tun Sie es jetzt. Um die Effektivität ihrer Muskelkraft zu ermitteln, müssen Sie das Drehmoment errechnen.
   a. Was sind die notwendigen Größen in einer Gleichung, die das Drehmoment beschreibt?

   b. Welcher Wert fehlt Ihnen noch, um das Drehmoment für die Muskelkraft zu bestimmen?

   c. Finden Sie den Wert heraus, und rechnen Sie.

   d. Warum konnten Sie nicht die angegebene Muskelkraft und den Abstand der Anheftung zum Drehpunkt für die Berechnung des Drehmomentes einsetzen?

26. Zeichnen Sie in Abb. 1.**4** für jeden der 3 Punkte einen Vektor mit den folgenden Kräften ein.
   a. Die Schwerkraft, die auf die Hand wirkt.
   b. Die Schwerkraft, die auf die Masse des Unterarms wirkt.
   c. Eine vertikale Kraft, die am Unterarm wirkt und ihn in Uhrzeigerrichtung bewegt.

   Beachte: Machen Sie sich zu diesem Zeitpunkt noch keine Gedanken über den Betrag der Vektoren. Konzentrieren Sie sich jetzt nur auf die Position und die Richtung des Vektors.

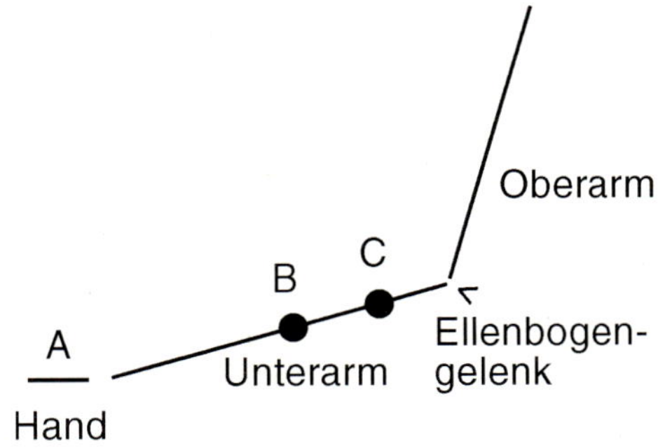

Abb. 1.4

27. Messen und notieren Sie die Länge jedes Hebels aus Abb. 1.**4** in mm. Die Rotationsachse liegt im Ellenbogengelenk.

a. ____________________

b. ____________________

c. ____________________

28. Zeichnen Sie in Abb. 1.**5** einen Hebelarm an Punkt B ein, der ein Kräftegleichgewicht herstellt. Zeichnen Sie den Vektor maßstabsgetreu.
AB = 10 mm AC = 30 mm
F = ? **W** = 10 N
a. Um welche Art des Hebelarms handelt es sich hier?
b. Nennen Sie die wichtigsten Merkmale eines Vektors.

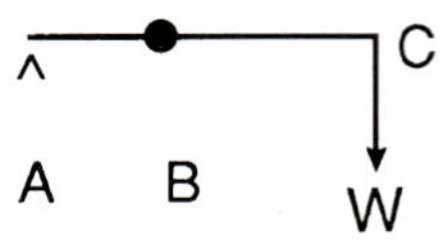

Abb. 1.**5**

29. Wie weit sollte die Kraft W_b in Abb. 1.**6** von der Achse entfernt sein, um das System ins Gleichgewicht zu bringen?

AB = 30 mm	**F** = 58 N
AC = 60 mm	$\mathbf{W}_a$ = 9 N
AD = ?	$\mathbf{W}_b$ = 10 N

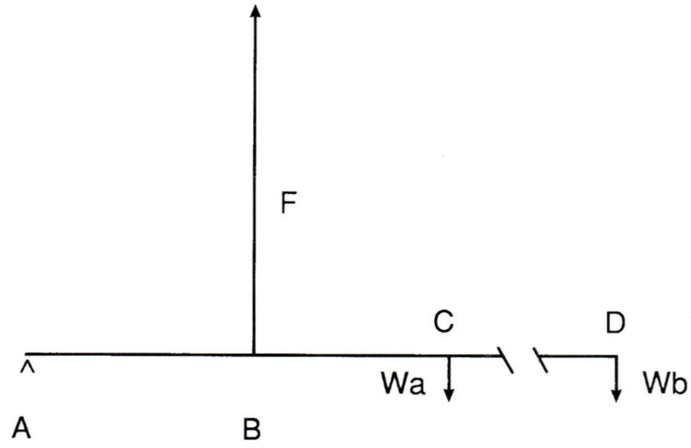

Abb. 1.6

30. Legen Sie in Abb. 1.**7** eine Kraft der gleichen Größe wie in Aufgabe 24. an den angegebenen Punkt auf Hebelarm CB an. Wählen Sie seine Richtung so, daß er den Hebel CB am effektivsten im Uhrzeigersinn bewegt.
    a. Der Abstand zwischen dem Ansatzpunkt der Kraft und dem Hebelarm beträgt 5 mm, wie schon in Übung 24. In diesem Fall geht dieser Abstand als Hebel in die Berechnung des Drehmomentes mit ein. Warum?

    b. Vergleichen Sie das Drehmoment in dieser Zeichnung mit dem berechneten Drehmoment aus 26.

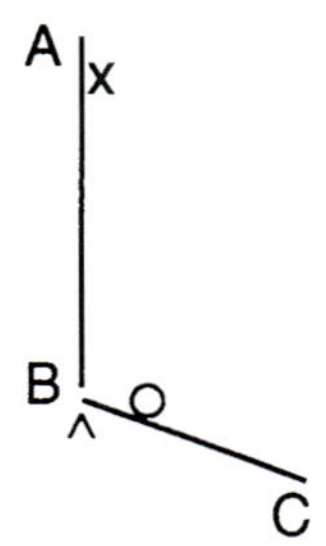

Abb. 1.**7**

31. Nun legen Sie einen zweiten Vektor in Abb. 1.**7** an den gleichen Punkt an. Er soll den gleichen Betrag haben, wie der Vektor in Aufgabe 30., jedoch soll er die größtmögliche Kompression des Hebels CB auf den Drehpunkt bewirken. Die beiden Kräfte, die Sie gezeichnet haben, sollten im rechten Winkel zueinander stehen. Ihre Wirkung, wenn sie gleichzeitig wirken, kann durch einen einzigen Vektor dargestellt werden, der am gleichen Punkt ansetzt.

    a. Wodurch werden der Betrag und die Richtung dieser einen Kraft bestimmt?

    b. Zeichnen Sie den Vektor ein.

32. Zeichnen Sie im Hebelsystem in Abb. 1.**8** eine Schwerkraft von 15 N am Massenträgheitszentrum X ein, und benennen Sie sie $\mathbf{F}_g$.
   a. Die Schwerkraft $\mathbf{F}_g$ hat mindestens zwei mögliche Wirkungen auf den Hebelarm, sie dreht ihn um die Rotationsachse und komprimiert oder separiert ihn gegen Hebelarm AB im Drehpunkt. In welche Richtung wird die Schwerkraft den Hebel drehen und verschieben?
   b. Wir können den relativen Wert der drehenden und der translatierenden Komponenten, die im Schwerkraftvektor $\mathbf{F}_g$ enthalten sind, ermitteln, indem wir den umgekehrten Weg von Aufgabe 31. gehen. Die Richtung der drehenden und der translatierenden Komponente stehen fest. Erklären Sie.
   c. Zeichnen Sie den drehenden und den translatierenden Vektor ein, mit dem Ansatz an der gleichen Stelle wie der Originalvektor.
   d. Wir können sicher sein, daß die Komponenten, die Sie eingezeichnet haben, die Seiten eines Parallelogramms sind, dessen Diagonale durch den Originalvektor dargestellt wird. Es handelt sich bei den beiden Komponenten um die Seiten eines Rechtecks. Zeichnen Sie jetzt auch die anderen beiden Seiten, so daß sie sich an der Spitze des Originalvektors im rechten Winkel treffen.

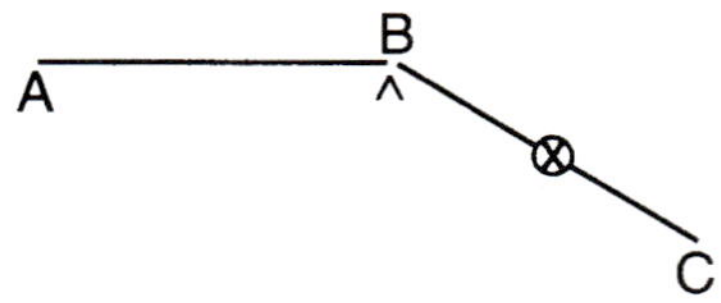

Abb. 1.**8**

33. Wir können einige dieser Vektorregeln auf die klinische Situation übertragen, indem wir uns ein rechtes Knie schematisch vorstellen, Abb. 1.**9**. Dem Patienten wurde kürzlich das vordere Kreuzband rekonstruiert. Eine Funktion dieses Bandes ist es, die Ventraltranslation der Tibia auf dem Femur zu verhindern. Der Therapeut hat sich entschieden, mit Quadrizepstraining zu beginnen, indem er dem Patienten am Sprunggelenk 15 N Widerstand gibt. Diese Kraft ist maßstabsgerecht in Abb. 1.**9** eingezeichnet. Der Abstand der Widerstandskraft $\mathbf{F}_r$ zum Drehpunkt beträgt 40 cm. Der Abstand des Muskelansatzes zum Drehpunkt beträgt 7,5 cm. Beachten Sie, daß die Abstände in der Zeichnung nicht maßstabsgerecht wiedergegeben sind.
   a. Zeichnen Sie die rotatorische Komponente des Quadrizepszugs (maßstabsgetreu), die benötigt wird, um das System im Gleichgewicht zu halten, am Ansatz des Muskels ein.
   b. Nun haben wir ein ähnliches Kräfteverhältnis wie in Aufgabe 21. Wo befindet sich die Rotationsachse dieser Kräfte?
   c. Welche Richtung hat eine mögliche Rotation dieses Kräftepaares?
   d. Wie wirkt dieses Kräftpaar auf das Kniegelenk? Welche Strukturen werden beansprucht?
   e. Sollte der Therapeut sich vorher vergewissern, ob er seine Berufshaftpflicht auch bezahlt hat?
   f. Bonus-Frage: Warum verschlechtert sich die Situation noch zusätzlich, wenn das Kniegelenk endgradig gestreckt ist? Nehmen Sie an, daß der Widerstand von einer Maschine ausgeübt wird, die schwerkraftunabhängig arbeitet.

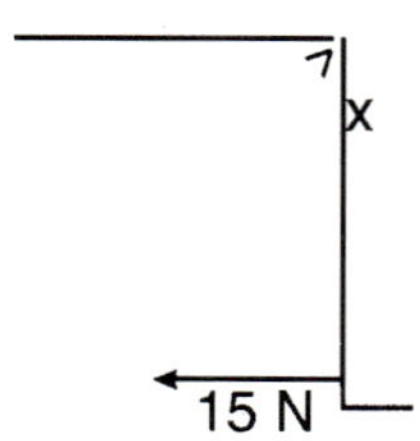

Abb. 1.**9**

Glossar

Hier haben wir eine Liste aufgestellt mit den Begriffen, die einigen Schülern Schwierigkeiten bereiten. Einige werden mehrfach in diesem Kapitel verwendet, und einige werden auch im beruflichen Alltag häufig verwendet (häufig fehlerhaft). Ihr Lehrbuch der Kinesiologie (Bewegungslehre) wird die meisten Definitionen dieser Begriffe enthalten. Wir empfehlen, daß Sie die Begriffe jetzt oder beim Durcharbeiten des Buches nachschlagen. Wenn alle Definitionen ausgefüllt sind, kann Ihnen diese Liste eine gute Quelle zum Nachschlagen werden und hilft Ihnen mit den Aufgaben im Arbeitsbuch.

Schwerpunkt:

Kraft:

Hebel:

Hebelarm:

Schwerelot:

Drehmomenthebel:

Neutralisieren von Vektoren:

Rotatorische Kraftkomponente:

Drehmoment:

Translatorische Kraftkomponente:

Vektor:

Antworten zu Biomechanik

Beachte: Es gibt in manchen Fällen mehr als nur eine mögliche Antwort auf die Fragen. Im folgenden haben wir die Antworten aufgeführt, die den Autoren am besten erschienen.

1. a. Flexion
   b. Pronation
   c. Supination
   d. Außenrotation
   e. Innenrotation
   f. Extension
   g. Abduktion
   h. Adduktion

2. **Sprunggelenk**
   Dorsalflexion (Flexion)
   Plantarflexion (Extension)
   Wirbelsäule
   Flexion (Vorneigung)
   Extension (Rückneigung)
   Lateralflexion (Seitneigung)
   Handgelenk
   Radialduktion (Abduktion)
   Ulnarduktion (Adduktion)

3. a. Flexion
   b. Extension
   c. Supination
   d. Pronation

4. a. Extension
   b. Adduktion
   c. Flexion

5. Ihre Liste sollte so aussehen: (Bewegung) des (Knochens) im (Gelenk). Zum Beispiel Flexion des Humerus im Schultergelenk oder Extension der Tibia im Kniegelenk.

6. a. Flexion des Humerus im Schultergelenk, Extension des Unterarms im Ellenbogengelenk
   b. Flexion des Femur im Hüftgelenk und Flexion der Tibia im Kniegelenk.

7. Frontalebene

8. Transversalebene

9. Der Karton ist eine konkrete Repräsentation der imaginären 2dimensionalen Ebenen.

10. a. Der Stift sollte von einer Seite zur anderen ausgerichtet sein.
    b. Der Stift sollte von vorn nach hinten ausgerichtet sein.
    c. Der Stift sollte von oben nach unten ausgerichtet sein.

11. a. sagittal und medio-lateral
    b. frontal und anterior-posterior
    c. horizontal und vertikal

12. a. sagittal
    b. frontal
    c. frontal, transversal
    d. transversal
    e. sagittal
    f. frontal

13. Hier zeigt sich, daß das Schwerelot innerhalb der Unterstützungsfläche fallen muß, damit die aufrechte Position beibehalten werden kann. Je kleiner die Unterstützungsfläche ist, um so schwieriger ist es, das Gleichgewicht zu erreichen, da das Schwerelot nur eine sehr kleine Fläche hat, auf die es fallen darf.

14. Es gibt viele Möglichkeiten. Eine wäre der Einbeinstand.

15. Der Körper verlagert sich in Richtung der unterstützenden Extremitäten.

16. a. Sie müssen den Balancepunkt finden, dieser ist der Schwerpunkt. Dies kann auch mit den Mitschülern durchgeführt werden, jedoch ist das nur in der Länge, nicht in der sagittalen Ausdehnung des Körpers möglich.
    b. Der Schwerpunkt liegt an der Stelle, wo sich die Wirkung der Schwerkraft auf den Körper konzentriert.

17. a. Hierbei handelt es sich um die Fortführung der Übung 13. Die Schüler können entweder an sich gegenseitig versuchen, den Schwerpunkt zu ermitteln oder in einem ihrer Lehrbücher nachschlagen, wo er sich befindet. Das Lot vom Aufkleber fällt innerhalb der Fußlänge.
    b. Hier wird die Verlagerung des Schwerpunkts beim Bewegungsübergang vom Stehen zum Sitzen verdeutlicht. Das Lot vom Aufkleber fällt außerhalb der Fußlänge.
    c. und d. Bei dieser Aktivität wird deutlich, daß eine Verlagerung des Körpergewichts vor dem Aufstehen notwendig ist, damit der Schwerpunkt über der Unterstützungsfläche bleibt. Bei der Fortführung der Bewegung bis zum Stand verlagert sich der Körperschwerpunkt abermals, so daß die Aufkleber sich nicht mehr an der richtigen Stelle befinden. Sie geben trotz allem einen Eindruck von der Interaktion zwischen dem Körperschwerpunkt und der Unterstützungsfläche. Dies ist ein wichtiges Prinzip, das tagtäglich in der Physiotherapie eingesetzt wird, um motorische Funktionen zu schulen.

18. Bei jedem dieser Bewegungsabläufe ist die Schwerkraft die primär bewegende Kraft.
    a. Die Ellenbogenflexoren sind am aktivsten; exzentrisch.
    b. Die Rumpf- und Hüftgelenksextensoren sind am aktivsten; exzentrisch.
    c. Die Knieextensoren sind am aktivsten; exzentrisch.

19. Da die Schwerkraft nach unten zieht, werden die Beispielbewegungen der entsprechenden Körperteile von der Schwerkraft verursacht. Die Muskeln, die der Bewegung entgegengesetzt sind, arbeiten gegen die Schwerkraft.

20. Beschreibungen:
    a. (18.a) Der Unterarm wird im Ellenbogengelenk extendiert. Der Arm wird so plaziert, daß die Hand gegen die Schwerkraft gehoben werden muß, z.B. Rückenlage, der Humerus liegt vertikal, zu Beginn der Bewegung ist das Ellenbogengelenk flektiert. (18.b) Aufsetzen aus der Rückenlage. (18.c) Bauchlage, die Tibia wird im Kniegelenk flektiert.
    b. Die Beschreibung der geforderten Bewegungsabläufe wurde in a schon gegeben.
    c. konzentrisch

21. d. Zieht jeder für sich am Tisch, so rutscht dieser in die Richtung der Kraft und rotiert dabei leicht um die Rotationsachse eines der Tischbeine. Diese Bewegung ist eine Kombination aus translatorischer und rotatorischer Bewegung, wobei die translatorische Komponente überwiegt.
 e. Bei gleichzeitigem Zug am Tisch rotiert dieser nur. Die Rotationsachse befindet sich in der Mitte zwischen den Ansatzpunkten der Kraft. Hierbei handelt es sich um die Definition einer Bewegung, die von zusammenwirkenden Kräften ausgelöst wird, und es ist gleichzeitig eine Demonstration von zusammenwirkenden Kräften in Aktion.

22. Der Vektor muß an der rechten Seite des Hebels ansetzen und nach rechts zeigen. Das Symbol zeigt die Lage des Rotationspunktes des Hebelsystems an.

23. a. Alle Schwerkraftvektoren zeigen direkt nach unten.
 b. Durch die Länge eines Vektors wird seine Größe (Betrag) wiedergegeben. Der Schwerkraftvektor zeigt somit die Kraft an, die durch die Masse des Hebels ausgeübt wird.
 c. Der richtige Vektor ist d. Sein Angriffspunkt ist das Symbol des Schwerpunkts am Hebelarm, er ist 10 mm lang und zeigt direkt nach unten.

24. a. Der Angriffspunkt des Vektors befindet sich an einem der beiden Hebel, und er erstreckt sich zwischen den Punkten X und O in Abb. 1.**3**.
 b. Da sich ein Muskel zu seiner Mitte hin verkürzt, wird seine Wirkung davon abhängen, welcher der beiden Hebel fest und welcher beweglich ist. Der Pfeil zeigt in der Regel in die Bewegungsrichtung des beweglichen Hebels.
 c. Messen Sie die Kraft mit dem Lineal aus.

25. a. Die Werte, die für eine Berechnung des Drehmoments einer Kraft notwendig sind, sind die Größe der Kraft und die Länge der Strecke, die senkrecht auf dem Kraftvektor steht und zum Drehpunkt der Bewegung führt (Hebel des Drehmoments).
 b. Der fehlende Wert in Abb. 1.**3** ist der Hebel des Drehmoments.
 c. Zeichnen Sie eine Strecke ein, die rechtwinklig auf dem Kraftvektor steht und zum Drehpunkt der Bewegung führt, messen Sie diese Linie aus. Wenn Sie diesen Wert mit dem Betrag des Kraftvektors multiplizieren, erhalten Sie das Drehmoment der Kraft.
 d. Die beiden offensichtlichen Werte konnten nicht für die Berechnung benutzt werden, da die eingezeichnete Linie nicht rechtwinklig zum Muskelkraftvektor steht, somit entspricht sie nicht der Definition des Hebels des Drehmomentes.

26. Siehe Abb. 1.**10**

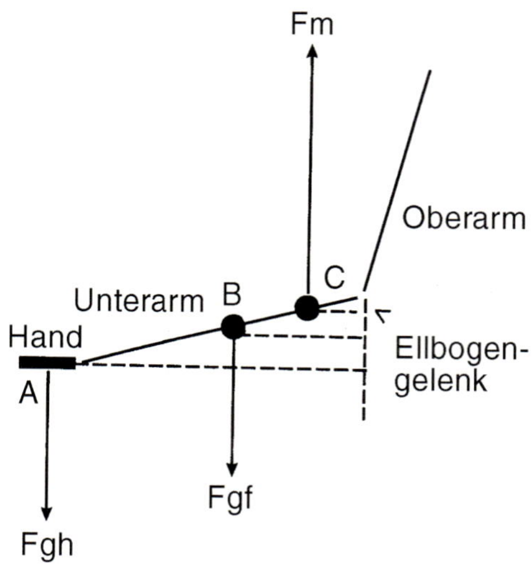

Abb. 1.**10**

27. a. 48 mm
    b. 20 mm
    c. 7 mm

28. F = 30 N
    a. Es handelt sich hierbei um einen Hebel dritten Grades, dessen Angriffspunkt zwischen dem Widerstand und dem Widerlager liegt.
    b. Die allgemeinen Eigenschaften eines Vektors sind: Richtung, Betrag und Angriffspunkt.

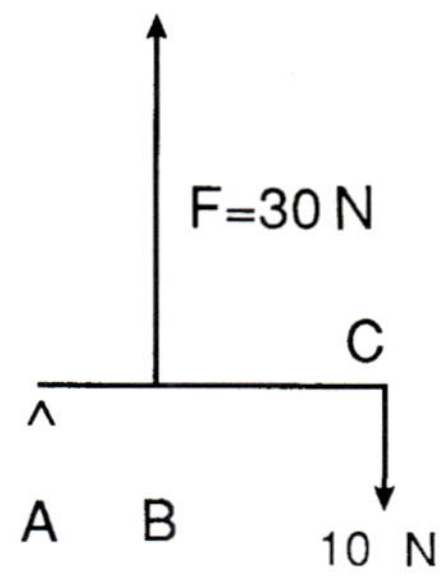

Abb. 1.11

29.

29. $(AC \times \mathbf{W_a}) + (AD \times \mathbf{W_b}) = AB \times F$

$$AD = \frac{(AB \times \mathbf{F}) - (AC \times \mathbf{W_a})}{\mathbf{W_b}}$$

$$AD = \frac{(30 \times 58) - (60 \times 9)}{10}$$

$$AD = 120 \text{ mm}$$

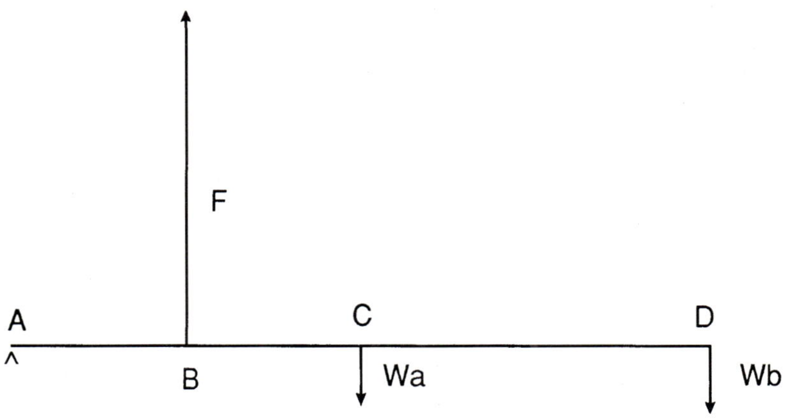

Abb. 1.12

30. Damit die Kraft den Hebelarm auf möglichst effektive Weise bewegen kann, muß sie senkrecht zum Hebel stehen; in jedem anderen Fall wird ein Teil ihrer Kraft eine translatorische Wirkung haben, d.h., der Hebel wird auf den Drehpunkt zu oder vom Drehpunkt wegbewegt.
   a. Nun kann die Entfernung vom Ansatzpukt der Kraft zum Drehpunkt als Hebelarm des Drehmomentes eingesetzt werden, da sie rechtwinklig zum Hebel steht und der Abstand mit der Definition des Hebelarms des Drehmomentes übereinstimmt.
   b. Das errechnete Drehmoment wird in diesem Fall größer sein als in Aufgabe 26., da der Hebel länger ist.

31. Der Betrag und die Richtung der resultierenden Kraft wird vom Betrag und der Richtung der beiden Originalkräfte bestimmt. Wir können die resultierende Kraft mit Hilfe des Kräfteparalellogramms einzeichnen. Vervollständigen Sie das Parallelogramm, dessen zwei Seiten durch die ersten zwei Vektoren vorgegeben sind, mit gepunkteten Linien. Da die Originalvektoren die gleiche Länge besitzen, wird das Ergebnis ein Quadrat sein. Nun zeichnen Sie vom Ansatzpunkt der ersten zwei Vektoren einen dritten ein, der zur diagonal gegenüberliegenden Seite des Parallelogramms führt. Zeichnen Sie seine Spitze ein. Dieser Vektor hat dieselbe Wirkung auf den Hebel, wie die zwei einzelnen Vektoren zusammen. Ein Beispiel für die Aufgabenlösung ist in Abb. 1.**13** dargestellt.

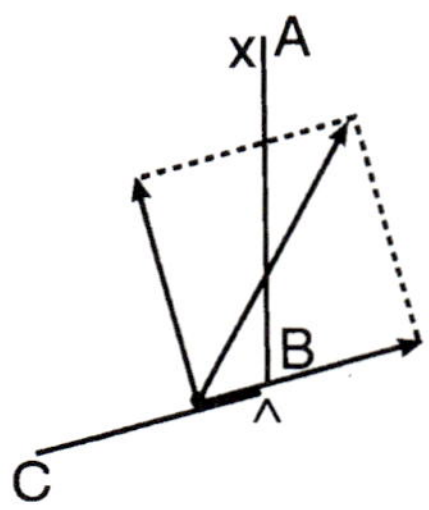

Abb. 1.13

32. a. im Uhrzeigersinn und getrennt
   b. Die Richtung der effektivsten drehenden und translatierenden Vektoren ist festgelegt, da sie in einer bestimmten Beziehung zum Hebel stehen. Der Winkel, unter dem ein drehender Vektor am effektivsten ist, beträgt 90° zum Hebel. Eine translatierende Kraft wirkt am besten, wenn sie parallel zum Hebel steht. In diesem Fall zeigt die translatierende Kraft weg vom Drehpunkt, so daß sie die Hebel voneinander entfernt (separiert). Die Größe der Kraftkomponenten wird von der Originalkraft bestimmt.
   c. und d. siehe Abb. 1.**14**

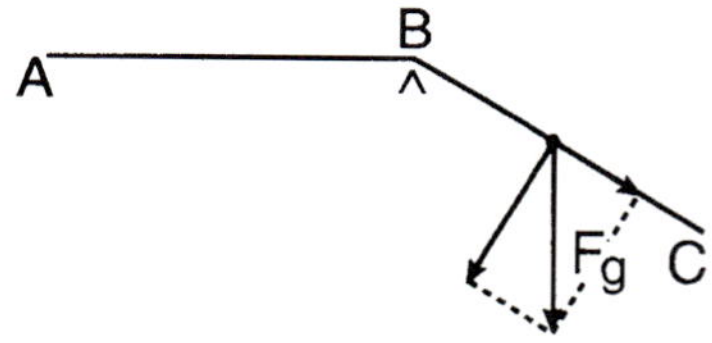

Abb. 1.14

33. a. Siehe Abb. 1.**15.** Um das System im Gleichgewicht zu halten, muß der Muskel eine Kraft von 600 N produzieren. Der Hebel des Drehmomentes des Muskels beträgt 7,5 cm (da wir die drehende Komponente der Muskelkraft betrachten). Die drehende Kraft, die der Muskel benötigt, um den 15 N Widerstand zu begegnen, beträgt 80 N.
   b. Das Zentrum der Rotation liegt in der Mitte zwischen den zwei Ansatzpunkten der Kräfte.
   c. mit dem Uhrzeigersinn

d. Ventraltranslation, wodurch das rekonstruierte vordere Kreuzband beansprucht wird.
e. Das wäre durchaus angebracht.
f. Der Widerstand, der am Bein angelegt wird, vergrößert sich nun noch zusätzlich um das Beingewicht, diesem vergrößerten Widerstand muß mit größerer Muskelkraft begegnet werden. Je näher man der vollen Extension kommt, um so größer ist der Hebelarm, mit dem die Schwerkraft auf die Masse des Beines wirkt. In 90° Flexion ist der Hebelarm der Schwerkraft 0. Je größer die Extension, um so größer der Hebelarm der Schwerkraft, bis er sein Maximum bei 0° Extension erreicht.

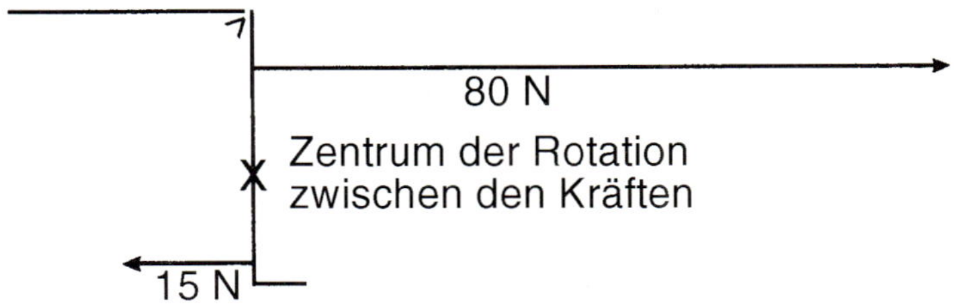

Abb. 1.15

2 Grundlagen der Kinesiologie und der Befundaufnahme

Arthrologie/Gelenkkunde

1. Beschreiben Sie in Ihren eigenen Worten die drei verschiedenen Gelenkformen.
   a. Bandverbindung (Articulatio fibrosa):

   b. Knorpelgelenk (Articulatio cartilaginea):

   c. Synovialgelenk/echtes Gelenk (Articulatio synovialis):

2. Welche Formen der Synovialgelenke haben:
   a. drei Freiheitsgrade:

   b. zwei Freiheitsgrade:

   c. einen Freiheitsgrad:

3. Schneiden Sie aus festem Papier oder Karton Modelle der knöchernen Anteile eines Ihrer Interphalangealgelenke aus.
   a. Nun beugen und strecken Sie das Mittelglied Ihres Zeigefingers aktiv im proximalen Interphalangealgelenk (dabei bewegt sich das Mittelglied, das Grundglied bewegt sich nicht).
   b. Reproduzieren Sie diese Bewegung an Ihrem Kartonmodell.
   c. Nun beugen und strecken Sie das Grundglied Ihres Zeigefingers aktiv im proximalen Interphalangealgelenk. (Jetzt bewegt sich das Grundglied, und das Mittelglied wird fixiert.)
   d. Reproduzieren Sie diese Bewegung an Ihrem Kartonmodell.

4. In Abb. 2.**1** und 2.**2** sind Gelenke schematisch dargestellt. Zeichnen Sie in Abb. 2.**1** Pfeile ein, die die Bewegungsrichtung der konvexen Gelenkfläche und dem dazugehörigen Knochenschaft bei der Flexion gegen den fixierten konkaven Gelenkpartner anzeigen (ein Pfeil für die Gelenkfläche und ein Pfeil für den Schaft). Diese Pfeile werden mit „Flexion" beschriftet. Als nächstes zeichnen Sie in die gleiche Abbildung Pfeile für Gelenkfläche und Schaft bei der Extension ein. Benennen Sie diese mit „Extension".

Zeichnen Sie in Abb. 2.**2** die entsprechenden Pfeile für die konkave Gelenkfläche und den dazugehörigen Schaft bei der Flexion bzw. Extension gegen den fixierten konvexen Gelenkpartner ein.

Die Pfeile, die Sie eingezeichnet haben, und die Erfahrungen aus Aufgabe 3. verdeutlichen ein Bewegungsprinzip von konvex-konkav geformten Gelenkflächen in Verbindung mit den Knochen, zu denen sie gehören.

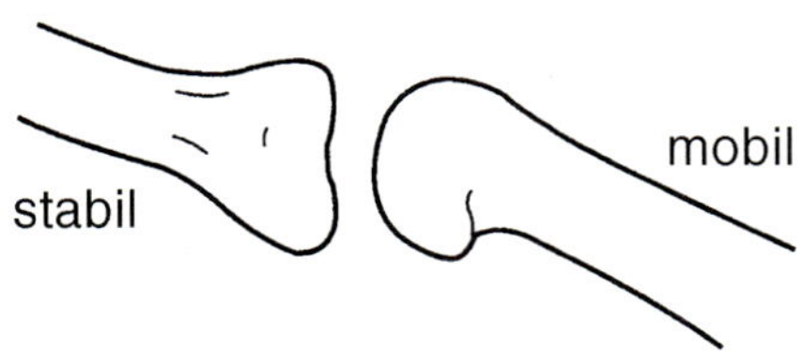

Abb. 2.1

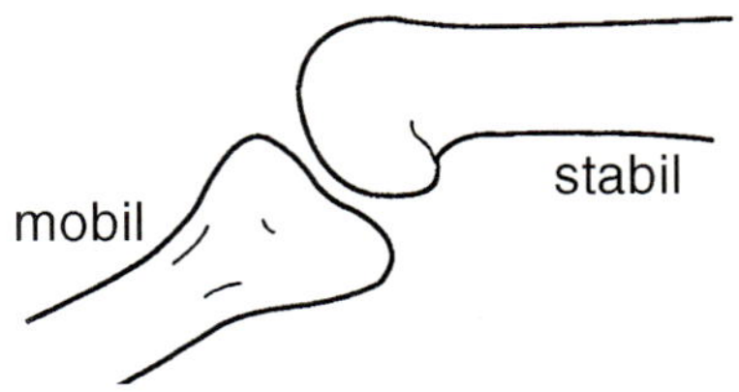

Abb. 2.2

a. Wie ist das Verhältnis zwischen Bewegung, Gelenkfläche und Knochenschaft, wenn sich die konvexe Gelenkfläche über die konkave bewegt?

b. Wie verhalten sich die Bewegung der Gelenkfläche und die Bewegung des Schaftes zueinander, wenn sich die konkave Gelenkfläche über den konvexen Gelenkpartner bewegt?

c. Nun formulieren Sie aus den Beobachtungen in Ihren eigenen Worten ein Prinzip.

5. Halten Sie einen Femur im 30° Winkel zur Tischoberfläche, so daß beide Kondylen Kontakt mit der Unterlage haben. Der Femur sollte so ausgerichtet sein, daß der Femurkopf nach oben zeigt, nicht nach unten (s. Abb. 2.**3**).

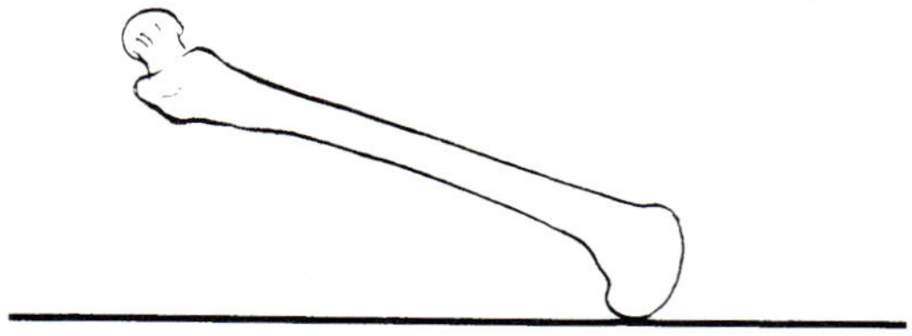

Abb. 2.**3**

Nun richten Sie den Femur bis in die Vertikale auf, achten dabei aber darauf, daß die Kondylen immer den gleichen Punkt der Unterlage berühren.

a. Beschreiben Sie die Bewegung der Femurkondylen am Kontaktpunkt mit dem Tisch, während der Schaft in die Vertikale bewegt wird.

b. Versuchen Sie, diese Bewegung noch einmal durchzuführen, die Kondylen sollen wieder den Kontakt zum Tisch beibehalten, jedoch dürfen sie ihren Originalkontaktpunkt verlassen. Was konnten Sie diesmal beobachten?

6. Suchen Sie sich einen Partner, der sich in Rückenlage auf die Behandlungsbank legt. Im folgenden werden Sie Hilfsbewegungen der Gelenke durchführen. Lassen Sie von einer Lehrkraft überprüfen, ob Ihre Techniken korrekt sind.

a. Sie sollen das rechte Schultergelenk untersuchen. Stellen Sie sich dafür auf die linke Seite Ihres Partners und fixieren Sie den Schultergürtel, indem Sie Ihre linke Hand auf das Schlüsselbein legen. Ihre rechte Hand legen Sie unter den Humerus möglichst nah an der Achsel. Nun umfassen Sie den Humerus mit festem Griff (jedoch nicht die Finger hineinbohren), drücken Sie mit Ihrer linken Hand in Richtung Unterlage und ziehen Sie die rechte Hand nach oben. Versuchen Sie dabei, den Humerus als ganzes zu bewegen, so daß er weiterhin horizontal ausgerichtet bleibt. Sie sollten spüren, wie der Humerus Ihnen ein wenig entgegenkommt und an der Ventralseite des Schultergelenks direkt unterhalb des Akromions eine kleine Vorwölbung entsteht.
b. Eben haben Sie ein Ventralgleiten im Schultergelenk ausgelöst. Ventral- und Dorsalgleiten sind Hilfsbewegungen im Schultergelenk, außerdem gibt es Kaudalgleiten und Lateraldistraktion. Wie können Sie diese Hilfsbewegungen an Ihrem Partner auslösen? Versuchen Sie es.
c. Welche Hilfsbewegungen können Sie im Metakarpophalangealgelenk des Zeigefingers auslösen?

Nicht alle Hilfsbewegungen können nur dadurch hervorgerufen werden, daß ein Mensch sie am anderen durchführt. Einige entstehen auch bei den physiologischen Alltagsbewegungen. Ergreift man beispielsweise ein Trinkglas mit festem Griff und beobachtet seine Finger genau, so wird man bemerken, daß sich die Finger um ihre Längsachse drehen, um den Druck auszuüben. Die axiale Rotation ist physiologischerweise keine Bewegung, die man willentlich mit den Fingern ausüben kann.

7. Definieren Sie die Hilfsbewegungen der Gelenke, und stellen Sie Überlegungen über deren funktionellen Sinn an.

8. a. Setzen Sie sich entspannt hin, und suchen Sie eine Stellung, in der Sie Ihre Patella nur sehr schwer mit den Fingern bewegen können; d.h. eine Stellung, in der die Patella in ihrer Position fixiert zu sein scheint. In welcher Stellung befindet sich Ihr Kniegelenk?

   b. Nun nehmen Sie eine Kniegelenksstellung ein, in der die Patella leicht mit den Fingern bewegt werden kann. In welcher Stellung befindet sich Ihr Kniegelenk?

   c. Welche Strukturen sind für die unterschiedliche Patellabeweglichkeit verantwortlich?

   Sie haben gerade den Unterschied zwischen der entriegelten und der verriegelten Stellung des Patellofemoralgelenks demonstriert.

   d. Führen Sie nun am Metakarpophalangealgelenk des Zeigefingers in unterschiedlichen Gelenkstellungen passive Ab- und Adduktion durch. Stellen Sie fest, wo das Gelenk in der entriegelten und wo es in der verriegelten Stellung ist.

   e. Definieren Sie nun in Ihren eigenen Worten die Begriffe „entriegelt“ und „verriegelt“:
   entriegelt:

   verriegelt:

9. Aus der Ausgangsstellung Stand flektieren Sie Ihren rechten Humerus im Schultergelenk, wobei Sie den Ellenbogen extendiert lassen, so daß Ihre Hand sich am Ende der Bewegung vor Ihnen befindet. Aus dieser Position
   a. beugen und strecken Sie den rechten Ellenbogen.
   b. greifen Sie einen unverrückbaren Gegenstand, und beugen Sie den rechten Ellenbogen. (Sie werden Ihren ganzen Körper bewegen müssen, um den Ellenbogen beugen zu können.)
   c. Welche der beiden Bewegungen fand in der offenen kinematischen Kette statt und welche in der geschlossenen kinematischen Kette?
   d. In wie vielen Gelenken entstand Bewegung bei a. bzw. bei b.?

10. Es gibt keine Muskeln, die im Ellenbogengelenk Bewegung kontrollieren und gleichzeitig medial oder lateral das Gelenk überkreuzen. Warum?

11. a. Beobachten Sie an einem Partner, in welchen Kardinalebenen jedes der folgenden Gelenke willentlich bewegt werden kann.
   - Metakarpophalangealgelenk des Zeigefingers
   - proximales Interphalangealgelenk des Zeigefingers
   - Kniegelenk
   - Humeroulnargelenk
   - Hüftgelenk

   Die Gelenke, die nur in einer Ebene bewegt werden können, haben einen Freiheitsgrad; die in zwei Ebenen bewegt werden können haben zwei Freiheitsgerade etc.

   b. Nun stellen Sie fest, in welchen der obengenannten Gelenke eine Zirkumduktion möglich ist, und stellen Sie eine Beziehung zur Anzahl der Freiheitsgrade dieser Gelenke her.

Muskellehre/Myologie

12. Für diese Aufgabe benötigen Sie eine Schnur, die mindestens 60 cm lang ist, oder ein Gummiband sowie ein gelenkig verbundenes Skelett. Die Schnur bzw. das Gummiband wird in der Art über das entsprechende Gelenk gezogen, daß es, wenn es ein sich kontrahierender Muskel wäre, folgende Bewegungen verursachen würde:
   a. Abduktion des Femurs im Hüftgelenk
   b. Extension der Hand im Handgelenk
   c. Adduktion des Humerus im Schultergelenk
   d. Flexion mit Supination des Unterarms im Ellenbogengelenk
   e. Extension des Femurs im Hüftgelenk mit Flexion der Tibia im Kniegelenk

13. Die Schnur in Aufgabe 12. symbolisiert die Zugrichtung des beteiligten Muskels. Beschreiben Sie für jeden, der in Aufgabe 12. genannten Muskeln, Lage und Richtung des Muskelzugs im Verhältnis zur Bewegungsachse des Gelenks. Die Lage kann anterior-posterior, medial-lateral oder kranial-kaudal sein. Die Zugrichtung kann medio-lateral, kranio-kaudal oder ventro-dorsal sein oder umgekehrt.
   a.
   b.
   c.
   d.
   e.

14. Für diese Übung benötigen Sie ein Stück Gummilitze oder Schnur. Suchen Sie sich einen Partner und halten Sie ein Ende der Gummilitze an das proximale Ende des Sternums. Jetzt dehnen Sie das Gummiband ein wenig und halten das andere Ende an den rechten Processus mastoideus. Nun bitten Sie Ihren Partner, den Kopf in Richtung des Gummizuges zu bewegen, während Sie dem Gummi erlauben sich zusammenzuziehen.
   Sie sollten eine kombinierte Bewegung aus Linksrotation und Rechtslateralflexion beobachten können.
   Beachte: Der Kopf sollte sich so weit bewegen, bis das Gummiband vollständig verkürzt ist. An diesem Punkt können Sie am besten die Wirkung einer unlilateralen Verkürzung des M. sternocleidomastoideus erkennen.
   Sie haben gerade die einseitige Kontraktion des M. sternocleidomastoideus gezeigt. Nun beschreiben Sie die Lage und die Richtung des Muskelzugs für jede der Bewegungskomponenten im Verhältnis zur Bewegungsachse.
   a. Rotation des Kopfes in der Halswirbelsäule

   b. Seitneigung des Kopfes und der Halswirbelsäule

   c. Flexion der oberen Halswirbelsäule auf der unteren Halswirbelsäule

15. Setzen Sie sich mit gestreckten Beinen auf den Boden, und führen Sie eine beidseitige exzentrische Kontraktion des M. iliopsoas durch. In welcher Körperstellung befinden Sie sich jetzt?

16. Aus dieser neuerreichten Stellung kontrahieren Sie Ihre Nackenflexoren konzentrisch. Halten Sie die neue Stellung 20 Sekunden lang. Beschreiben Sie die gehaltene Stellung. Welche Art der Kontraktion haben Ihre Nackenmuskeln durchgeführt, während Sie die Stellung gehalten haben?

17. a. Nennen Sie den Hauptbeweger bei der Extension des Femurs im Hüftgelenk.
    b. Handelt es sich hierbei um den Agonisten oder den Antagonisten der Bewegung?
    c. Ist es der Agonist oder der Antagonist der Flexion im Hüftgelenk?
    d. Nennen Sie einen Synergisten für die Extension des Femurs im Hüftgelenk.
    e. Bewegen Sie sich langsam aus dem Stand zum Sitz in einem Stuhl und fühlen Sie, wie sich der Hauptbeweger der Extension im Hüftgelenk kontrahiert. Welche Funktion hatte die Kontraktion dieses Muskels beim Bewegungsübergang vom Stand zum Sitz?
    f. Steigen Sie aus dem Stand langsam eine Stufe hoch, die mindestens 30 cm hoch ist, und fühlen Sie wiederum die Kontraktion im Hauptbeweger der Hüftgelenksextension. Welche Funktion hatte die Kontraktion des Muskels in diesem Fall?
    g. Um welche Art der Muskelkontraktion (exzentrisch, konzentrisch, isometrisch) handelte es sich in e. bzw. f.?

18. Da der Hauptbeweger der Extension des Femurs im Hüftgelenk gleichzeitig ein Außenrotator des Femurs im Hüftgelenk ist, müssen sich andere Muskeln gleichzeitig mit ihm kontrahieren, um eine reine Extension entstehen zu lassen. Ein Muskel, der eine solche Funktion hat, wird auch neutralisierender Synergist oder Neutralisierer genannt. Um welche Muskeln am Hüftgelenk kann es sich in diesem Fall (Extension des Femurs im Hüftgelenk) handeln?

Umkehr von Punktum fixum und Punktum mobile

19. Führen Sie eine der folgenden Bewegungen aus:
    a. Flexion im Hüftgelenk, ohne daß sich der Femur bewegt.
    b. Dorsalextension des oberen Sprunggelenks, wobei der Fuß flach am Boden verbleibt.
    c. Finden Sie eine Möglichkeit das Kniegelenk zu extendieren, ohne die Tibia zu bewegen.

    Benennen Sie die obengenannten Bewegungen nach der Dreierregel. Bei allen diesen Bewegungen handelt es sich um Bewegungen, bei denen Punktum fixum und Punktum mobile der Muskeln vertauscht werden.
20. Eine Umkehr von Punktum fixum und Punktum mobile kann auch mit exzentrischen Kontraktionen erreicht werden.
    a. Demonstrieren Sie die Umkehr von Punktum fixum und Punktum mobile, indem Sie eine Bewegung des Beckens auf dem Femur ausführen, bei der die bewegende Kraft hauptsächlich von der Schwerkraft ausgeübt wird, die durch eine exzentrische Muskelkontraktion kontrolliert wird.
    b. Entwickeln Sie auf der Grundlage der Übungen 19. und 20. eine Definition des Prinzips bei der Umkehr von Punktum fixum und Punktum mobile.

Grundlagen der Goniometrie/Gelenkmessung

21. Zeichnen Sie auf einer Tafel oder einem großen Stück Papier zwei Punkte ein, die eine Linie definieren. Legen Sie nun den festen Schenkel eines Goniometers so auf das Papier, daß die Punkte unter der Mittellinie des Goniometerschenkels liegen. Nun zeichnen Sie zwei weitere Punkte auf das Papier, die wiederum eine Linie definieren, die in der Nähe der ersten ist und sich mit dieser kreuzt. (Die beiden Linien sollten einen Winkel bilden, kein X. Nun bewegen Sie den beweglichen Schenkel des Goniometers so über die neue Linie, daß die zwei Punkte unter der Mittellinie des Goniometerschenkels liegen, dabei sollen die Punkte der ersten Linie unter der Mittellinie des festen Schenkels verbleiben. (Je nachdem, wo Sie das zweite Punktepaar gezeichnet haben, müssen Sie das Goniometer auf der Ausgangslinie hoch- oder runterschieben, um den beweglichen Schenkel des Goniometers über den neuen Punkten auszurichten.) Nun lesen Sie den Winkel vom Goniometer ab.
22. Wiederholen Sie Übung 21., diesmal zeichnen Sie die Punkte jedoch alle auf das Papier, bevor Sie das Goniometer anlegen. Achten Sie darauf, daß sich die beiden entstehenden Linien an einem Punkt treffen und einen Winkel bilden, es soll kein Kreuz entstehen. Nun legen Sie das Goniometer an und lesen den Winkel ab. Nehmen Sie das Goniometer vom Papier, schließen Sie es, und lassen Sie eine andere Person Ihre Messung nachvollziehen. Vergleichen Sie die Ergebnisse.
23. Um die nächste Übung durchzuführen, benötigen Sie einen Tischtennisball. Wenn Sie an der Tafel arbeiten, hängen Sie den Ball an einem Faden auf, arbeiten Sie auf dem Papier, können Sie den Ball direkt auf das Papier legen und so einen der zwei Punkte darstellen.
    Zeichnen Sie zwei Punkte, die eine Linie darstellen, auf das Papier bzw. die Tafel. Zeichnen Sie einen weiteren Punkt und den Tischtennisball, um die zweite Linie darzustellen, die mit der ersten Linie einen Winkel bildet. Der Ball soll nicht festgehalten werden. Nun legen Sie das Goniometer über den Ball und den Punkt, achten Sie darauf, daß das Goniometer mit dem Ball in Berührung bleibt, während Sie den Winkel ablesen. Nun nehmen Sie das Goniometer wieder ab, schließen es und lassen eine andere Person die Messung nachvollziehen. Vergleichen Sie die Ergebnisse in bezug auf:
    a. die Leichtigkeit, eine präzise Messung zu erhalten und
    b. die Reproduzierbarkeit der Ergebnisse.

24. Wenn wir voraussetzen, daß wir den Körper wie ein System von Hebeln und Achsen untersuchen können, formulieren Sie die Prinzipien der Gelenkmessung, die Sie aus den Übungen 21.-23. ableiten können. Beziehen Sie folgende Punkte in Ihre Überlegungen mit ein:
    a. Die Definition einer Linie,
    b. die Notwendigkeit der Stabilität der Bezugspunkte und
    c. die relative Bedeutung der Plazierung der Goniometerachse im Vergleich zu den Goniometerschenkeln während der Messung.
    Prinzipien:

25. a. Finden Sie in einer Kleingruppe (3-5 Schüler) sinnvolle Bezugspunkte für die Messung der Abduktion des Humerus im Schultergelenk, die Innenrotation des Femurs im Hüftgelenk sowie die Extension des Humerus im Schultergelenk. Bitte benutzen Sie nicht das Lehrbuch für die Lösung dieser Aufgabe.
    b. Nachdem Sie die Bezugspunkte festgelegt haben, suchen Sie so viele Ausweichbewegungen wie Sie können für die Abduktion des Humerus im Schultergelenk in der Ausgangsstellung Stand, für die Innenrotation des Femurs im Hüftgelenk aus der Ausgangsstellung Sitz auf der Behandlungsbank und für die Extension des Humerus im Schultergelenk aus der Ausgangsstellung Stand.
    c. Nun stellen Sie fest, wie Sie die ermittelten Ausweichbewegungen vermeiden können.

d. Lassen Sie jede Bewegung von mindestens zwei Personen messen, indem sie die von Ihnen festgelegten Bezugspunkte verwenden.
e. Wenn Sie noch weitere Prinzipien der Gelenkmessung entdeckt haben, ergänzen Sie die Liste in Aufgabe 24.

Manuelle Muskelfunktionstests

26. Setzen Sie Ihren Partner auf die Kante der Behandlungsbank, so daß die Unterschenkel und Füße nach unten hängen. Nun soll er seinen rechten Unterarm 120° im Ellenbogengelenk flektieren. Umfassen Sie das Handgelenk des gebeugten Armes mit Ihrer rechten Hand, und bitten Sie Ihren Partner, den Ellenbogen gebeugt zu halten und die linke Hand hinter den Rücken zu legen. (Beachte: Hierbei handelt es sich um eine veränderte Form des Muskelfunktionstests für den M. biceps brachii. Schlagen Sie in einem Lehrbuch für Muskelfunktionstests nach, um eine entsprechende Abbildung zu finden.) Instruieren Sie Ihren Partner, daß er sich nicht zurücklehnen und sich mit der linken Hand nicht abstützen soll. Nun ziehen Sie langsam am rechten Handgelenk und versuchen Sie, das Ellenbogengelenk zu strecken. Ziehen Sie so lange, bis Ihr Partner reagiert. Wie hat Ihr Partner reagiert?

Nun legen Sie Ihre linke Hand mit der Handfläche ventral gegen die Schulter Ihres Partners, und drücken Sie gegen die Schulter, während Sie nochmal versuchen, mit der rechten Hand das Ellenbogengelenk zu strecken. Üben Sie viel Kraft mit Ihrer rechten Hand aus, aber erlauben Sie der Schulter nicht, sich nach vorn zu bewegen.

a. Bei welcher Übung hat Ihr Partner mit stärkerer Ellenbogenflexion widerstanden?

b. Im zweiten Teil der Übung haben Sie Ihren Partner fixiert. Nun formulieren Sie den Nutzen der Fixation bei der Durchführung von Muskelfunktionstests.

27. Suchen Sie sich zwei Partner mit freiem Oberkörper. Einer Ihrer Partner sollte breit gebaut sein und über eine deutlich ausgeprägte Schultergürtelmuskulatur verfügen. Der andere sollte schmal gebaut sein mit relativ schwach ausgebildeter Schultergürtelmuskulatur. Setzen Sie Ihre Partner auf zwei Hocker. Stellen Sie sich nun hinter den breiteren Partner, und bitten Sie ihn, seine Humeri beidseits 90° im Schultergelenk zu abduzieren. Legen Sie Ihre Hände direkt oberhalb des Ellenbogens auf die Oberarme, und drücken Sie kräftig nach unten, während Ihr Partner versucht, die Bewegung durchzuführen. Wieviel Widerstand konnten Sie geben? Konnten Sie die Kontraktion verhindern? Nun machen Sie den gleichen Versuch mit dem schmaler gebauten Partner. Konnten Sie in diesem Fall die Kontraktion verhindern? Beantworten Sie folgende Fragen:

a. Weicht einer Ihrer Partner von der Norm ab?

b. Konnten Sie jedem der Partner maximalen Widerstand geben?

c. Definieren Sie den Begriff „maximaler Widerstand".

28. a Geben Sie nun Ihrem schmaler gebauten Partner Widerstand gegen die 90° abduzierten Oberarme. Geben Sie Ihren Widerstand direkt kranial des Ellenbogens am Oberarm, diesmal jedoch in einem spitzen Winkel und nicht im rechten Winkel, dabei soll der größte Anteil Ihrer Kraft nach lateral gerichtet sein. Vergleichen Sie die eingesetzte Kraft bei dieser Übung mit der Kraft, die Sie in Aufgabe 27. benötigten. Gab es einen Unterschied in der Größe der Kraft, die Sie benötigten, um die Kontraktion zu durchbrechen? Warum?

b. Nun legen Sie Ihre Hand direkt unterhalb des Schultergelenks auf den Oberarm und geben Sie Ihren Widerstand rechtwinklig zur Humeruslängsachse. Vergleichen Sie abermals die eingesetzte Kraft mit der Kraft, die Sie in Aufgabe 27 benötigten. Stellen Sie eine Beziehung zwischen Ihren Testergebnissen aus Aufgabe 27. und 28. und den Regeln, die Sie zur Anlage des Widerstandes in Ihrem Lehrbuch finden, her.

29. Suchen Sie sich einen Partner mit gut ausgebildeter Schultergürtelmuskulatur und normaler Schultergürtelstruktur. Nun bitten Sie ihn, die Ausgangsstellung, die unter 27. beschrieben ist, einzunehmen. Teilen Sie Ihrem Partner mit, daß Sie maximalen Widerstand geben werden und er so gut es geht diesem Widerstand begegnen soll. Legen Sie Ihre Hände distal an den Humerus und geben Sie *schnell* starken Widerstand. Sie werden beobachten können, daß der Arm geringfügig nach unten nachgeben wird, obwohl Sie einen kräftigen Partner haben, der auf den Widerstand vorbereitet war. Nun wiederholen Sie die Übung, aber bauen Sie den Widerstand diesmal langsam auf. Der Arm wird jetzt nicht nach unten nachgeben.
Wie verhalten sich die Ergebnisse Ihrer Versuche zu den Angaben in Ihrem Lehrbuch über die Ausübung von Widerständen?

30. Suchen Sie sich einen Partner, der mit locker sitzenden kurzen Hosen bekleidet ist. Wählen Sie seine Ausgangsstellung so, daß er eine aktive Flexion des Femurs im Hüftgelenk aus der Null-Stellung heraus ausführen kann. Die Bewegung soll ohne Einfluß der Schwerkraft ausgeführt werden, und das Bein soll auf einer Behandlungsbank liegen (Tip: Es kann sein, daß Sie Ihrem Partner helfen müssen, das Gleichgewicht zu halten). Das Gleiche führen Sie jetzt für die Abduktion des Humerus im Schultergelenk, Flexion des Unterarms im Ellenbogengelenk und Flexion der Tibia im Kniegelenk aus. Lassen Sie Ihren Partner jede Bewegung durch die volle Bewegungsbahn ausführen. Wie haben Sie festgestellt, daß die Schwerkraft die Bewegung weder behindern noch unterstützen kann? In welcher Ebene haben die Bewegungen stattgefunden?

31. Diskutieren Sie mit einem oder zwei Ihrer Mitschüler, ob die manuelle Muskelfunktionsprüfung in den folgenden Situationen eine sinnvolle Möglichkeit für die Erhebung der Muskelkraft ist.
a. Eingeschränkte Muskelfunktion durch lange Bettruhe.

b. Eingeschränkte Muskelfunktion aufgrund von Schmerzen während der Bewegung.

c. Eingeschränkte Muskelfunktion aufgrund einer Gehirnverletzung.

d. Eingeschränkte Muskelfunktion wegen des Drucks auf einen Nerv.

e. Eingeschränkte Muskelfunktion aufgrund von Bewegungsmangel.

Grundlagen der Palpation

Die folgenden Übungen sind so konzipiert, daß Sie Ihnen geordnete Rückmeldung darüber geben, welche Auswirkungen Ihre Berührung bzw. Palpation an einem Patienten hat, um Ihnen zu helfen, einige der grundlegenden Prinzipien der erfolgreichen Palpation kennenzulernen. Damit diese Übungen ihr Ziel erreichen, muß der Patient seinem Behandler genau berichten, was er empfindet (Behagen oder Unbehagen, Sicherheit oder Unsicherheit, Schmerz etc.). Es ist besser, diese Informationen von einem Mitschüler zu erhalten, als von einem Patienten in der Klinik.

32. Versuchen Sie nun, ausschließlich durch Berührung Ihrem Partner die folgenden Einstellungen mitzuteilen. Verwenden Sie keine Worte, und führen Sie die Aktivitäten in zufälliger Reihenfolge aus. Ihr Partner soll Ihnen mitteilen, welche Einstellung Sie ihm gerade vermittelt haben. Achten Sie genau darauf, wie entspannt Ihr Partner bei den verschiedenen Aktivitäten ist.
    Der Therapeut versucht, folgende Gefühle und Einstellungen zu vermitteln:
    a. Vertrauen und Kompetenz bei der passiven Flexion des Kopfes auf der Halswirbelsäule (Ausgangsstellung Rückenlage auf der Behandlungsbank, der Kopf hängt über das Ende der Behandlungsbank hinaus)
    b. Besorgnis und unsichere Durchführung der passiven Flexion des Kopfes auf der Halswirbelsäule aus der gleichen Ausgangsstellung wie a.
    c. Fürsorge und Interesse bei der passiven Flexion und Extension des Kniegelenks
    d. Unpersönlichkeit und Eile bei passiver Flexion und Extension im Kniegelenk
33. Palpieren und analysieren Sie, was Sie tun mußten, um erfolgreich zu ertasten. Beachten Sie, daß Ihr Partner Ihnen auch weiterhin genau mitteilen soll, welche nonverbalen Informationen er durch Ihre Berührung und Handlung erhält und wie angenehm die Palpation ist.
    a. Radialispuls
    b. Akromion
    c. Radiusköpfchen
    d. M. sternocleidomastoideus vom Ursprung bis zum Ansatz
    Analyse:

34. Palpieren Sie eine Kontraktion des M. pronator teres, und unterscheiden Sie diese von der der Handgelenks- und Fingerflexoren. Was mußten Sie tun, um zu überprüfen, daß Sie tatsächlich den M. pronator teres gespürt haben, und was, um ihn von den Handgelenks- und Fingerflexoren zu unterscheiden?

Glossar

Hier haben wir eine Liste mit den Begriffen aufgestellt, die einigen Schülern Schwierigkeiten bereiten. Einige von ihnen werden mehrfach in diesem Kapitel oder auch im beruflichen Alltag (häufig auch fehlerhaft) verwendet. Ihr Lehrbuch der Bewegungslehre wird die meisten Definitionen dieser Begriffe enthalten. Wir empfehlen, daß Sie die Begriffe jetzt oder beim Bearbeiten der Aufgaben nachschlagen. Wenn alle Definitionen ausgefüllt sind, kann Ihnen die Liste eine gute Quelle zum Nachschlagen werden und hilft Ihnen mit den Aufgaben im Arbeitsbuch.

Aktive/passive Insuffizienz (zwei Begriffe):

Agonist:

Antagonist:

entriegelte und verriegelte Stellung (zwei Begriffe):

konzentrisch:

exzentrisch:

Kontraktion:

Kontraktur:

isokinetisch:

isometrisch:

isotonisch:

Längen-Spannungs-Verhältnis:

offene und geschlossene kinematische Kette (zwei Begriffe):

Umkehr von Punktum fixum und Punktum mobile:

Synergist:

Antworten zu Grundlagen der Bewegungslehre und Befunderhebung

Beachte: Es gibt oft mehr als nur eine richtige Antwort auf die unterschiedlichen Fragen. Die folgenden Antworten halten die Autoren für am besten.

1. Da Sie die Antwort mit Ihren eigenen Worten formulieren sollten, wird Sie von unserer Antwort abweichen. Wichtige Konzepte, die erwähnt werden sollten, sind die folgenden:
   Bandverbindung: minimale Beweglichkeit; feste Verbindung; Bänder verbinden die Gelenkpartner
   Knorpelgelenk: eingeschränkte Beweglichkeit; Faserknorpel verbindet die Gelenkpartner
   Synovialgelenk: freie Beweglichkeit; umgeben von einer fibrösen Gelenkkapsel, die mit einer Synovialmembran ausgekleidet ist

2. a. Kugelgelenk (dreiachsig)
   b. Kondylen- oder Sattelgelenk (zweiachsig)
   c. Scharniergelenk (einachsig)

3. Diese Aufgabe gibt eine konkrete Vorstellung von der Konvex-Konkav-Regel. Vor Durchführung der Aufgabe muß geklärt werden, welche Fläche konvex und welche konkav ist. Als nächstes kann die genaue Beobachtung der „Gelenkflächen" der Papiermodelle zeigen, in welche Richtung die Gelenkflächen im Verhältnis zur Knochenbewegung gleiten.

4. a. Die Bewegung findet in die entgegengesetzte Richtung statt (gegensinnig).
   b. Die Bewegung findet in die gleiche Richtung statt (gleichsinnig).
   c. Die Formulierung der Regel sollte die Information aus a. und b. enthalten, in Kombination mit der Art der Gelenkfläche, die an der Bewegung beteiligt ist.

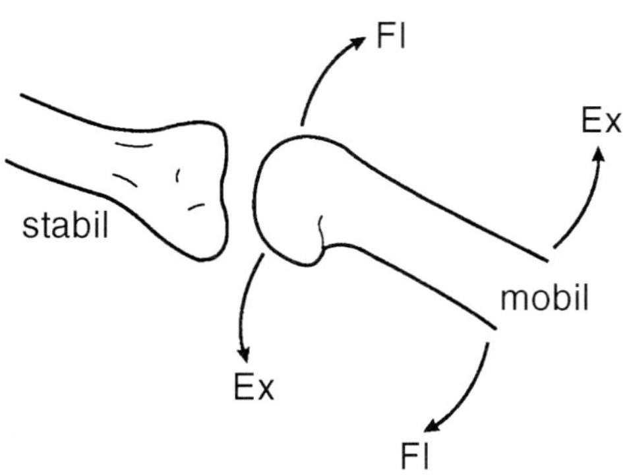

Abb. 2.3

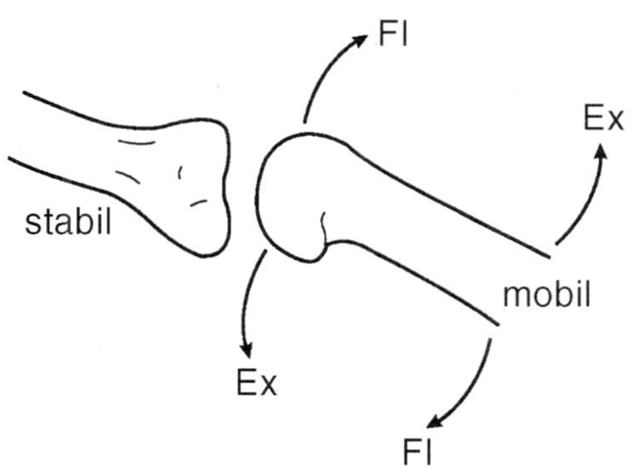

Abb. 2.4

5. a. Hier wird die Notwendigkeit des Gleitens dargestellt, wenn der Femur bei der Flexion und Extension seine Position auf dem Tibiaplateau beibehalten soll.
   b. Hier wird gezeigt, was passiert, wenn die Femurkondylen rollen, ohne gleichzeitig zu gleiten.

6. a. selbsterklärend
   b. Um ein Kaudalgleiten auszulösen, wird der Humerus sanft aber bestimmt nach kaudal gezogen, entlang der Seite des Patienten, während die Skapula fixiert wird. Eine Distraktion nach lateral erreicht man, indem man das Schulterblatt fixiert und den Humerus sanft aber bestimmt direkt vom Schulterblatt wegzieht. Bei beiden Bewegungen muß der Humerus in Nullstellung parallel zum Rumpf liegen.

c. Ventral-dorsal-Gleiten, medial-lateral-Gleiten, Rotation und Distraktion. Um diese beobachten zu können, wird der Mittelhandknochen gut fixiert und das proximale Glied des Zeigefingers so bewegt, daß die obengenannten Bewegungen entstehen.

7. Hilfsbewegungen der Gelenke unterliegen nicht der willkürlichen motorischen Kontrolle. Sie dienen dazu, Körperteile an die Form von Gegenständen anzupassen (wie beim Griff der Hand), Gelenkverformungen unter Belastung zuzulassen, um so die Gefahr der Gelenkverletzung herabzusetzen und ein größeres Bewegungsausmaß zu ermöglichen. Es gibt fraglos noch einige andere mögliche Antworten.

8. a. und b. Je stärker die Kniegelenksflexion ist, um so schwieriger wird die passive Bewegung der Patella. Der Widerstand gegen die Patellabewegung nimmt besonders nach der Überschreitung von 30° Kniegelenksflexion deutlich zu.
   c. Die mediale und die laterale Facette der Patellagelenkfläche, der vertikale First der Gelenkfläche sowie die Anspannung des Lig. patellae und des Retinaculum patellae unterstützen alle die Stabilisation der Patella.
   d. Die verriegelte Stellung des Metakarpophalangealgelenkes des Zeigefingers liegt etwa bei 70° Flexion. Das kann man an der eingeschränkten Beweglichkeit des Gelenks in dieser Position beobachten.
   e. Es sollte die Spannung der Bänder, die Kongruenz der Gelenkflächen sowie die Beweglichkeit und Stabilität des Gelenkes erwähnt werden.

9. c. Bei a. handelt es sich um die offene kinematische Kette, bei b. um die geschlossene.
   d. Unter a. bewegt sich ausschließlich ein Gelenk (das Ellenbogengelenk), während in b. die Bewegung des einen Gelenks die Gelenkstellung aller anderen Gelenke der Kette mitbeeinflußt (Hand-, Ellenbogen- und Schultergelenk).

10. Der Aufbau der Knochen und Bänder, die am Gelenk beteiligt sind, begrenzen die Beweglichkeit auf eine Ebene, so daß eine muskuläre Bewegungskontrolle in anderen Ebenen nicht notwendig ist.

11. a. MCP (Metakarpophalangealgelenk): zwei Ebenen
   PIP (proximales Interphalangealgelenk): eine Ebene
   Tibiofemoralgelenk: zwei Ebenen
   Humeroulnargelenk: eine Ebene
   Hüftgelenk: drei Ebenen
   b. Gelenke mit zwei oder drei Freiheitsgraden können eine Zirkumduktion durchführen.

12. In dieser Aufgabe geht es darum, die Lage der Schnur zum Gelenk sowie die Richtung der Verkürzung der Schnur zu beobachten. Diese Informationen können mit den anatomischen Daten über den betreffenden Muskel und seine Funktion in Verbindung gebracht werden. Bei dieser Aufgabe wird deutlich, daß es wichtig ist, Ansatz und Ursprung der verschiedenen Muskeln zu kennen, um sich ihre Funktion herleiten zu können.

13. a Der Muskel verläuft lateral des Hüftgelenkes in kranio-kaudaler Richtung.
   b. Der Muskel verläuft an der Handgelenksrückseite in proximal-distaler Richtung.
   c. Der Muskel verläuft medial und kaudal des Schultergelenks in medio-lateraler Richtung.
   d. Der Muskel verläuft ventral des Ellenbogengelenks und medial des Radius in kranio-kaudaler Richtung, wobei er sich medial um den Radius windet.
   e. Der Muskel verläuft dorsal des Hüft- und des Kniegelenks in kranio-kaudaler Richtung.

14. In dieser Übung lernt man ganz allgemein die Kombination von Muskelfunktionen und im Speziellen die einseitige Funktion des M. sternocleidomastoideus kennen.
   a. Der Muskel verläuft ventral der Rotationsachse von kranio-lateral nach kaudal-medial.
   b. Der Muskel verläuft lateral der Seitneigungsachse in kranio-kaudaler Richtung.
   c. Der Muskel verläuft ventral der Flexions-/Extensions-Achse in kranio-kaudaler Richtung.

15. Rückenlage. Es wird die Definition einer exzentrischen Kontraktion gezeigt.

16. Rückenlage mit flektierter Halswirbelsäule. Hier wird eine konzentrische und isometrische Kontraktion demonstriert.

17. a. M. glutaeus maximus
    b. Agonist
    c. Antagonist
    d. ischiokrurale Muskelgruppe
    e. gebremstes oder kontrolliertes Hinsetzen
    f. Das Körpergewicht wird gegen die Schwerkraft angehoben.
    g. (e.) verlängernd bzw. exzentrisch; (f.) verkürzend oder konzentrisch

18. Suchen Sie nach einem Innenrotator des Hüftgelenks, der die Innenrotation als Hauptfunktion durchführt, dieser kann der außenrotatorischen Komponente des M. glutaeus maximus entgegenwirken. Am wahrscheinlichsten ist in diesem Fall der M. glutaeus minimus.

19. In diesem Fall ist es notwendig, die Bewegung mit der 3er-Regel zu beschreiben, da es exakter ist und die Gefahr einer Verwirrung mindert, während Sie sich um das Verständnis des Konzepts der Umkehr von Punktum fixum und Punktum mobile bemühen. Benennt man die Bewegungen mit Hilfe der 3er-Regel, so heißen sie folgendermaßen:
    a. Flexion des Beckens im Hüftgelenk
    b. Dorsalflexion der Tibia im oberen Sprunggelenk
    c. Extension des Femurs im Kniegelenk
    Bei dieser Aufgabenstellung gibt es mehrere Lösungen, aus diesem Grund ist es notwendig, die verschiedenen Möglichkeiten mit einem Lehrer zu besprechen.

20. a. Wieder benötigt man aufgrund mehrerer möglicher Lösungen die Hilfe eines Lehrers. Ein Beispiel könnte sein, den Rumpf im Hüftgelenk aus dem Stand nach ventral zu flektieren oder nach dorsal zu extendieren. Bei dieser Bewegung bewegt sich das Becken auf den Oberschenkelknochen, und die Schwerkraft ist die bewegende Kraft. Die Muskeln kontrollieren die Bewegung, indem sie sich langsam verlängern.
    b. Zu einer Umkehr von Punktum fixum und Punktum mobile kommt es meist, wenn sich der bewegliche (normalerweise fixierte) proximale gegen den fixierten (normalerweise beweglichen) distalen Hebel bewegt. Meist ist der distale Hebel fixiert, wie bei Aktivitäten in der geschlossenen kinematischen Kette.

22. In dieser Übung wird die Reproduzierbarkeit von Meßergebnissen sowie der Einsatz von Bezugspunkten am Körper zum Thema gemacht. Der Winkel konnte gefunden werden, ohne die Achse des Goniometers in eine bestimmte Stellung zu bringen. Dies gilt auch für die Gelenkmessungen in der Praxis. Die Gründe dafür kann man aus der Geometrie ableiten: Ein Winkel wird aus zwei Linien gebildet, die direkt die Schenkel des Winkels sind oder die sich parallel zu den Schenkeln des Winkels befinden. Aus diesem Grund ist es überflüssig, die Achse des Goniometers genau auf die mechanische Körperachse zu bringen.

23. In dieser Übung wird gezeigt, daß unveränderliche Bezugspunkte notwendig sind, um präzise und reproduzierbare Meßergebnisse zu erhalten.

24. Eine Linie ist definiert als Verbindung zweier Punkte. Die zwei Punkte, die eingesetzt werden, um ein Linie für die Gelenkmessung zu bilden, sollten sichtbar und stationär sein und auf dem gleichen Knochen liegen. Sobald die Punkte für die zwei Linien unter dem Goniometer liegen, ist der Winkel, der am Goniometer ablesbar ist, identisch mit dem Gelenkswinkel, und eine Ausrichtung der Goniometerachse über der Gelenkachse wird hinfällig.
    Eine der grundlegenden Annahmen dieses Textes ist es, daß die zwei Linien, die den Winkel bilden, durch den Punkt ihrer Kreuzung auch die Achse definieren, somit wird die Plazierung der Goniometerachse überflüssig.

25. a. Sinnvolle Bezugspunkte sind alle Punkte am Körper, die unveränderlich sind. Das heißt in der Regel, aber nicht immer, Knochenpunkte. Eine Möglichkeit für die Schulterabduktion wäre das Brustbein, die Wirbelsäule, das Schlüsselbein, der Humeruskopf, die Humeruslängsachse sowie der laterale Epikondylus des Humerus. Wie Sie sehen, kann jeder Bezugspunkt auf dem beobachteten Hebeln genommen werden. Es gibt jedoch

Standardbezugspunkte, die man kennen muß. Dies wird jedoch erst später beim Erlernen der speziellen Goniometrie der einzelnen Gelenke relevant. Jetzt betrachten wir die der Goniometrie zugrundeliegenden Prinzipien und nicht die speziellen Techniken. Da fast jeder Bezugspunkt, der während der Bewegung sichtbar ist, eine sinnvolle Wahl ist, wollen wir an dieser Stelle die Bezugspunkte für die weiteren Bewegungen nicht nennen. Fragen Sie Ihre Lehrkraft, ob Sie sinnvolle Bezugspunkte gewählt haben.

b. Hier gibt es wiederum unzählige mögliche Antworten. Übliche Antworten sind:
   - Lateralflexion der Wirbelsäule zur Gegenseite statt der Abduktion des Humerus im Schultergelenk
   - Elevation des Beckens auf der gleichen Seite statt Innenrotation des Femurs im Hüftgelenk
   - Flexion des Rumpfes statt Extension des Humerus im Schultergelenk

c. Eine Art der Stabilisation ist es, den Patienten anzuleiten, keine Ausweichbewegungen durchzuführen. Manchmal genügt das, manchmal muß man jedoch mehr dagegen tun. Mißt man die Schultergelenksabduktion in der Rücken- oder Bauchlage, so kann man die Lateralflexion oder Flexion der Wirbelsäule bei der Abduktion einschränken. Läßt man den Patienten seine Hüftgelenke bilateral innenrotieren, so wird die Ausweichbewegung Elevation des Beckens unmöglich. Man kann wiederum auch auf andere Arten die Ausweichbewegungen eindämmen. Eine Möglichkeit wäre auch eine zweite Person zur Fixierung des Patienten dazuzunehmen, was in der Praxis jedoch meist nicht möglich ist.

d. Wie übereinstimmend waren Ihre Egebnisse?

e. Einige Punkte, die Sie an dieser Stelle vielleicht hinzufügen möchten:
   - Fixation der Körperteile, die sich nicht bewegen sollen (z.B. die Wirbelsäule bei der Schulterabduktion oder das Becken bei der Innenroation im Hüftgelenk)
   - die Kommunikation mit dem Patienten während der Messung ist wichtig.
   - In einigen Fällen werden Sie Bezugspunkte verwenden, die sich nicht am Körper des Patienten befinden (z.B.: eine Linie, die rechtwinklig zur Unterlage verläuft, um die Rotation in der Hüfte zu messen). In diesen Fällen ist es absolut notwendig die Ausweichbewegungen des Patienten einzuschränken. Bei der Abduktion des Hüftgekenks liegen die Bezugspunkte auf dem Becken und auf dem Femur, eine Ausweichbewegung des Beckens würde sofort auffallen. Bei der Messung der Hüftgelenksrotation liegen die Bezugspunkte auf dem Femur und relativ zur Unterlage, eine Bewegung des Beckens wird nicht sofort ins Auge fallen, es sei denn, man achtet darauf.
   - Es kann auch noch andere Prinzipien geben. Fragen Sie Ihren Lehrer, um Ihre individuellen Antworten korrigieren zu lassen.

26. Die wahrscheinlichste Reaktion Ihres Partners wird sein, daß er nach vorne kippt oder fällt und daraufhin die Spannung in der Muskulatur auflöst, die die Ellenbogenflexion gehalten hat.
   a. Ihr Partner konnte Ihnen mehr Widerstand entgegenbringen, als Sie die Schulter von ventral fixiert haben.
   b. Bei einer guten Fixation erreicht der getestete Muskel bessere Ergebnisse.

27. a. Nein, wahrscheinlich wird keiner Ihrer beiden Partner von der Norm abweichen.
   b. Ja, Sie konnten maximalen Widerstand ausüben.
   c. In dieser Übung wird gezeigt, daß sich der maximale Widerstand nach den Möglichkeiten des Patienten richtet und nicht nach der Kraft des Therapeuten. Eine maximale Kontraktion eines gesunden 26jährigen unterscheidet sich somit deutlich von einer maximalen Kontraktion eines 3- oder 89jährigen, dies gilt auch für Patienten unterschiedlichen Geschlechts, Körperbaus oder Körpertyps. Hierdurch kommt eine gewisse Subjektivität in die manuelle Muskelfunktionsprüfung, die erst durch die Erfahrung mit unterschiedlichen Patienten relativiert wird. Eins der Ziele bei der Übung an den Mitschülern ist es, die Variationsbreite des Normalen kennenzulernen.

28. a. In dieser Übung wird gezeigt, wie sich die Effektivität des Widerstandes des Therapeuten bei unterschiedlichen Anwendungswinkeln verändert. Um die Reproduzierbarkeit der Messung zu erhalten und Patienten untereinander vergleichen zu können, ist es das beste, den Widerstand im 90° Winkel zu geben. Wird die Kraft im 90° Winkel ausgeübt, so wirkt sie ausschließlich rotatorisch und ist somit am effektivsten bei der Bewegung des Hebels um seine Achse.
   b. Um die besten Möglichkeiten und die beste Kontrolle zu haben, gibt der Therapeut seinen Widerstand an einem möglichst distalen Punkt des Hebels. Es hat sich als sinnvoll erwiesen, keine weiteren Gelenke zu überkreuzen, um den Widerstand zu setzen.

29. Um dem Patienten zu ermöglichen, die Kraft seines Muskels optimal zu entfalten, muß der Widerstand langsam aufbauend gegeben werden. So hat der Patient Zeit, seine motorischen Einheiten nach und nach zu rekrutieren.

30. Bei dieser Aufgabe gibt es viele unterschiedliche Lösungen, die Bewegung wird aber in jedem Fall parallel zum Boden stattfinden (rechtwinklig zum Schwerelot). Da die Bewegungsebene im Verhältnis zum Körper beschrieben wird, bleibt diese gleich (Sagittalebene für Hüftextension, Frontalebene für Schulterabduktion). In jedem Fall muß sie sich parallel zum Boden befinden.

31. a. Bettruhe: Die manuelle Muskelfunktionsprüfung ist in diesem Fall eine gute Möglichkeit, die Muskelkraft zu bestimmen, da es keine Einbuße bei der Muskelkontrolle gibt.
 b. Schmerzen bei der Bewegung: In diesem Fall ist eine Muskelfunktionsprüfung nicht sinnvoll, da man nicht unterscheiden kann, ob die Muskelkraft aufgrund der Schmerzen oder durch eine Muskelpathologie vermindert ist.
 c. Gehirnverletzung: Eine Muskelfunktionsprüfung ist hier nicht sinnvoll, da der Muskel unter Umständen keine korrekten Kommandos vom Gehirn erhält und deswegen nicht willkürlich kontrahiert werden kann. In diesem Fall liegt das Problem im Gehirn, nicht im Muskel.
 d. Nervenkompression: Bei einer Nervenkompression ist eine Muskelfunktionsprüfung sinnvoll, da die Muskelkraft eingeschränkt sein kann, aber keine falschen Impulse vom Gehirn weitergeleitet werden.
 e. Bewegungsmangel: Wenn das Gelenk beweglich ist, ist auch eine Muskelfunktionsprüfung sinnvoll. Ist das Gelenk jedoch nicht endgradig beweglich, so muß man sich einer veränderten Einteilung der Muskelfunktionswerte bedienen und nicht mit den Standardbewegungsausmaßen arbeiten. Die Muskulatur, die ein eingeschränktes Gelenk überkreuzt, kann verminderte Kraft oder normale Kraft besitzen. Eine Veränderung der Standardbedingungen muß dokumentiert werden.

32. selbsterklärend; am besten wird diese Übung von einer lehrergeleiteten Diskussion begleitet.

33. Für jeden Körperteil, der palpiert werden soll, muß dem Therapeuten die anatomische Lage im Verhältnis zur Oberflächenanatomie bekannt sein. Diese Informationen können einem Lehrbuch entnommen werden. Um weiter mit Erfolg zu palpieren, mußten folgende Dinge getan werden:
 a. Beide, der Therapeut und der Patient, mußten stillhalten, um den Radialispuls zu ertasten.
 b. Der Therapeut mußte seine Hand auf dem Gebiet der Schulter hin- und herwandern lassen, um die Ausdehnung und Lokalisation des Akromions zu palpieren, während der Patient stillhielt.
 c. Der Therapeut mußte seine Finger auf den Radiuskopf legen, dann mußte er den Radius rotieren, während die Finger ruhig auf dem Radiuskopf liegenblieben. Dadurch konnte er feststellen, ob er tatsächlich den Radiuskopf ertastet hat.
 d. Der Therapeut muß die Funktion des M. sternocleidomastoideus kennen, um den Patienten aufzufordern, diesen Muskel anzuspannen. Dann mußte der Patient die Kontraktion halten, während der Therapeut den Muskel der Länge nach palpierte.

 Das allgemeine Prinzip, das an dieser Stelle deutlich werden sollte, ist, bewegt sich das Objekt, das palpiert werden soll, so muß der Therapeut stillhalten, um die Bewegung zu spüren, bewegt sich das Objekt nicht, das palpiert werden soll, so muß der Therapeut seine Finger hin- und herbewegen, um die Lokalisation und Ausdehnung der Struktur zu ertasten.

34. Um einen Muskel zu ertasten, der in der Nähe vieler andere liegt, muß der Therapeut die spezifische Funktion dieses Muskels instruieren und dann um eine minimale Kontraktion bitten, damit der gewünschte Muskel isoliert angespannt wird. Im Beispiel kann der M. pronator teres nicht ertastet werden, wenn gleichzeitig die Unterarmflexoren angespannt werden. Es ist notwendig, eine minimale Kontraktion des M. pronator teres anzuleiten, um ihn isoliert zu palpieren.

3 Wirbelsäule und Becken

Knochenlehre der Wirbelsäule und des Beckens

1. Teilen Sie die 33 Wirbel in ihre entsprechenden Kategorien ein, und geben Sie die Anzahl der Wirbel in den unterschiedlichen Abschnitten an.

2. Beschriften Sie die verschiedenen Teile des Wirbels in Abb. 3.**1**. Dazu gehören: Corpus vertebrae, Pediculus arcus vertebrae, Lamina arcus vertebrae, Processus transversus, Processus spinosus und die Processus articulares.

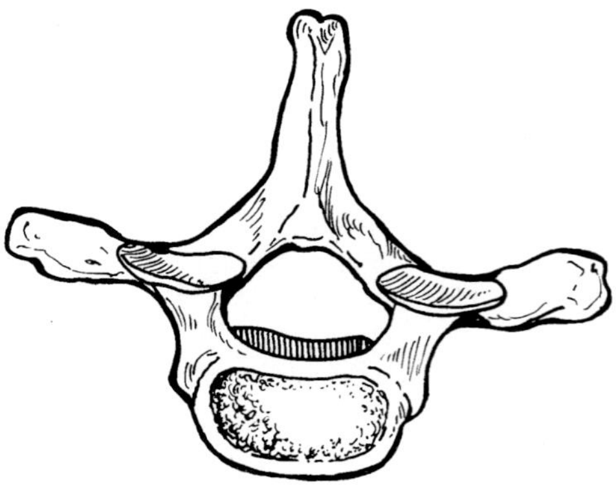

Abb. 3.**1**

3. Suchen Sie die Okzipitalkondylen an einem Skelett auf, und stellen Sie fest, ob es sich um konvexe oder konkave Flächen handelt.

4. Beschreiben (zeichnen und beschriften) Sie die physiologischen Krümmungen der Wirbelsäule in der Seitenansicht. Geben Sie an, bei welchen Krümmungen es sich um primäre und bei welchen es sich um sekundäre handelt.

5. Benennen Sie die Knochen, die das Becken bilden.

6. Die Funktionen des Beckens sind:
   - Die Wirbelsäule mit der unteren Extremität zu verbinden,
   - die Kräfte aus der unteren Extremität auf die Wirbelsäule zu übertragen sowie
   - das Abdomen zu unterstützen.

   Finden Sie an einem Modell des Beckens folgende Strukturen:

Crista iliaca	Incisura ischiadica minor
Spina iliaca anterior superior	Spina ischiadica
Spina iliaca anterior inferior	Tuber ischiadicum
Incisura ischiadica major	Pecten ossis pubis

7. Geben Sie eine Definition für ein Wirbelsäulensegment. Beschreiben Sie den Austritt eines Spinalnervs aus seinem Wirbelsäulensegment. Beziehen Sie die Strukturen, durch die er hindurchtreten muß, sowie die Beziehung zum jeweiligen Wirbelsäulen- und Rückenmarksabschnitt in Ihre Antwort mit ein.

8. Kennzeichnen Sie in Abb. 3.**2** die Umrandung des Foramen intervertebrale, und benennen Sie die unterschiedlichen Anteile.

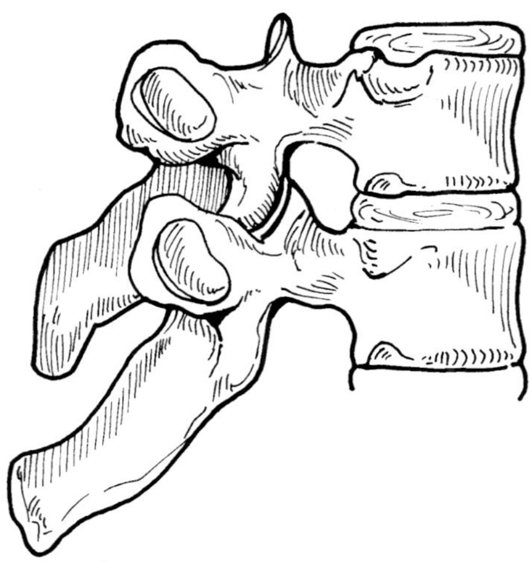

Abb. 3.**2**

9. Welche Bedeutung hat eine Größenveränderung des Foramen intervertebrale?

10. Suchen Sie das Wirbelsäulenniveau, auf dem das Rückenmark endet. Wie nennt sich das Bündel der Nervenwurzeln am distalen Ende des Rückenmarks?

Gelenklehre der Wirbelsäule und des Beckens

11. Geben Sie an, um welche Art des Gelenks es sich bei den folgenden gelenkigen Verbindungen handelt:
Wirbelkörper zu Wirbelkörper:

Facette zu Facette:

Schambein zu Schambein:

Kreuzbein zu Darmbein:

12. Finden Sie heraus, welche Bewegungen in den obengenannten gelenkigen Verbindungen möglich sind. Es könnte sich um Gleiten, Rotation oder Spin handeln. Es werden keine Bewegungen im klassischen Sinne wie Flexion, Extension etc. vorkommen.
Wirbelkörper zu Wirbelkörper:

Facette zu Facette:

Schambein zu Schambein:

Kreuzbein zu Darmbein:

13. In der folgenden Tabelle werden die Ebenen und Achsen der Wirbelsäulenbewegungen aufgelistet.

Bewegung	Ebene	Achse
Flexion/Extension	sagittal	medio-laterale Ausrichtung (Schnittachse der Transversal- und Frontalebene)
Lateralflexion	frontal	ventro-dorsale Ausrichtung (Schnittachse der Sagittal- und Transversalebene)
Rotation	transversal	kranio-kaudale Ausrichtung (Schnittachse der Sagittal- und Frontalebene)

Nun nehmen Sie ein festes Stück Papier und einen Bleistift zur Hand. Während Sie die oben aufgezählten Bewegungen durchführen, halten Sie das Papier in der Bewegungsebene und den Bleistift auf der Bewegungsachse. Beachten Sie, daß die Bewegungen in vielen Gelenken gleichzeitig stattfinden, so daß Ihre Darstellung der Bewegungsachse nicht spezifisch, sondern allgemein sein sollte.

14. Die Ebene und die Achsen wurden in den Abb. 3.**3** - 3.**5** eingezeichnet. Beschriften Sie die Ebenen und Achsen.

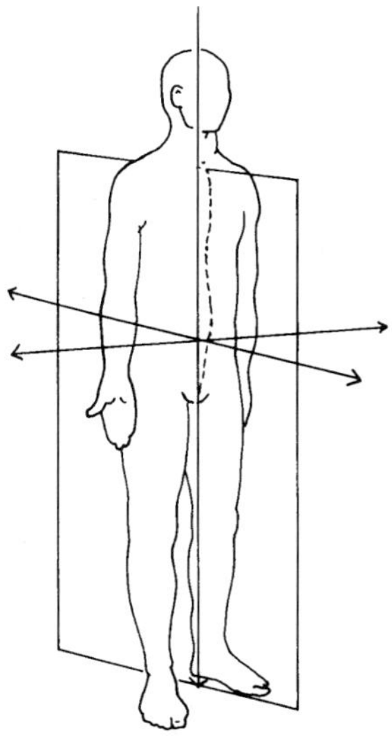

Abb. 3.**3**

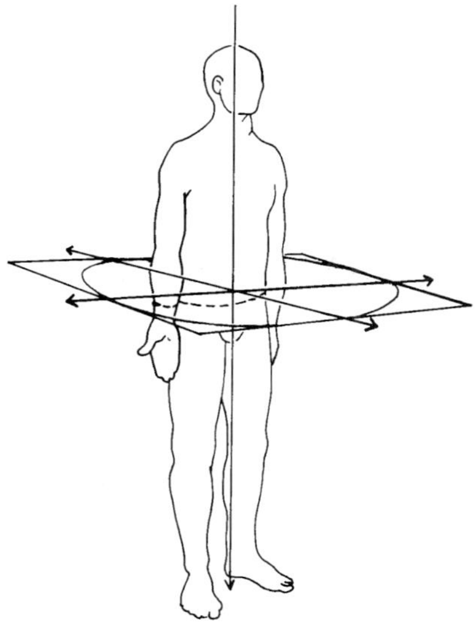

Abb.3.**4**

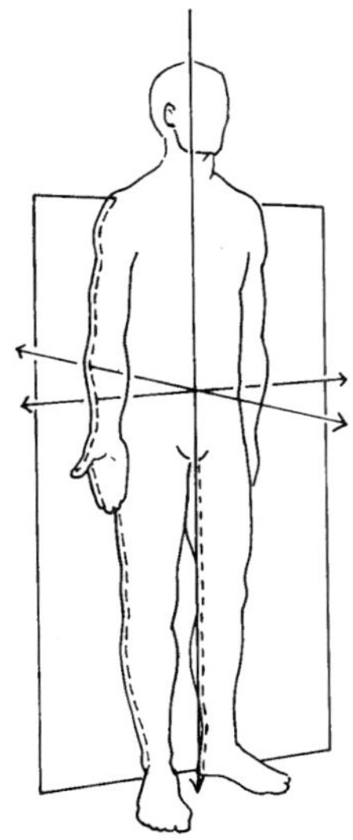

Abb. 3.**5**

15. Es folgt eine Zusammenfassung der Wirbelsäulenbewegungen. Bilden Sie Fünfergruppen und lassen Sie jeden einzelnen die Bewegungen durchführen (je mehr Mitschüler die Bewegungen ausführen, um so leichter werden Sie verstehen, was eine normale Wirbelsäulenbeweglichkeit ist). Während Sie Ihre Partner beobachten, suchen Sie sich einige Bezugspunkte, die Sie verfolgen. Am besten eignen sich Knochenvorsprünge, die leicht zu sehen sind. Beispielsweise ist das Zentrum des Kinns ein guter Bezugspunkt, um die Halswirbelsäulenbewegungen zu analysieren, und am Akromion kann man die Rumpfrotation leicht ablesen. Beobachten und dokumentieren Sie in der Tabelle, in welchem Wirbelsäulenabschnitt der größte Teil der einzelnen Bewegungen stattfindet. Schreiben Sie dafür in das Kästchen, das diesen Wirbelsäulenabschnitt repräsentiert, eine 1, in den zweitbeweglichsten Teil eine 2 usw.

	Kopfgelenke (Kopf, C1, C2)	**Halswirbelsäule (C3 bis C7)**	**Brustwirbelsäule (TH1 bis TH12)**	**Lendenwirbelsäule (L1 bis L5)**
Flexion				
Extension				
Seitneigung				
Rotation				

Notieren Sie auch weitere Beobachtungen in Ihrer Tabelle. Ist die Bewegung geschmeidig; ist Sie symmetrisch; gibt es irgend etwas, das ungewöhnlich aussieht?

Welche Bewegungen konnten, mit den von Ihnen bestimmten Bezugspunkten, leicht beobachtet werden? Welche Bewegungen waren mit Ihren Bezugspunkten schwer zu beobachten?

16. Vervollständigen Sie die untenstehende Tabelle der Wirbelsäulenbänder. Als Beispiel kann Ihnen das Lig. supraspinale dienen.

Band	Lokalisation
Halswirbelsäule	
Lig. apicis dentis	
Ligg. alaria	
Lig. cruciforme atlantis	
Membrana tectoria	
Membrana atlanto-occipitalis anterior	
Membrana atlanto-occipitalis posterior	
Lig. nuchae	
Brust- und Lendenwirbelsäule	
Lig. supraspinale	von der Spitze eines Processus spinosus zur Spitze des distal gelegenen Processus spinosus
Lig. interspinale	
Lig. flavum	

Lig. longitudinale posterior

Lig. longitudinale anterior

Ligg. intertransversaria

Bänder der Facettengelenke

---

17. Beschriften Sie die eingezeichneten Bänder der Wirbelsäule in den Abb. 3.**6** - 3.**8**

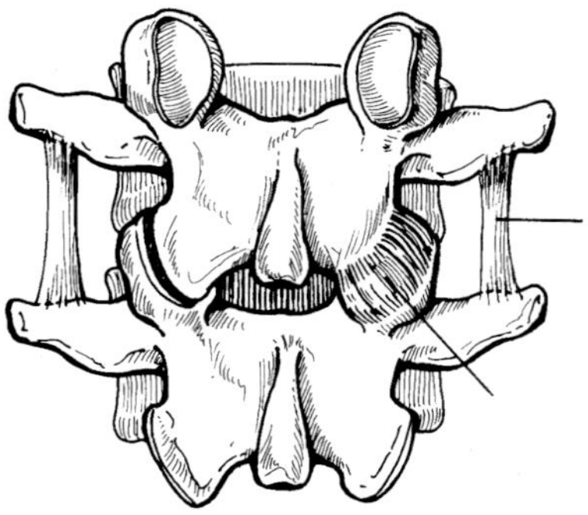

Abb. 3.**6**

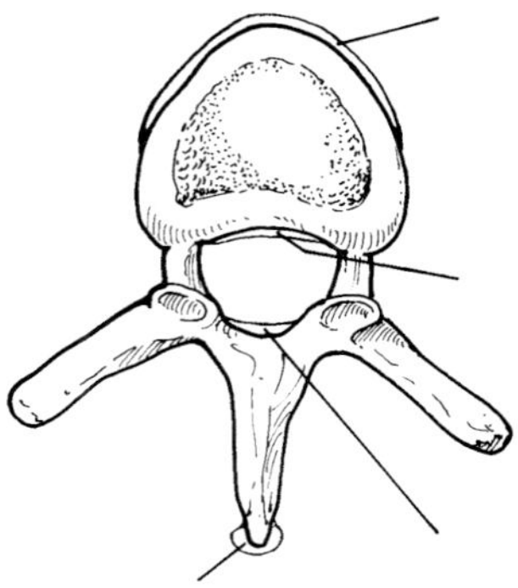

Abb. 3.**7**

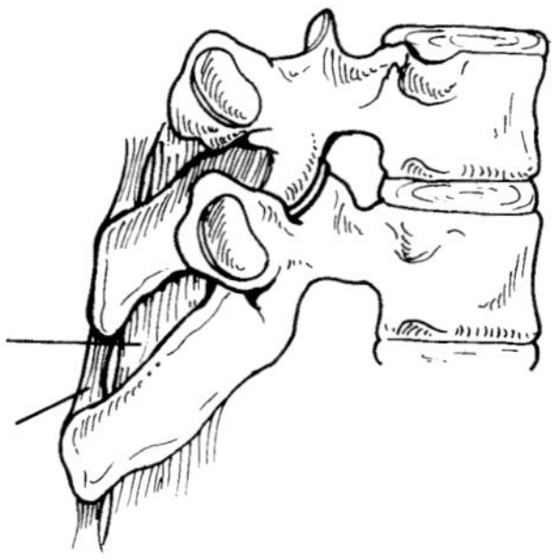

Abb. 3.**8**

18. Benennen Sie für jedes der unten aufgeführten Bänder die Bewegung, die von ihm eingeschränkt wird. Verwenden Sie die Abb. 3.**6** - 3.**8** für die Beantwortung dieser Frage, es sind jedoch nicht alle Bänder abgebildet.

Lig. apicis dentis

Ligg. alaria

Lig. cruciforme atlantis

Membrana tectoria

Membrana atlanto-occipitalis anterior

Membrana atlanto-occipitalis posterior

Lig. nuchae

Lig. supraspinale

Lig. interspinale

Lig. flavum

Lig. longitudinale posterius

Lig. longitudinale anterius

Ligg. intertransversaria

Bänder der Facettengelenke

19. a. Suchen Sie die folgenden Bänder in Abb. 3.**9**:
   Lig. iliolumbale
   Lig. iliosacrale
   Lig. sacrospinale
   Lig. sacrotuberale
   b. Was ist ihre Funktion?
   Lig. Iliolumbale:

   Lig. iliospinale:

   Lig. sacrospinale:

   Lig. sacrotuberale

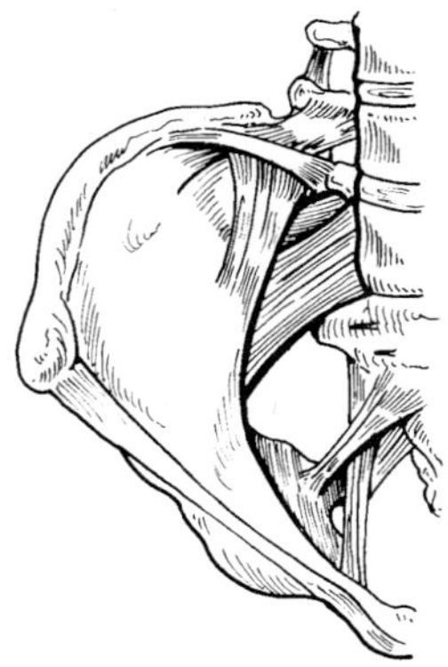

Abb. 3.**9**

20. Warum wird eine Bewegung in der Symphysis pubica immer eine Bewegung im Art. iliosacrale verursachen?

21. Sehen Sie sich die Form des Kreuzbeines einmal genau an (sehen Sie in ein Lehrbuch oder auf Abb. 4.**3** und 4.**4**). Es sieht aus wie ein Keil. Man kann an einem liegenden Menschen viel einfacher eine passive Bewegung in der Articulatio iliosacrale auslösen als im Sitzen oder Stehen. Was hat das mit der Form des Sakrums zu tun?

Muskellehre der Wirbelsäule und des Beckens

Muskeln des Rückens

Die Rückenmuskeln prägt man sich am besten in Schichten ein. Ihre Funktion kann man an ihren unterschiedlichen Anheftungen an den proximalen und distalen Wirbeln ablesen und daran, ob der Muskel unilateral oder bilateral arbeitet. Die Funktion kann sehr unterschiedlich sein, je nachdem ob der Muskel uni- oder bilateral innerviert wird.
Verwenden Sie die folgenden Seiten, um Ansatz, Ursprung und Innervation der Muskeln an Wirbelsäule und Becken zu lernen.
In allen folgenden Abschnitten der Muskellehre werden die folgenden Abkürzungen Anwendung finden:
U: Muskelursprung
A: Muskelansatz
N: Innervation (es sollte immer sowohl die Rückenmarksebene als auch der periphere Nerv genannt werden)
B: Beziehung des Muskels zur Bewegungsachse
F: Funktion des Muskels

Tiefe Schicht der Rückenmuskeln

Die tiefe Schicht der Rückenmuskeln wird in zwei Gruppen eingeteilt: die Mm. intertransversarii und die Mm. interspinales.

22. Mm. intertransversarii
    U: Processus transversus
    A: Processus transversus
    N:
    B: dorsal der Flexions-/Extensionsachse; lateral der Seitneigungsachse
    F:

23. Mm. interspinales
    U: Processus spinosus
    A: Processus spinosus
    N:
    B:
    F:

Mittlere Schicht der Rückenmuskeln

Die mittlere Schicht der Rückenmuskulatur wird aufgrund ihres Faserverlaufs im Verhältnis zur Wirbelsäule transversospinales System genannt. Es handelt sich um die Mm. semispinalis, multifidus und rotatores. Beschriften Sie Abb. 3.**10** und vervollständigen Sie die Angaben zu den einzelnen Muskeln.

24. M. semispinalis (überbrückt 3-5 Segmente)
    U: Processus transversus eines kaudalen Wirbels
    A: Processus spinosus eines kranialen Wirbels
    N:
    B: windet sich um die vertikale Achse; dorsal der Flexions-/Extensionsachse
    F: Rotation des Wirbelkörpers zur Gegenseite; Extension bei bilateraler Innervation

25. M. multifidus (überbrückt 2-3 Segmente)
    U: Processus transversus eines kaudalen Wirbels
    A: Processus spinosus eines kranialen Wirbels
    N:
    B:
    F:

26. Mm. rotatores (überbrücken 1-2 Segmente)
    U:
    A:
    N:
    B:
    F:

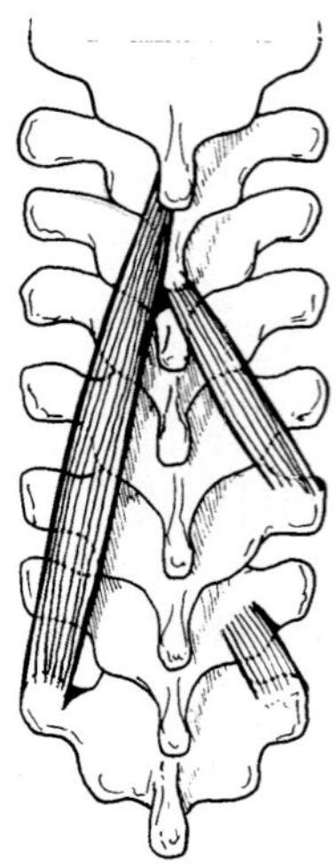

Abb. 3.**10**

Oberflächliche Schicht der Rückenmuskeln

Die dritte Schicht der Rückenmuskulatur liegt am oberflächlichsten und kann in drei Säulen eingeteilt werden. Von lateral nach medial heißen sie: Mm. ilicostales cervicis, thoracis et lumborum, Mm. longissimus capitis, cervicis et thoracis, Mm. spinalis capitis, cervicis et thoracis. Beachten Sie, daß für diese Muskelgruppen eine zusätzliche Angabe über die uni- und bilaterale Funktion erfragt wird.

27. M. iliocostalis
U:
A:
N:
B:
F: unilateral:
bilateral:

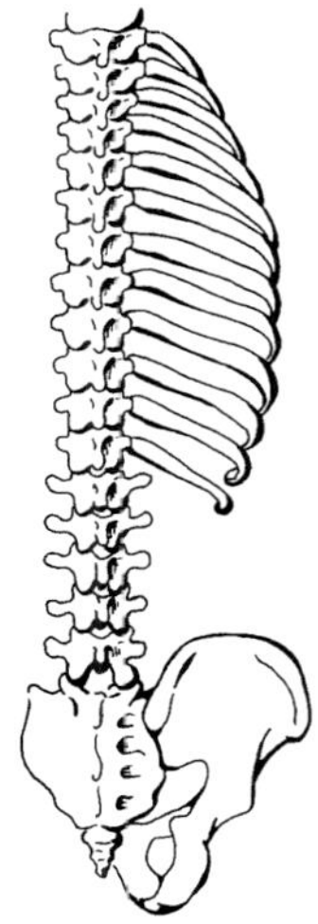

Abb. 3.11

28. M. longissimus
U:
A:
N:
B:
F: unilateral:
bilateral:

29. M. spinalis
U:
A:
N:
B:
F: unilateral:
bilateral:

Ventrale Rumpf- und Bauchmuskulatur

30. M. psoas major
U:
A:
N:
B:
F:

31. M. iliacus
U:
A:
N:
B:
F:

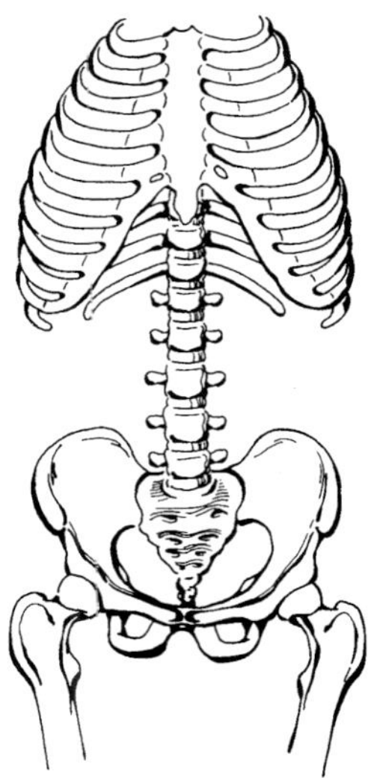

Abb. 3.12

32. M. obliquus abdominis externus
    U:
    A:
    N:
    B:
    F: unilateral:
       bilateral:

33. M. obliquus abdominis internus
    U:
    A:
    N:
    B:
    F: unilateral:
       bilateral:

34. M. rectus abdominis
    U:
    A:
    N:
    B:
    F:

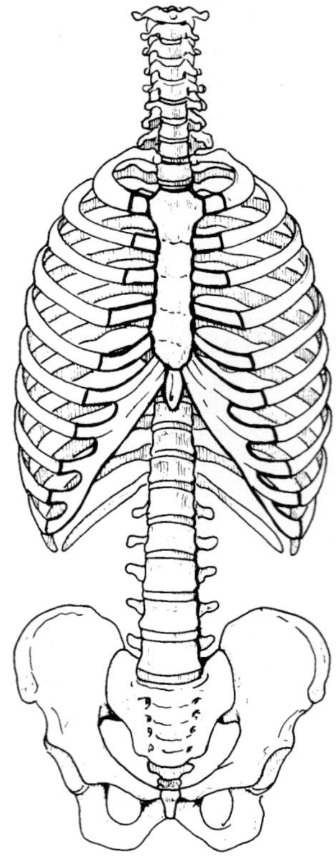

Abb. 3.13

35. M. quadratus lumborum
U:
A:
N:
B:
F: unilateral:
bilateral:

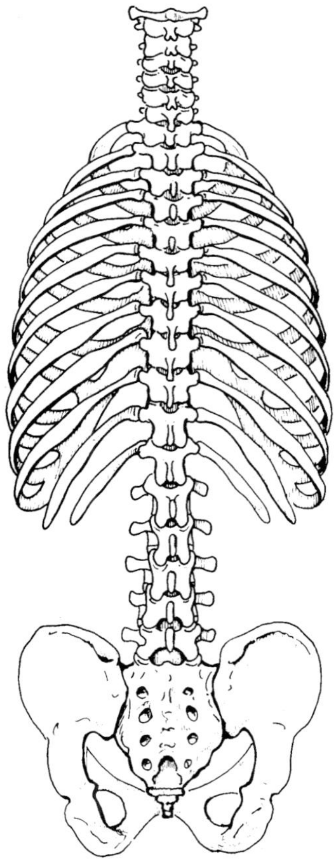

Abb. 3.14

Halsmuskulatur

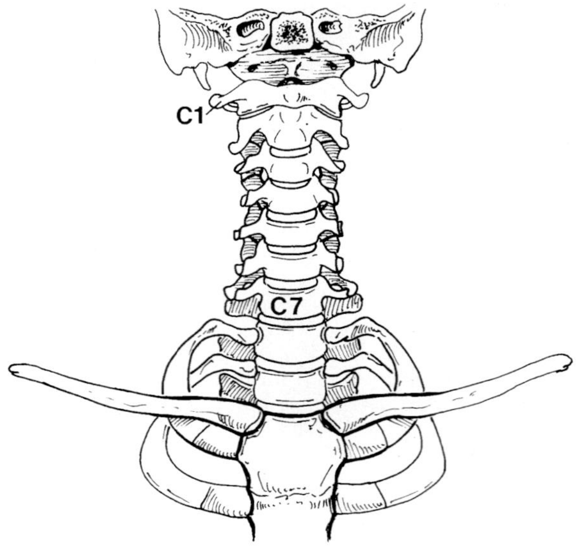

Abb. 3.15

36. M. longissimus capitis
U:
A:
N:
B:
F:

37. M. longissimus cervicis
U:
A:
N:
B:
F:

38. M. rectus capitis
U:
A:
N:
B:
F:

39. M. sternocleidomastoideus
U:
A:
N:
B:
F:

40. M. scalenus anterior
U:
A:
N:
B:
F:

Anwendungen

41. Suchen Sie sich einen Partner und palpieren Sie die folgenden Strukturen:

Dorsale Rumpfwand
Linea nuchae superior
Processus mastoideus
Processus transversus von C1
Processus spinosus C7
Wirbelgelenke der Halswirbelsäule
Processus spinosus Th3
Angulus inferior scapulae
Angulus superior scapulae
Margo medialis scapulae
Margo lateralis scapulae
Spina scapulae
Spina iliaca posterior suoerior
Tuber ischiadicum
Crista iliaca
Sacrum
Sulcus sacralis
Processus spinosus S2
Processus spinosus L5

Ventrale Rumpfwand
Processus coracoideus scapulae
Acromion
Incisura jugularis sternalis
ventrale und laterale Fläche der unteren Rippen
Spina iliaca anterior superior
Crista iliaca
Tuberculum iliacum

42. Sie haben die Strukturen palpiert, während Ihr Partner stillgestanden hat. Nun bitten Sie Ihren Partner, sich auf die linke Seite zu legen mit gebeugten Hüft- und Kniegelenken. Nun ertasten Sie zwei aufeinanderfolgende Dornfortsätze der Lendenwirbelsäule. Lassen Sie die palpierenden Finger auf den Dornfortsätzen liegen, während Sie nun die Lendenwirbelsäule Ihres Partners flektieren und extendieren. Am leichtesten geht dies, wenn Ihr Partner Sie anschaut. Legen Sie die Fingerspitzen Ihrer rechten Hand auf zwei benachbarte Dornfortsätze. Mit der rechten Hand und dem rechten Unterarm bewegen Sie das obenliegende Bein Ihres Partners in Flexion. Dann bewegen Sie es wieder zurück in die Extension. Ertasten Sie die entstehende Bewegung zwischen den Dornfortsätzen.
Nun lassen Sie Ihren Partner auf dem Bauch liegen, und stehen Sie an seiner linken Seite. Wieder legen Sie die Fingerspitzen der linken Hand auf zwei benachbarte Dornfortsätze der Lendenwirbelsäule. Plazieren Sie die Finger der rechten Hand von ventral auf die Spina iliaca anterior superior dexter. Heben Sie das Becken mit dieser Hand an, und lassen Sie es wieder absinken. Versuchen Sie wiederum, die Bewegung der Dornfortsätze gegeneinander zu spüren. Beachten Sie, daß keine große Bewegung zu spüren sein wird. Es handelt sich hierbei um sehr feine Bewegungen. Der distale Dornfortsatz wird sich wenige Millimeter gegen den proximalen bewegen.
Wie heißt die Art der Rotation, die Sie an Ihrem Partner auslösen?

43. Objektive Messung der Wirbelsäulenbewegungen. Finden Sie sich in Gruppen zu dritt oder zu fünft zusammen und entwickeln Sie ein verläßliches System für die Messung der Wirbelsäulenbeweglichkeit. Notieren Sie in der untenstehenden Tabelle die Bezugspunkte, die Sie gewählt und die Technik, die Sie für die Messung der einzelnen Wirbelsäulenabschnitte verwendet haben. Beispielsweise könnten Sie für die Messung der Halswirbelsäulenflexion ein Maßband verwenden (Technik) sowie den Abstand der Kinnspitze zur Incisura jugularis (Bezugspunkte) am Ende der Bewegung. Es gibt einige Standardbezugspunkte. Ein Ziel dieser Aufgabe ist es jedoch, selbständig stabile, logische und vertretbare Bezugspunkte für die Befunderhebung von Bewegungen zu finden.

	Flexion/Extension	Lateralflexion	Rotation
HALSWIRBELSÄULE: Bezugspunkte			
Technik			
BRUSTWIRBELSÄULE: Bezugspunkte			
Technik			
LENDENWIRBELSÄULE: Bezugspunkte			
Technik			

44. Nun, da Sie ein Schema für die Messung der Wirbelsäulenbeweglichkeit entwickelt haben, messen Sie jedes Mitglied Ihrer Gruppe, und notieren Sie die Messungen. Welcher Abschnitt der Wirbelsäule wies am meisten Flexion auf? Extension? Seitneigung? Rotation? Wie verhalten sich Ihre Messungen im Verhältnis zu den Beobachtungen in Aufgabe 15.

45. In Frage 44. und 45. haben Sie eine Methode für die Messung der Wirbelsäulenbeweglichkeit entwickelt und angewendet. Könnten Sie die gleiche Methode verwenden, um die primären und sekundären Wirbelsäulenkrümmungen zu befunden? Wenn Ihre Methode sich nicht dafür eignet, wie könnten Sie sie abwandeln, um dieser Anforderung gerecht zu werden? Messen Sie die primären und sekundären Wirbelsäulenkrümmungen an jedem Ihrer Übungspartner.

46. Beschreiben Sie die Auswirkungen der folgenden Wirbelsäulenbewegungen auf die physiologischen Wirbelsäulenkrümmungen bei einer stehenden Person:
Flexion:

Extension oder Hyperextension:

47. Beschreiben Sie die Auswirkungen der folgenden Beckenbewegungen auf die physiologische Krümmung der Lendenwirbelsäule bei einer stehenden Person:
Ventralkippen des Beckens:

Dorsalkippen des Beckens:

48. Vergleichen Sie die Ausprägung der Wirbelsäulenkrümmungen bei einem Ihrer Partner im aufrechten Stand mit der im krummen Sitzen auf einem Stuhl.

49. Beschreiben Sie die Wirbelsäulenkrümmungen Ihres Partners im Langsitz (Sitz mit gestreckten Beinen auf dem Boden).

50. Vergleichen Sie die Wirbelsäulenkrümmungen Ihres Partners in Rückenlage mit ausgestreckten und mit angestellten Beinen.

51. Palpation und Beobachtung von Muskeln. Als allgemeine Regel sollten Sie Muskulatur immer vom Ursprung zum Ansatz palpieren. Falls Sie Ursprung und/oder Ansatz nicht exakt erreichen können, dann nehmen Sie den am nächsten liegenden noch zu tastenden Anteil des Muskels. Lesen Sie nochmals die Grundlagen der Palpation nach, die Sie in Aufgabe 33. in Kapitel 2 aufgeschrieben haben.
Palpieren Sie die folgenden Muskeln zunächst an sich selbst und dann an Ihrem Partner:

M. sternocleidomastoideus	Mm. scaleni
M. erector spinae pars cervicalis	M. rectus abdominis
M. erector spinae pars thoracalis	M. obliquus abdominis externus
M. erector spinae pars lumbalis	M. obliquus abdominis internus
M. splenus capitis	M. quadratus lumborum

52. Machen Sie eine Rumpfrotation nach rechts. Welche der schrägen Bauchmuskeln arbeiten?

53. Machen Sie eine Rechtsseitneigung:
   a. Wählen Sie die Ausgangsstellung so, daß Sie gegen die Schwerkraft arbeiten müssen. Welche der schrägen Bauchmuskeln müssen jetzt arbeiten? Um welche Art der Muskelkontraktion handelt es sich? Welche anderen Muskeln könnten auch noch arbeiten?

   b. Ausgangsstellung Stand. Arbeiten jetzt andere Muskeln als unter a.? Wenn ja, welche? Um welche Art der Muskelkontraktion handelt es sich in diesem Fall?

54. Zeichnen Sie in Abb. 3.**16** die Lage des Iliosakralgelenkes in Beziehung zum Azetabulum ein.

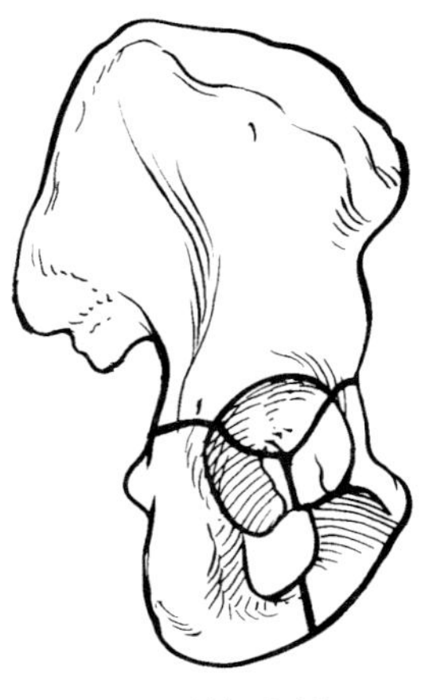

Abb. 3.**16**

55. Beschreiben Sie, welche Wirkung die Lage des Azetabulums auf die Ventral- bzw. Dorsalrotation des Iliums gegen das Sakrum hat. In Abb. 3.**17** und 3.**18** werden diese beiden Positionen dargestellt. In den Darstellungen wird die Originalposition durch eine durchgezogene und die rotierte Position durch eine gestrichelte Linie repräsentiert. In Abb. 3.**17** wird eine Ventralrotation des Iliums gegen das Sakrum dargestellt. In Abb. 3.**18** wird eine Dorsalrotation des Iliums gegen das Sakrum dargestellt.

Abb. 3.17

Abb. 3.18

Wirkung der Ventralrotation:

Wirkung der Dorsalrotation:

56. Für diese Aufgabe benötigen Sie zwei gleich große Papierstücke (7,5 x 1,5 cm). Diese Papiere sollen jeweils einen rechten Femur darstellen. Legen Sie sie in der Abb. 3.**17** an. Ein „Femur“ wird so angelegt, daß sein oberes Ende direkt an der Bewegungsachse des nicht rotierten Beckens (Punkt) liegt. Der zweite „Femur“ wird an die Bewegungsachse des rotierten Iliums (Kreuz) angelegt. Beide Femuren sollten parallel zueinander in ihrer physiologischen Stellung senkrecht nach unten liegen. Es handelt sich hierbei um rechte Oberschenkelknochen.
   a. Beschreiben Sie den sichtbaren Längenunterschied der beiden Knochen.

   b. Nehmen Sie an, daß das linke Ilium nicht rotiert ist. Vergleichen Sie nun die Auswirkungen der gerade beobachteten Längenunterschiede auf der rechten Seite mit denen auf der linken Seite.

57. Wiederholen Sie diese Übung, aber diesmal mit flektiertem Hüftgelenk (die Papiere werden horizontal ausgerichtet).
   a. Beschreiben Sie den Längenunterschied der unteren Extremität der beiden Positionen.

   b. Nehmen Sie an, daß die linke Seite ein nicht rotiertes Ilium hat. Beschreiben Sie nun die Auswirkungen, die Sie gerade hergestellt haben, in bezug auf die Länge der unteren Extremitäten.

58. Führen Sie Übung 56. an der Abb. 3.**18** aus.
   a. Beschreiben Sie den sichtbaren Längenunterschied der Extremitäten.

   b. Nehmen Sie an, daß das linke Ilium nicht rotiert ist, welche Auswirkungen ergeben sich aus der unterschiedlichen Beinlänge?

59. Führen Sie Übung 57. an der Abb. 3.**18** aus.
   a. Beschreiben Sie den sichtbaren Längenunterschied der Extremitäten.

   b. Nehmen Sie an, daß das linke Ilium nicht rotiert ist, und beschreiben Sie die Auswirkungen der unterschiedlichen Beinlänge.

60. Suchen Sie sich einen Partner, und führen Sie die folgenden Aktivitäten durch, die die Facettenbewegungen in der Halswirbelsäule simulieren sollen. Die Arme und Hände stellen die Gelenkflächen dar. Stellen Sie sich vor, daß die Wirbelkörper vor Ihnen liegen. Eine Person kniet und hält die Arme folgendermaßen:

   a. 100° Abduktion im Schultergelenk
   b. 90° Flexion im Ellenbogen
   c. 30° Außenrotation im Schultergelenk
   d. Pronation des Unterarms.

   Der andere Partner steht hinter dem Knienden und hält seine Arme in der gleichen Stellung, jedoch mit etwas geringerer Abduktion im Schultergelenk (70°). Die Unterarme und Hände der stehenden Person sollten parallel zu und über den Armen der knienden Person liegen. Denken Sie daran, daß Ihre Unterarme und Hände einen einzigen Knochen darstellen, ihre Ausrichtung zueinander darf sich also bei den nun folgenden Bewegungen nicht verändern. Wie bewegen sich die Arme und Hände der stehenden Person über die der knienden Person, wenn sie sich aus dem Stand nach vorn beugt? Vergewissern Sie sich, daß die kniende Person ihre Arme nicht bewegt. Welche Wirbelsäulenbewegung wird hier simuliert? Bewegen sich die rechte und die linke Gelenkfläche in die gleiche Richtung?

61. Wie bewegen sich die Arme und Hände der stehenden Person über die der Knienden, wenn die stehende sich nach rechts beugt? Beachten Sie, daß die Gelenkkapsel ein Aufklappen des Gelenkes verhindert, ein Gleiten jedoch zuläßt. Vergewissern Sie sich, daß die sich bewegende Person die Arme und Hände in der Ausgangsstellung hält. Welche Wirbelsäulenbewegung wird hier simuliert? Bewegen sich die rechten und die linken Gelenkflächen in die gleiche Richtung?

62. Beschreiben Sie, was bei einer Wirbelsäulenrotation geschieht. Bewegen sich die rechten und die linken Gelenkflächen in die gleiche Richtung?

63. Beschreiben Sie, was bei der Extension geschieht. Bewegen sich die rechten und die linken Gelenkflächen in die gleiche Richtung?

Beachten Sie, daß die Stellung der Facettengelenke sich in den verschiedenen Wirbelsäulenabschnitten unterscheidet. Gerade haben Sie untersucht, was sich in der Halswirbelsäule abspielt. Diese Ergebnisse dürfen Sie jedoch nicht für die gesamte Wirbelsäule verallgemeinern.

64. Verändern Sie die Ausrichtung Ihrer Arme und Hände so, daß Sie die Gelenkflächen in den anderen Wirbelsäulenabschnitten darstellen. Nun können Sie einen Eindruck davon gewinnen, welche Bewegungen in den verschiedenen Abschnitten von den Wirbelgelenken zugelassen und welche verhindert werden.
    a. Beide Partner sollen ihre Arme jetzt so ausrichten, daß sie vertikal stehen und die Unterarme proniert sind. Dies ist die Stellung der Facettengelenke in der Brustwirbelsäule. Welche Bewegungen sind eingeschränkt, welche sind zugelassen?

    b. Beide Partner sollen ihre Arme jetzt so ausrichten, daß sie vertikal stehen und die Unterarme in der Nullstellung sind. Die Arme der stehenden Person sollen innerhalb der Arme der knienden Person liegen. Dies ist die Stellung der Gelenkflächen in der Lendenwirbelsäule. Welche Bewegungen werden zugelassen, welche eingeschränkt?

65. Bei dieser Übung müssen Sie bei mindestens 4 unterschiedlichen Personen palpieren, deswegen wäre es günstig, in Fünfergruppen zusammen zu kommen. In dieser Übung wird das Verhältnis der Lendenwirbelsäulenbeweglichkeit zur Beckenbewegung bei der Vorneigung aus dem Stand untersucht. Lassen Sie Ihren Partner stehen. Palpieren Sie mit einer Hand die Dornfortsätze der Lendenwirbelsäiule. Die andere Hand wird flach auf das Sakrum gelegt. Wenn Sie Ihre Hände in die richtige Position gebracht haben, bitten Sie Ihren Partner, sich nach vorn zu beugen, mit den Händen die Zehen zu berühren und dann wieder in die Ausgangsstellung zurückzukehren. Wiederholen Sie diese Untersuchung an mindestens 4 Mitschülern. Denken Sie daran, daß Sie das Ausmaß und die Abfolge der Bewegung der Lendenwirbelsäule und des Beckens miteinander vergleichen wollen. Was haben Sie beobachtet? Ab welchem Punkt der Bewegung hat das Becken sich mitbewegt, zu Beginn, in der Mitte oder am Ende des Bewegungsausmaßes? Dies ist der Punkt, an dem Sie beobachten konnten, wie die Hand auf dem Sakrum ihre Ebene verändert hat. Können Sie irgendeine allgemeine Regel ableiten?

Antworten zu Wirbelsäule und Becken

1. Halswirbelsäule: 7; Brustwirbelsäule: 12; Lendenwirbelsäule: 5; Kreuzbein: 5; Steißbein: 4

2. Überprüfen Sie Ihre Antworten anhand eines Lehrbuchs.

3. konvex

4. Halswirbelsäule: Lordose; dorsal konkav; Sekundärkrümmung
   Brustwirbelsäule: Kyphose; ventral konkav; Primärkrümmung
   Lendenwirbelsäule: Lordose; dorsal konkav; Sekundärkrümmung
   Kreuzbein: Kyphose; ventral konkav; Primärkrümmung

5. Os ilium, Os ischium, Os pubis

6. Überprüfen Sie Ihre Antworten anhand eines Lehrbuchs.

7. Zu einem Wirbelsäulensegment gehören zwei aneinandergrenzende Wirbel und die dazugehörige Zwischenwirbelscheibe. Die Spinalnervenwurzeln treten aus dem Foramen intervertebrale aus. Denken Sie daran, daß sich die Niveaus der Wirbelsäule und des Rückenmarks voneinander unterscheiden.

8. Ventrale Begrenzung: Wirbelkörper und Zwischenwirbelscheibe
   Dorsale Begrenzung: Facettengelenke
   Kraniale Begrenzung: Pediculus arcus vertebrae
   Kaudale Begrenzung: Pediculus arcus vertebrae

9. Die Spinalnervenwurzeln treten durch das Foramen intervertebrale aus, Veränderungen des Foramen können die Nervenwurzel beeinträchtigen.

10. Zwischen L1 und L2. Cauda equina.

11. Zwischen den Wirbelkörpern: Amphiarthrose oder faserknorpeliges Gelenk (Synchondrose?)
    Zwischen zwei Facetten: Diarthrose oder Synovialgelenk
    Zwischen den Schambeinen: Symphyse oder faserknorpeliges Gelenk (Synchondrose)
    Zwischen Sakrum und Ilium: teilweise Synovialgelenk, teilweise fibröses Gelenk

12. Zwischen den Wirbelkörpern: Kippen und Rotation
    Zwischen zwei Facetten: Gleiten
    Zwischen den Schambeinen: geringe Beweglichkeit der faserknorpeligen Verbindung
    Zwischen Sakrum und Ilium: Gleiten, Rotation und Klaffen

13. Überprüfen Sie die Theorie in einem Lehrbuch und lassen Sie einen Lehrer oder einen Mitschüler die genaue Lage des Bleistifts und des Papiers überprüfen.

14. Überprüfen Sie Ihre Antwort anhand eines Lehrbuchs.

15. Hier gibt es keine „richtige“ Antwort. Alles, was Sie beobachtet haben, sollten Sie notieren. Jeder Mensch unterscheidet sich etwas vom anderen.

16.

Band	**Lage**
	Halswirbelsäule
Lig. apicis dentis	Von der Spitze des Dens axis zum ventralen Rand des Foramen magnum
Lig. alare	Vom Dens axis nach lateral zur medialen Kante der Okzipitalkondylen
Lig. cruciforme atlantis	Ein kreuzförmiges Band, das kranial an der Basis des Okziputs in der Nähe des Lig. apicis dentis, kaudal an der Dorsalfläche des Wirbelkörpers des Axis und lateral an den Tuberculi massae laterales des Atlas befestigt ist; die queren Faserzüge sind am stärksten.
Membrana tectoria	Von der Dorsalfläche des Atlaskörpers zur Okzipitalbasis rostral des Foramen magnum
Membrana atlanto-occipitale anterior	Vom Arcus ventralis atlantis zum rostralen Rand des Foramen magnus
Membrana atlanto-occipitalis posterior	Vom Arcus dorsalis atlantis zum dorsalen Rand des Foramen magnus
Lig. nuchae	Von der Protuberantia occipitalis externa zum Processus spinosus C7
	Brust- und Lendenwirbelsäule
Lig. supraspinale	Von der Spitze des Dornfortsatzes zur Spitze des Dornfortsatzes des kaudalen Wirbels von C7 bis zum Kreuzbein
Lig. interspinale	Zwischen benachbarten Dornfortsätzen, vor allem in der Lendenwirbelsäule
Lig. flavum	Dorsalfläche des Wirbelkanals, von Lamina zu Lamina von C2 bis zum Kreuzbein
Lig. longitudinale posterius	Dorsalfläche des Wirbelkörpers auf der Ventralseite des Wirbelkanals vom Axis bis zum Sakrum
Lig. longitudinale anterius	Ventralfläche der Wirbelkörper vom Axis zum Sakrum
Ligg. intertransversaria	Vom Processus transversus zum darunterliegenden Processus transversus, vor allem in der Lendenwirbelsäule
Bänder der Facettengelenkskapsel	Vom Rand der kaudalen Gelenkfläche des kranialen Wirbels zum Rand der kranialen Gelenkfläche des kaudalen Wirbels

17. Überprüfen Sie Ihre Antworten anhand eines Lehrbuchs

18. Lig. apicis dentis: hält die Stellung des Dens axis zum Okziput
Lig. alare: schränkt die Flexion des Kopfes auf der Halswirbelsäule ein und hält den Dens axis in der richtigen Stellung
Lig. cruciforme atlantis: hält den Dens axis in engem Kontakt mit dem Atlas
Membrana tectoria: schränkt die Flexion ein
Membrana atlanto-occipitale anterior: schränkt die Extension des Kopfes auf der Halswirbelsäule ein
Membrana atlanto-occipitalis posterior: schränkt die Flexion des Kopfes auf der Halswirbelsäule ein
Lig. nuchae: schränkt die Flexion des Kopfes auf der Halswirbelsäule ein
Lig. suprapinale: schränkt die Flexion ein
Lig. interspinale: schränkt die Flexion ein
Lig. longitudinale posterius: schränkt die Flexion ein
Lig. longitudinalis anterius: schränkt die Extension ein
Lig. intertransversale: schränkt die Seitneigung ein
Bänder der Facettengelenke: schränken die Gleitbewegungen im Gelenk ein

19. Überprüfen Sie Ihre Antworten anhand eines Lehrbuchs.

20. Beide Gelenke bewegen sich gleichzeitig, da das Becken einen Ring und damit eine geschlossene kinematische Kette bildet. Immer, wenn am einen Ende des Ringes ein Bewegung des Iliums stattfindet, wird gleichzeitig eine Bewegung auf der anderen Seite ausgelöst.

21. Das darüberliegende Körpergewicht drückt das keilförmige Kreuzbein zwischen den Ilia nach unten, und es entsteht eine separierende Kraft. Die Bänder, die das Ilium am Sakrum halten, sind die stärksten im ganzen Körper und werden durch diese Kraft angespannt. Diese Spannung stabilisiert das Gelenk in der aufrechten Stellung.

22. Mm. intertransversarii
U: Processus transversus kranialer Wirbel
A: Processus transversus kaudaler Wirbel
N: Rr. dorsales der Spinalnerven
B: liegt dorsal der Flexions-/Extensionsachse; lateral der Seitneigungsachse
F: Seitneigung

23. Mm. interspinales
U: Processus spinosus kranialer Wirbel
A: Processus spinosus kaudaler Wirbel
N: Rr. dorsales der Spinalnerven
B: dorsal der Flexions-/Extensionsachse
F: Extension

24. Mm. semispinales (überbrücken 3-5 Segmente)
U: Processus transversus des kaudalen Wirbels
A: Processus spinosus des kranialen Wirbels
N: Rr. dorsales der Spinalnerven
B: schlingt sich um die vertikale Achse; dorsal der Flexions-/Extensionsachse
F: Rotation zur Gegenseite; Extension bei bilateraler Innervation

25. M. multifidus (überbrückt 2-3 Segmente)
U: Processus transversus des kaudalen Wirbels
A: Processus spinosus des kranialen Wirbels
N: Rr. dorsales der Spinalnerven
B: dorsal der Rotationsachse
F: Rotation zur Gegenseite; Extension bei bilateraler Innervation; Seitneigung zur gleichen Seite

26. M. rotatores (überbrückt 1-2 Segmente)
U: Processus transversus des kaudalen Wirbels
A: Processus spinosus des kranialen Wirbels
N: Rr. dorsales der Spinalnerven
B: Dorsal der Rotationsachse
F: Rotation zur Gegenseite

27. M. intercostalis
U: Pars thoracalis: Sehne des M. erector spinae; Procc. transversi der Lendenwirbelsäule
Pars lumbalis: Sakrum, Procc. spinosi der Lenden und unteren Brustwirbelsäule; Ilium
A: Pars thorakalis: Procc. transversi der Brustwirbelsäule; Rippen
Pars lumbalis: kaudale 6-7 Rippen
N: Rr. dorsales der Spinalnerven
B: dorsal der Flexions-/Extensionsachse; lateral der Seitneigungsachse
F: unilateral: Seitneigung
bilateral: Extension

28. M. longissimus
U: Processus transversus des kaudalen Wirbels
A: Processus transversus des kranialen Wirbels und Rippen
N: Rr. dorsales der Spinalnerven
B: dorsal der Flexions-/Extensionsachse; lateral der Seitneigungsachse
F: unilateral: Seitneigung
bilateral: Extension

29. M. spinalis
U: Processus spinosus des kaudalen Wirbels
A: Processus spinosus des kranialen Wirbels
N: Rr. dorsales der Spinalnerven
B: dorsal der Flexions-/Extensionsachse
F: Extension

30. M. psoas major
U: Procc. transversi und Wirbelkörper der Lendenwirbel
A: Trochanter minor femoris
N: Rr. ventrales L2 und L3
B: ventral der Flexions-/Extensionsachse
F: Flexion des Femurs gegen das Becken im Hüftgelenk

31. M. iliacus
U: Fossa iliaca
A: Trochanter minor femoris
N: N. femoralis (L2, L3)
B: ventral der Flexions-/Extensionsachse
F: Flexion des Femurs gegen das Becken im Hüftgelenk

32. M. obliquus externus abdominis
U: untere 8 Rippen
A: Crista iliaca und Aponeurosis abdominalis
N: Nn. intercostales (Th8-Th12); N. iliohypogastricus (Th12, L1); N. ilioinguinalis (L1)
B: lateral der Seitneigungsachse; ventral der Rotationsachse
F: unilateral: Rotation zur Gegenseite, Seitneigung
bilateral: Flexion des Rumpfes gegen das Becken

33. M. obliquus internus abdominis
U: Lig. inguinale; Crista iliaca
A: Linea alba; Knorpel der unteren Rippen
N: Nn. intercostales (Th8-Th12); N. iliohypogastricus (Th12, L1); N. ilioinguinalis (L1)
B: lateral der Seitneigungsachse; ventral der Rotationsachse
F: unilateral: Rotation zur gleichen Seite; Seitneigung
bilateral: Flexion des Rumpfes gegen das Becken

34. M. rectus abdominis
U: Crista pubica
A: Knorpel der 5., 6. und 7. Rippe
N: Nn. intercostales (Th7-Th12)
B: ventral der Flexions-/Extensionsachse
F: Flexion des Rumpfes gegendas Becken

35. M. quadratus lumborum
U: Lig. iliolumbale und Crista iliaca
A: letzte Rippe und Procc. transversi L1-L4
N: Rr. ventrales der Spinalvnerven (Th12, L1)
B: lateral der Seitneigungsachse

F: unilateral: Seitneigung des Rumpfes oder Elevation des Beckens auf der gleichen Seite
bilateral: Extension der LWS und der unteren BWS

36. M. longissimus capitis
U: Procc. transversi der ersten vier oder fünf Brustwirbel
A: Processus mastoideus
N: Rr. dorsales der Spinalnerven
B: dorsal der Flexions-/Extensions- und der Rotationsachse; lateral der Seitneigungsachse
F: Extension, Seitneigung, Rotation des Kopfes zur gleichen Seite

37. M. longissimus cervicis
U: Procc. transversi der ersten vier oder fünf Brustwirbel
A: Procc. transversi der Halswirbelsäule
N: Rr. dorsales der Spinalnerven
B: dorsal der Flexions-/Extensionsachse; lateral der Seitneigungsachse
F: Extension und Seitneigung

38. M. rectus capitis anterior
U: Massa lateralis atlantis
A: Basis occipitaöis ventral/rostral des Foramen magnum
N: Rr. ventrales der Spinalnerven
B: ventral der Flexions-/Extensionsachse; lateral der Seitneigungsachse
F: Flexion des Kopfes auf der Halswirbelsäule

39. M. sternocleidomastoideus
U: Manubrium sterni und mediales Drittel der Klavikula
A: Processus mastoideus
N: N. accessorius (11. Hirnnerv)
B: dorsal der Flexions-/Extensionsachse zwischen Kopf und Halswirbelsäule; ventral der Flexions-/Extensionsachse zwischen Hals- und Brustwirbelsäule; lateral der Seitneigungsachse; ventral der Rotationsachse
F: unilateral: Extension des Kopfes gegen die Halswirbelsäule; Flexion der Hals- gegen die Brustwirbelsäule; Seitneigung, Rotation des Kopfes zur Gegenseite
bilateral: Extension des Kopfes gegen die Halswirbelsäule; Flexion der Hals- gegen die Brustwirbelsäule

40. Mm. scaleni anteriores
U: Procc. transversi C3-C6
A: Kranialfläche der ersten Rippe
N: Rr. ventrales der Spinalnerven
B: ventral der Flexions-/Extensionsachse zwischen Hals- und Brustwirbelsäule; lateral der Seitneigungsachse; ventral der Rotationsachse
F: unilateral: Flexion der Hals- gegen die Brustwirbelsäule; Seitneigung; Rotation des Kopfes zur Gegenseite
bilateral: Flexion der Hals- gegen die Brustwirbelsäule; Elevation der ersten Rippe bei der Inspiration

41. Lassen Sie Ihre Palpation von einer Lehrkraft überprüfen

42. Lassen Sie Ihre Palpation von einer Lehrkraft und Ihren Mitschülern überprüfen.
Es handelt sich hierbei um eine Linksrotation der Lendenwirbelsäule, da sich die Benennung der Rotationen nach der Bewegung des kranialen Wirbels im Verhältnis zum kaudalen Wirbel richtet. In diesem Fall rotiert der kaudale Wirbel nach rechts, damit rotiert der kraniale Wirbel relativ gesehen nach links.

43. Sie können jeden Bezugspunkt und jede Methode anwenden, die Sie begründen können. Um jedoch mit dem Rest der Welt kommunizieren zu können, sollten Sie sich eine standardisierte Methode aneignen. Lesen Sie in einem Lehrbuch der Goniometrie die Standardverfahren nach.

44. Beachten Sie, daß sich die Menschen voneinander unterscheiden. Ein wichtiger Punkt beim Einsatz eines Maßbandes kann die Größe Ihres Partners sein.
Im allgemeinen ist die Halswirbelsäule der Abschnitt der Wirbelsäule, in dem am meisten Seitneigung und Rotation zu beobachten ist, Extension und Flexion sind meist in der Lendenwirbelsäule am größten.

45. Jede Methode, die Sie gewählt haben, ist akzeptabel, solange Sie sie begründen können. Es kann gut sein, daß Sie die in 43. entwickelten Techniken für diese Übung nicht verwenden können.

46. Flexion führt zu einer Vergrößerung der Kyphose und flacht die Lordosen ab. Extension bzw. Hyperextension vermindert die Kyphose oder flacht sie ab und verstärkt die Lordosen.

47. Eine Beckenkippung nach ventral verstärkt die Lendenlordose; eine Beckenkippung nach dorsal vermindert die Lendenlordose.

48. Aufrechtes Sitzen: Zervikallordose, Thorakalkyphose, Lumballordose (mild)
Zusammengesunkener Sitz: verstärkte Zervikallordose (obere Halswirbelsäule), verminderte Zervikallordose (untere Halswirbelsäule), verstärkte Thorakalkyphose, verminderte Lendenlordose

49. Zervikal: meist keine Abweichungen von der Norm
Thorakal: keine Abweichung oder leichte Verstärkung der Kyphose
Lumbal: in der Regel verstärkte Lordose aufgrund einer Verkürzung der ischiokruralen Muskulatur

50. In der Rückenlage mit ausgestreckten Beinen verstärkt sich in der Regel die Lendenlordose, insbesondere bei Personen mit verkürzten Hüftflexoren. Stellt man die Beine an, so entspannt man die Hüftflexoren, so daß die Lendenwirbelsäule nicht in eine stärkere Lordose gezogen wird.

51. Lassen Sie Ihre Palpation von einer Lehrkraft überprüfen.

52. Die Rechtsrotation wird durch den linken M. obliquus externus abdominis und den rechten M. obliquus internus abdominis verursacht.

53. a. Um sich gegen die Schwerkraft zur rechten Seite zu neigen, muß man den M. obliquus externus und internus abdominis der rechten Seite kontrahieren.
    b. Bei der Rechtsseitneigung aus dem Stand, müssen sich der M. obliquus externus und internus abdominis der linken Seite exzentrisch kontrahieren, um die Bewegung zu kontrollieren. Die Bewegung wird von der Schwerkraft ausgelöst.

54. Siehe Abb. 3.**19**.

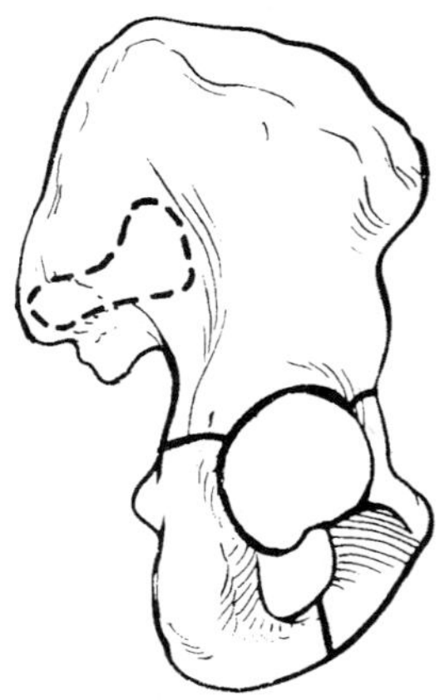

Abb. 3.19

55. Bei einer Ventralrotation bewegt sich das Azetabulum nach distal und kaudal; eine Dorsalrotation bewegt das Azetabulum nach kranial und ventral.

56. Ist das Ilium nach ventral rotiert, so erscheint das Bein bei gestrecktem Hüftgelenk länger, als wenn das Ilium nicht rotiert ist. Die rechte untere Extremität würde länger erscheinen als die linke.

57. Ist das Ilium nach ventral rotiert, wird das Bein mit flektiertem Hüft- und extendiertem Kniegelenk kürzer erscheinen, als wenn das Ilium nicht rotiert ist. Das rechte Bein erscheint kürzer als in der gestreckten Stellung.

58. Ist das Ilium nach dorsal rotiert, erscheint das Bein mit gestrecktem Hüftgelenk kürzer als mit nicht rotiertem Ilium. Das rechte Bein erschient kürzer als das linke.

59. Ist das Ilium nach dorsal rotiert, erscheint das Bein mit gebeugtem Hüft- und gestrecktem Kniegelenk länger, als wenn das Ilium nicht rotiert wäre. Das rechte Bein erscheint länger als in der gestreckten Stellung.

60. Die stehende Person, die sich nach vorne beugt, repräsentiert Zervikalflexion, die Facetten des kranialen Wirbels gleiten über die kaudalen Facetten nach ventral.

61. Nach-rechts-Beugen entspricht einer Rechtsseitneigung in der Halswirbelsäule; die rechte Facette des kranialen Wirbels gleitet nach dorsal, die linke Facette nach ventral über die Facetten des kaudalen Wirbels.

62. Bei der Rotation der Halswirbelsäule kommt es zu den gleichen Gleitbewegungen zwischen den Facetten wie bei der Seitneigung.

63. Bei der Extension gleiten sowohl die rechte als auch die linke Gelenkfacette des kranialen Wirbels über die kaudalen Facetten nach dorsal.

64. a. Flexion und Extension sind stärker eingeschränkt als Rotation und Seitneigung. Der Brustkorb bedeutet jedoch eine weitaus größere Einschränkung der Brustwirbelsäulenbewegung und steht nicht in Beziehung mit der Ausrichtung der Gelenkfacetten.
    b. Seitneigung und Rotation sind stärker eingeschränkt als Flexion und Extension.

65. Ein Nach-vorn-Beugen des Rumpfes aus dem Stand besteht in der Regel aus einer Flexion der Lendenwirbelsäule und einer Ventralkippung des Beckens auf dem Femur. Bei der Rückkehr zum Stand kommt es zu einer Umkehr dieser Bewegungen. Der „lumbosakrale Rhythmus“ bezeichnet das Verhältnis von Hüftgelenksbewegung zu Lendenwirbelsäulenbewegung. Bei der Bewegung aus dem Stand in 90° Beugung (Rumpf parallel zum Boden) sind die Lendenwirbelsäule und das Hüftgelenk jeweils für 45° der Bewegung verantwortlich. Sie haben wahrscheinlich an Ihren Mitschülern auch Abweichungen von dieser Regel beobachten können.

4 Hüftgelenk

Knochenlehre des Hüftgelenks

Die Knochen, die zum Hüftgelenk gehören, sind das Becken und das Femur.

Becken

1. Benennen Sie die folgenden Strukturen in Abb. 4.**1**:
   Crista iliaca
   Spina iliaca anterior superior
   Spina iliaca anterior inferior
   Spina iliaca posterior superior
   Incisura ischiadica major
   Incisura ischiadica minor
   Spina ischiadica
   Tuber ischiadicum
   Crista pubica

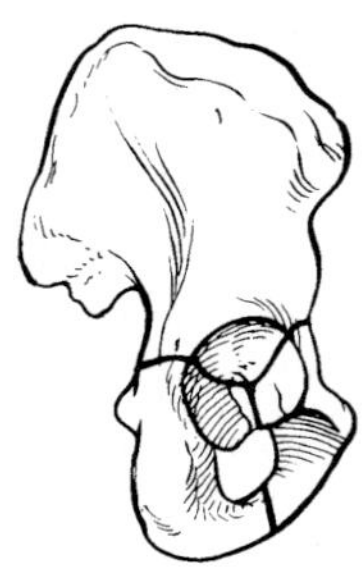

Abb. 4.**1**

2. Welche drei Knochen verbinden sich während der Entwicklung im Azetabulum und bilden später eine Beckenschaufel (s. Abb. 4.**1**)?

Femur

3. Beschriften Sie die folgenden Strukturen in Abb. 4.**2**:

Femurkopf	Trochanter minor
Femurhals	Tuberculum adductorium
Femurschaft	Linea aspera
Trochanter major	Femurkondylen

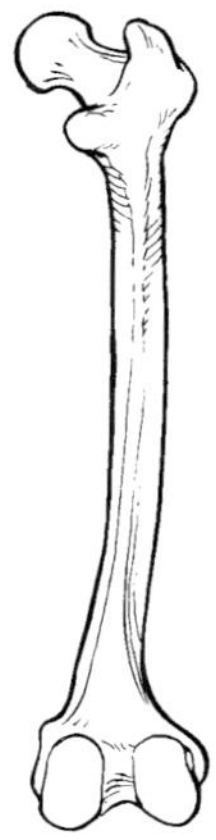

Abb. 4.2

4. Zeichnen Sie den Kollodiaphysenwinkel in das Femur in Abb. 4.**2** ein.
   a. Wie groß ist der Winkel in der Abbildung? (Tip: Benutzen Sie Ihr Goniometer, um ihn auszumessen)
   b. Ist das normal für einen ausgewachsenen Femur?

5. Aus welcher Perspektive könnte man an einem exartikulierten Femur am besten die Torsion des Schafts erkennen?

6. Auf welche Anteile des Femurs beziehen sich die Begriffe Anteversion und Retroversion? Definieren Sie die Begriffe Anteversion und Retroversion des Femur.

Gelenklehre des Hüftgelenks und des Beckens

Beim Studium der Hüftgelenksregion muß man das Iliosakralgelenk, die Schambeinfuge und das Hüftgelenk selbst betrachten. Beachte: das Iliosakralgelenk und die Symphyse wurden in Kapitel 3 besprochen.

Hüftgelenk (Articulation coxae)

7. Um welchen Gelenktyp handelt es sich beim Hüftgelenk?

8. Welche Bewegungen sind im Hüftgelenk möglich?

9. Zeichnen Sie die folgenden Bänder in Abb. 4.3 - 4.5. ein. Achten Sie darauf, die Ausrichtung der Fasern der einzelnen Bänder mit zu berücksichtigen.
Lig. iliofemorale
Lig. pubofemorale
Lig. ischiofemorale

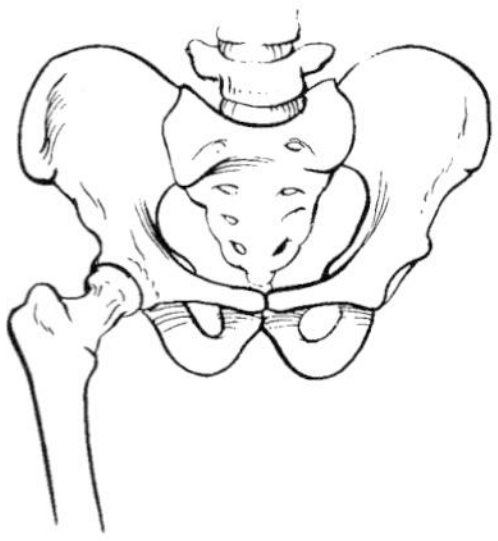

Abb. 4.3

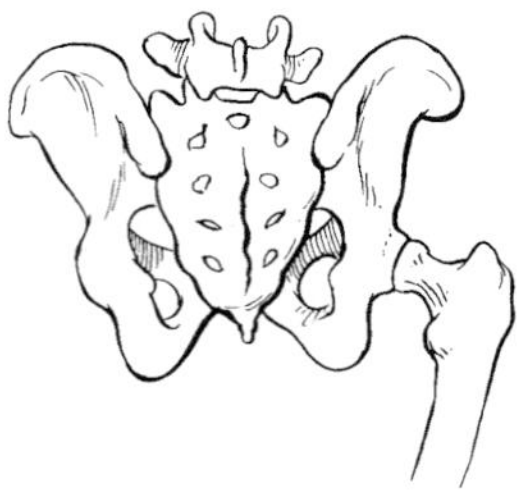

Abb. 4.4

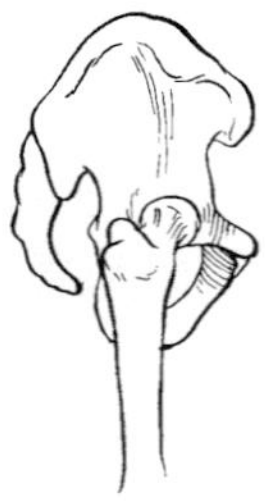

Abb. 4.5

10. Wenn Sie die Ausrichtung der Bänder, die Sie in Abb. 4.3 - 4.5 eingezeichnet haben, bedenken, welche Hüftgelenksbewegungen schränken sie ein?
   a. Lig. iliofemorale
   b. Lig. pubofemorale
   c. Lig. ischiofemorale

11. Kennen Sie einen anderen Namen für das Lig. iliofemorale?

12. Bewegen Sie das Hüftgelenk Ihres auf dem Rücken liegenden Partners in die verriegelte und in die entriegelte Stellung. Überprüfen Sie die Positionen durch Bewegungen im Hüftgelenk.

13. Welcher Schleimbeutel, der in direkter Beziehung zum Hüftgelenk steht, liegt am oberflächlichsten?

14. Palpieren Sie die folgenden Strukturen an mehreren Mitschülern:

Spina iliaca anterior superior	Trochanter major
Crista iliaca	Spina iliaca posterior superior
Tuberculum iliacum	Tuber ischiadicum
Schenkeldreieck	Dornfortsatz L5
Femoralispuls	Sulcus sacralis

Muskellehre des Hüftgelenks

Mit Hilfe der folgenden Muskelschemata können Sie Ansatz, Ursprung sowie Nervenversorgung der hüftumgebenden Muskulatur lernen. Zeichnen Sie die angegebenen Muskeln in die Abbildungen ein, und vervollständigen Sie die dazugehörigen Informationen. Die Informationen für der ersten zwei Muskeln sind beispielsweise schon vollständig eingetragen. Die folgenden Abkürzungen gelten für alle Muskeln.

U: Ursprung
A: Ansatz
N: Nervenversorgung
B: Beziehung zur Bewegungsachse
F: Funktion

15. M. glutaeus maximus
    U: Linea glutaea posterior der Crista iliaca; Dorsalfläche des kaudalen Anteils des Sakrums und seitlich am Os coccygis; Dorsalfäche des Lig. sacrotuberale
    A: Tractus iliotibialis, Tuberositas glutaea
    N: N. glutaeus inferior (L5, S1, S2)
    B: dorsal der Flexions-/Extensionsachse des Hüftgelenks; dorsal und lateral der Rotationsachse
    F: Extension und Außenrotation des Femurs im Hüftgelenk

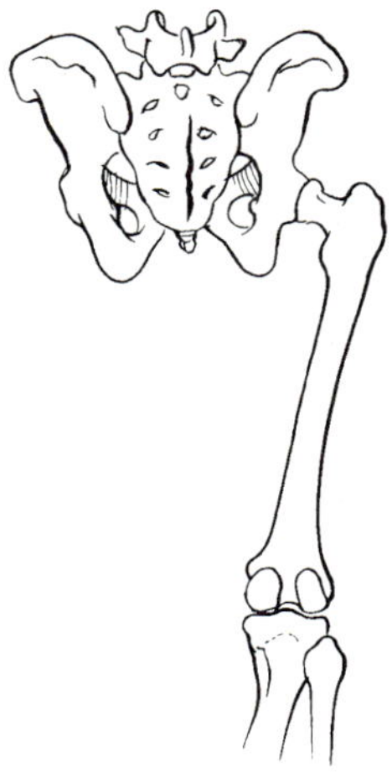

Abb. 4.6

16. M. glutaeus medius
    U: Außenfläche des Os ilium und Crista iliaca
    A: lateral am Trochanter major
    N: N. glutaeus superior (L4, L5, S1)
    B: seitlich (oder kranial) der Ab-/Adduktionsachse
    F: Abduktion des Femurs im Hüftgelenk

17. M. glutaeus minimus
    U: Dorsal- und Außenfläche des Os ilium
    A: Trochanter major
    N:
    B: lateral (oder kranial) der Ab-/Adduktionsachse; ventral der Rotationsachse
    F: Abduktion und Innenrotation des Femurs im Hüftgelenk

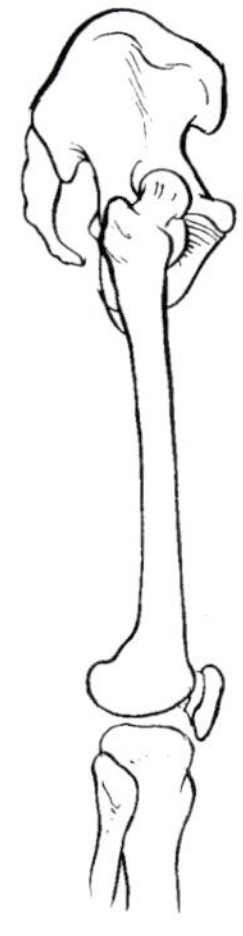

Abb. 4.7

18. M. semitendinosus
U: Tuber ischiadicum
A:
N: N. tibialis (L4, L5, S1, S2)
B: dorsal der Flexions-/Extensionsachse des Knie- und des Hüftgelenks; medial der Tibiarotationsachse
F: Extension des Femurs im Hüftgelenk; Flexion und Innenrotation der Tibia im Kniegelenk

19. M. biceps femoris
U: Caput longum:
Caput breve:
N: N. tibialis (L5, S1, S2)
B: lateral der Tibiarotationsachse
F:

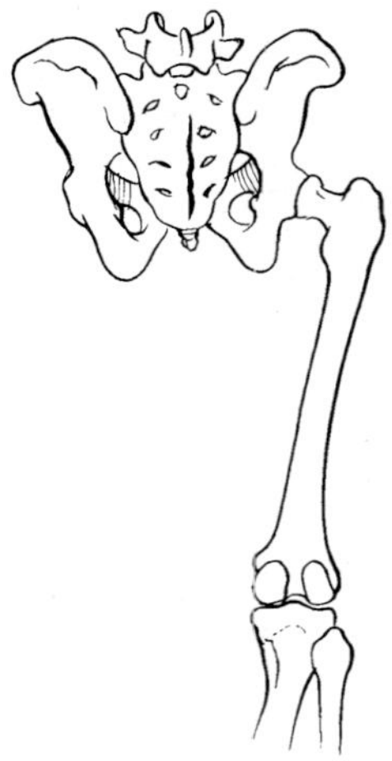

Abb. 4.6

20. M. semimembranosus
U: Tuber ischiadicum
A:
N:
B: dorsal der Flexions-/Extensionsachse des Knie- und Hüftgelenks; medial der Tibiarotationsachse
F: Extension des Femurs im Hüftgelenk; Flexion und Innenrotation der Tibia im Kniegelenk

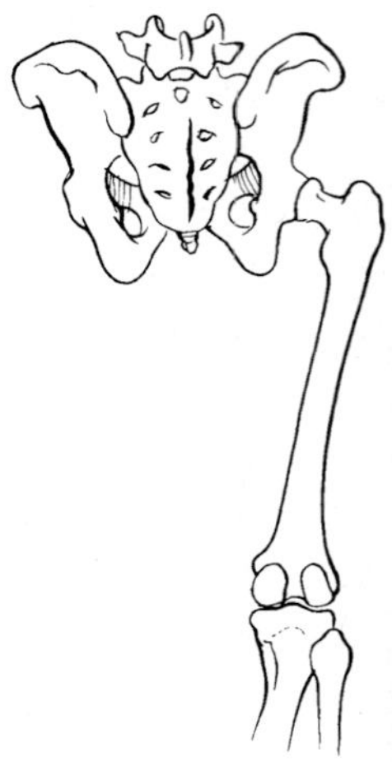

Abb. 4.6

21. M. adductor magnus
    U: Tuber ischiadicum R. ossis ischii
    A:
    N: N. obturatorius (und einige Fasern des N. ischiadicus) (L2, L3, L4, L5, S1)
    B: medial (oder kaudal) der Ab-/Adduktionsachse; ventral derFlexions -/Extensionsachse (kraniale Fasern); dorsal der Flexions-/Extensionsachse (kaudale Fasern)
    F:

Abb. 4.8

22. M. adductor brevis
    U:
    A:
    N:
    B: medial und kaudal der Ab-/Adduktionsachse
    F: Adduktion des Femurs im Hüftgelenk

23. M. adductor longus
    U: Neben der Symphyse
    A: Linea aspera femoris
    N: N. obturatorius (L2, L3, L4)
    B:
    F:

24. M. pectineus
    U:
    A: Linea pectinea femoris
    N:
    B:
    F: Adduktion des Femurs im Hüftgelenk; Flexion des Femurs im Hüftgelenk aus der Außenrotationsstellung; Außenrotation des Femurs im Hüftgelenk

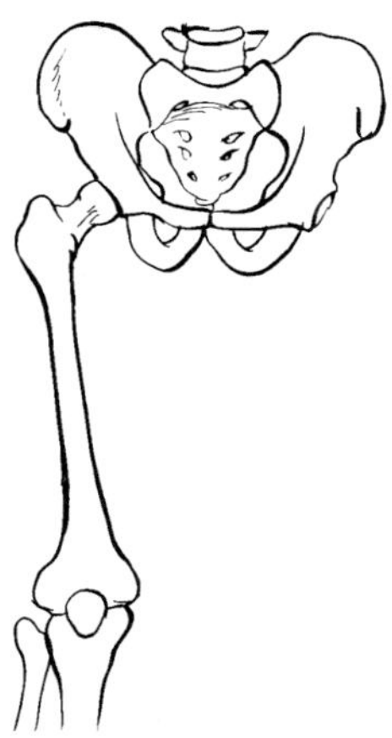

Abb. 4.8

25. M. gracilis
    U: Ramus inferior ossis pubis
    A:
    N:
    B: medial (oder kaudal) der Ab-/Adduktionsachse; dorsal der Flexions-/Extensionsachse des Kniegelenks; ventral und medial der Tibiarotationsachse
    F: Adduktion des Femurs im Hüftgelenk; Flexion und Innenrotation der Tibia im Kniegelenk

26. M. sartorius
    U:
    A: antero-mediale Fläche proximal an der Tibia
    N:
    B: ventral der Flexions-/Extensionsachse; ventral und medial der Rotationsachse
    F:

27. M. obturatorius externus
U:
A:
N:
B: dorsal und lateral der Rotationsachse
F: Außenrotation des Femurs im Hüftgelenk

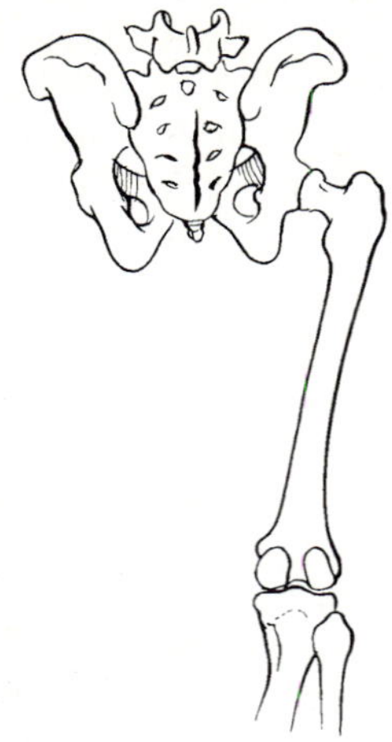
Abb. 4.6

28. M. obturatorius internus
U: Innenfläche des Foramen obturatum; Oberkante des Foramen ischiadicum magnum
A:
N: N. obturatorius internus (L5, S1, S2)
B:
F: Außenrotation des Femurs im Hüftgelenk

29. M. quadratus femoris
U:
A: Linea intertubercularis femoris
N: Nerv zum M. quadratus femoris aus dem Plexus sacralis (L4, L5, S1, S2)
B:
F:

30. M. piriformis
U:
A:
N: Nerv zum M. piriformis aus dem Plexus sacralis (L5, S1, S2)
B:
F: Außenrotation (und etwas Abduktion) des Femurs im Hüftgelenk

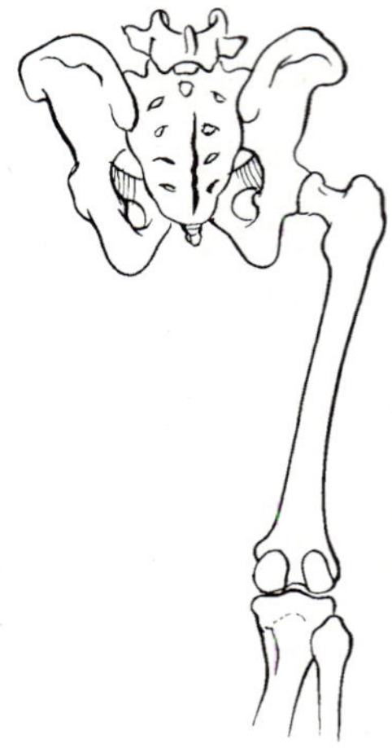
Abb. 4.6

31. M. gemellus inferior
U:
A:
N: Ein Ast des Nervs zum M. quadratus femoris (L4, L5, S1, S2)
B: dorsal und kranial der Außenrotationsachse
F:

32. M. gemellus superior
U: Außenfläche der Spina ischiadica
A:
N:
B:
F: Außenrotation (und etwas Abduktion) des Femurs im Hüftgelenk

33. M. tensor fasciae latae
    U:
    A: Tractus iliotibialis (Beachten Sie, daß der Muskel nicht direkt am Knochen ansetzt)
    N:
    B:
    F:

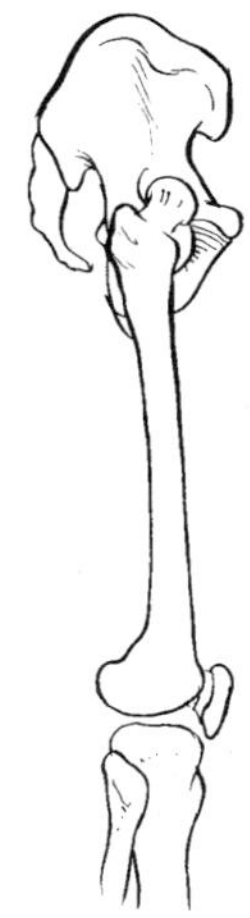

Abb. 4.7

34. M. iliopsoas
    U: M. iliacus: Fossa iliaca; Crista iliaca; Basis ossis sacri
    M. psoas major: Processus transversi der Lendenwirbel, seitlich am Wirbelkörper und Discus intervertebralis des letzten Brust- und aller Lendenwirbel
    A:
    N:
    B:
    F:

35. M. rectus femoris
    U:
    A:
    N:
    B:
    F:

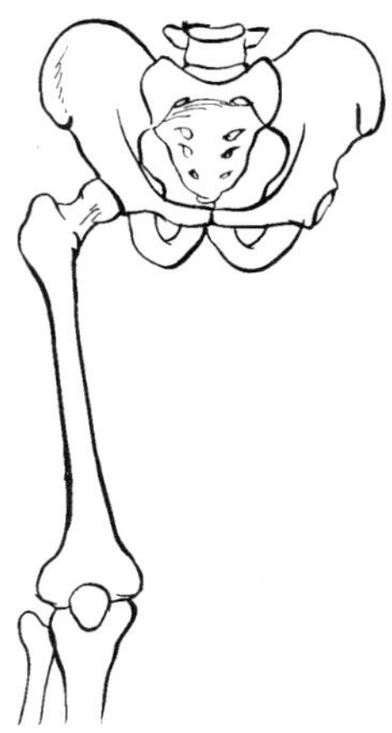

Abb. 4.8

Anwendungen

36. Suchen Sie sich einen Partner mit kurzen Hosen. Fordern Sie ihn auf, das Femur im Hüftgelenk zu adduzieren und gleichzeitig die Tibia im Kniegelenk zu flektieren und innen zu rotieren.
    a. Palpieren Sie den Muskel, der hauptsächlich für diese Bewegung verantwortlich ist.
    b. Wie wird der Muskel durch die zusätzliche Knieflexion bei der Hüftadduktion beeinflußt?
    c. Zeigen Sie an Ihrem Partner, wie Sie diesen Muskel auf eine Verkürzung hin untersuchen würden.
37. Während des physiologischen Ganges arbeitet der M. glutaeus medius hauptsächlich mit vertauschtem Punktum fixum und Punktum mobile. Demonstrieren Sie ein Gangbild, das bei einem schwachen oder fehlenden rechten M. glutaeus medius auftritt.
    a. Diskutieren Sie, wie ein Patient das Drehmoment, das durch den Schwerkrafteinfluß auf den Schwerpunkt entsteht, vermindern kann, um die Schwäche des M. glutaeus zu kompensieren.
    b. In Abb. 4.**9** zeichnen Sie einen Vektor ein, der die Beziehung der Kräfte darstellt, die beim Einbeinstand auf das rechte Hüftgelenk wirken.

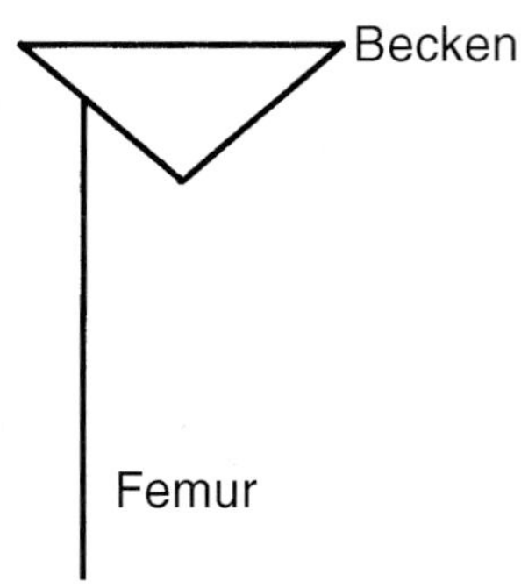

Abb. 4.9

38. Zeigen Sie die Wirkung eines bilateral verkürzten M. iliopsoas auf die Hüftgelenksstellung im Stand.
    a. Nun demonstrieren Sie die gleiche Verkürzung in der Rückenlage.
    b. Beschreiben Sie die Position der Lendenwirbelsäule in der Rückenlage, wenn die Oberschenkel bei einem beidseits verkürzten M. iliopsoas auf der Unterlage aufliegen.
    c. Entwickeln Sie eine kinesiologische Regel für das, was Sie unter b. beschrieben haben.

39. Welche Muskeln ventral und dorsal des Hüftgelenks bilden eine Muskelschlinge bei der Aufrichtung des Beckens nach dorsal (Dorsalrotation)?

   a. Richten Sie Ihr Becken im Stand auf.
   b. Beschreiben Sie die Bewegung, die im Hüftgelenk entsteht, während Sie Ihr Becken aufrichten, und die Stellung der Lendenwirbelsäule, wenn das Becken aufgerichtet ist.

   c. Beschreiben Sie, wie die Bewegungen des Beckens im Hüftgelenk in der geschlossenen kinematischen Kette die Stellung der Lendenwirbelsäule beeinflussen.

   d. Um welche Art der Bewegung handelt es sich, wenn sich das Becken auf dem Femur bewegt?

40. Bringen Sie das Bein Ihres Partners in eine Stellung, in der die passive Insuffizienz der ischiokruralen Muskulatur das Bewegungsausmaß des Femurs im Hüftgelenk in die Flexion einschränkt.

41. Bringen Sie das Bein Ihres Partners in eine Stellung, in der die passive Insuffizienz des M. rectus femoris das Bewegungsausmaß des Femurs im Hüftgelenk in die Extension einschränkt.

42.
   a. Beschreiben Sie die Interaktion zwischen dem Knie- und dem Hüftgelenk bei der Vermeidung der aktiven Insuffizienz der ischiokruralen Muskelgruppe und des M. rectus femoris. Beziehen Sie die Gelenkpositionen der aktiven Insuffizienz jedes dieser Muskeln mit in Ihre Beschreibung ein.

   b. Beschreiben Sie die Interaktion der Hüft- und Kniegelenksstellung bei der Vermeidung der passiven Insuffizienz durch die Beibehaltung des richtigen Längen-Spannungs-Verhältnisses. Beziehen Sie die Wirkung der Gelenkstellung auf die aktive Insuffizienz der beiden Muskeln mit in Ihre Beschreibung ein.

   c. Beschreiben Sie die Eleganz der physiologischen Beinbewegungen, durch die die aktive und passive Insuffizienz vermieden und ein optimales Längen-Spannungs-Verhältnis der ischiokruralen Muskulatur und des M. rectus femoris erreicht wird.

43. Entwickeln Sie eine Methode, den M. glutaeus maximus zu dehnen, ohne daß die ischiokrurale Muskelgruppe den Prozeß beeinflußt, und führen Sie sie an Ihrem Partner durch.

44. Beschreiben Sie die Bewegung, die entsteht, wenn der M. glutaeus sich isoliert, d.h. ohne die Kokontraktion des M. glutaeus minimus anspannt. Begründen Sie Ihre Antwort.

45. Führen Sie einen Dehntest der Hüftgelenksflexoren durch, mit dessen Hilfe man eine Verkürzung des M. iliopsoas von einer Verkürzung des M. rectus femoris unterscheiden kann.

46. Ein Sportler hat einen Bluterguß über seiner Spina iliaca anterior superior. Eine aktive Muskelkontraktion welches Muskels wird am schmerzhaftesten sein?

47. Testen Sie die Kraft des M. iliopsoas an Ihrem Partner, und bringen Sie ihn in eine Stellung, in der der M. rectus femoris am wenigsten mit seiner Kraft beitragen kann.

48. Bei Ihrem Patienten liegt eine Ausrißfraktur des Trochanter minor samt seiner Muskelansätze vor. Eine Umkehr von Punktum fixum und Punktum mobile welches Muskels könnte die größten Beschwerden auslösen? Begründen Sie Ihre Antwort.

49. Ahmen Sie den Stand eines Patienten mit bilateraler Lähmung des M. glutaeus maximus nach. Was ist die biomechanische Erklärung dieser Position, d.h., wie kompensiert diese Stellung den bilateralen Ausfall des M. glutaeus maximus?

50. Stehen Sie auf dem rechten Bein, und rotieren Sie Ihr Becken in der Horizontalebene nach rechts (im Uhrzeigersinn) (s. Abb. 4.**10**). In welcher Rotationsstellung befindet sich das rechte Femur am Bewegungsende?

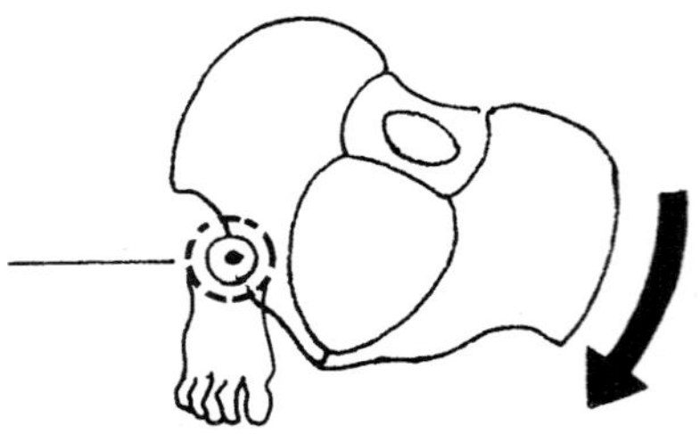

Abb. 4.**10**

51. Stehen Sie auf beiden Beinen, und rotieren Sie Ihr Becken nach links (gegen den Uhrzeigersinn). In welchen Rotationsstellungen befinden sich die beiden Oberschenkelknochen im Hüftgelenk am Bewegungsende?

52. Stellen Sie sich mit dem rechten Bein so auf einen Hocker oder eine Stufe, daß das linke Bein frei unter dem Becken schwingen kann. Beginnen Sie mit extendiertem Hüft- und flektiertem Kniegelenk auf der linken Seite (Ihr Fuß sollte sich deutlich hinter Ihnen befinden), und schwingen Sie nun das ganze Bein nach vorn. Das Femur schwingt in die Hüftgelenksflexion und die Tibia in die Kniegelenksextension, wobei Sie am Ende der Bewegung den Schwung willkürlich vermindern.
   a. Welche Muskeln mußten Sie anspannen, um den Schwung am Ende der Bewegung im Hüftgelenk zu vermindern? Welche Muskeln, um den Schwung im Kniegelenk zu vermindern?

   b. Welche Art der Muskelkontraktion mußten die Muskeln einsetzen, um den Schwung zu vermindern?

53. Nun steigen Sie ganz langsam wieder von dem Hocker herunter. Beobachten Sie genau, welche Hüftgelenksmuskulatur am stärksten gefordert wird und um welche Art der Muskelkontraktion es sich handelt.

54. Lassen Sie nun Ihr rechtes Bein etwas pausieren. Stehen Sie auf dem linken Bein, dabei soll der Rumpf aufgerichtet, das Kniegelenk gestreckt und das Hüftgelenk so weit wie möglich gebeugt sein (das wird nicht viel sein). Ihr linker Fuß wird leicht nach vorne stehen, und Sie werden Ihr Körpergewicht vor allem in der Ferse spüren.
    a. Welche Hüftgelenksmuskulatur ermöglicht die Beibehaltung dieser Stellung?

    b. Warum ist es schwierig, diese Stellung längere Zeit zu halten?

55. Die häufigste Richtung einer Hüftgelenksluxation ist nach dorsal. Untersuchen Sie an einem Skelett die kombinierte Hüftgelenksbewegung, die zu einer Luxation führen kann, insbesondere dann, wenn die Gelenkstrukturen geschwächt sind, z.B. nach einer Implantation einer Hüftgelenkstotalendoprothese.
    a. Wenn Sie nur die knöchernen Strukturen beachten, welche Luxationsrichtung würden Sie für am wahrscheinlichsten halten?

    b. Warum ist dies nicht die häufigste Luxationsrichtung?

    c. Welchen Einfluß hat eine dorsale Hüftgelenksluxation auf die Länge des M. glutaeus medius? Und wie sähe das Gangbild bei solch einem Patienten aus? Begründen Sie Ihre Antwort.

Antworten zum Hüftgelenk

1. Lesen Sie in ihrem Anatomie-Lehrbuch nach und fragen Sie eine Lehrkraft, ob Ihre Informationen korrekt sind.

2. Die drei Knochen, aus denen das Becken zusammengesetzt ist, heißen Os ilium, Os ischium und Os pubis.

3. Überprüfen Sie Ihre Antwort mit Hilfe Ihres Lehrbuchs und einer Lehrkraft.

4. Der Kollodiaphysenwinkel des Femurs in der Frontalebene beträgt:
    a. 122°
    b. Ja

5. Legen Sie das Femur so hin, daß Sie entlang der Femurlängsachse schauen können und die Kondylen parallel zur Bezugslinie ausgerichtet sind. Am einfachsten ist dies, wenn Sie den Femur mit der Ventralfläche nach oben auf einen Tisch legen und beide Kondylen den Tisch berühren.

6. Die Anteversion bzw. Retroversion des Femurs bezieht sich auf die Beziehung von Femurschaft und Femurhals in der Horizontalebene. Bei einer Anteversion ist der Schaft gegen den Hals so verdreht, daß der Femurkopf mehr nach ventral steht als physiologischerweise. Bei einer Retroversion zeigen Kopf und Hals des Femurs mehr nach dorsal als normalerweise.

7. Beim Hüftgelenk handelt es sich um eine Diarthrose. Es ist ein Kugelgelenk.

8. Flexion und Extension; Abduktion und Adduktion; Innen- und Außenrotation; Zirkumduktion.

9. Überprüfen Sie Ihre Antwort mit Hilfe eines Lehrbuchs und einer Lehrkraft.

10. a. Das Lig. iliofemorale schränkt die Extension ein.
    b. Das Lig. pubofemorale schränkt die Extension und die Abduktion ein.
    c. Das Lig. ischiofemorale schränkt die Extension ein.

11. Ein anderer Name für das Lig. iliofemorale ist Bigelo Y-Band.

12. Die entriegelte Stellung des Hüftgelenks ist Flexion und Außenrotation des Femurs im Hüftgelenk. Die verriegelte Stellung ist Extension und Innenrotation des Femurs im Hüftgelenk. Das Gelenk ist freibeweglich in der entriegelten Stellung und fest in der verriegelten Stellung.

13. Der oberflächlichste Schleimbeutel des Hüftgelenks ist die Bursa trochanterica, die zwischen dem Ansatz des M. glutaeus maximus auf dem Tractus iliotibialis und dem Trochanter major liegt.

14. Mit Hilfe von Standardlehrbüchern der Kinesiologie, der Anatomie und der Muskelfunktionstests sollte die Beantwortung dieser Frage möglich sein. Bitten Sie eine Lehrkraft, Ihre Palpationsergebnisse zu kontrollieren.

15. Glutaeus maximus (die Antwort ergibt sich aus dem Text).

16. Glutaeus medius (die Antwort ergibt sich aus dem Text).

17. M. glutaeus minimus
    U: dorsale und laterale Oberfläche des Os ilium
    A: Trochanter major femoris (ventral)
    N: N. glutaeus superior (L4, L5, S1)
    B: lateral oder kranial der Ab-/Adduktionsachse; ventral der Rotationsachse
    F: Abduktion und Innenrotation des Femurs im Hüftgelenk

18. M. semitendinosus
    U: Tuber ischiadicum
    A: ventromediale Oberfläche proximal an der Tibia
    N: N. ischiadicus pars tibialis (L4, L5, S1, S2)
    B: dorsal der Flexions-/Extensionsachse des Knie- und Hüftgelenks; medial der Tibiarotationsachse
    F: Extension des Femurs im Hüftgelenk; Flexion und Innenrotation der Tibia im Kniegelenk

19. M. biceps femoris
    U: Caput longum: Tuber ischiadicum
    Caput breve: Linea aspera
    A: lateraler Anteil des Fibulaköpfchens; Epicondylus lateralis tibiae
    N: N. ischiadicum pars tibialis (L5, S1, S2)
    B: dorsal der Flexions-/Extensionsachse des Knie- und Hüftgelenks; lateral der Rotationsachse des Kniegelenks
    F: Extension des Femurs im Hüftgelenk; Flexion und Außenrotation der Tibia im Kniegelenk

20. M. semimembranosus
    U: Tuber ischiadicum
    A: dorsomedialer Anteil des Epicondylus medialis tibiae
    N: N. ischiadicum pars tibialis (L4, L5, S1, S2)
    B: dorsal der Flexions-/Extensionsachse des Hüft- und Kniegelenks; medial der Rotationsachse der Tibia
    F: Extension des Femurs im Hüftgelenk; Flexion und Innenrotation der Tibia im Kniegelenk

21. M. adductor magnus
U: kaudale Fläche des Os ischium; ventrale Fläche des Ramus pubicum
A: Linea aspera; Tuberculum adductorium
N: N. obturatorius und einige Fasern des N. ischiadicus (L2, L3, L4, L5, S1)
B: medial oder kaudal der Ab-/Adduktionsachse; ventral der Flexions-/Extensionsachse (kraniale Fasern); dorsal der Flexions-/Extensionsachse (kaudale Fasern).
F: Adduktion des Femurs im Hüftgelenk; Flexion des Femurs im Hüftgelenk, wenn das Femur sich in Außenrotationsstellung befindet; Extension des Femurs im Hüftgelenk, wenn sich das Femur in Innenrotationsstellung befindet.

22. M. adductor brevis
U: R. inferior ossis pubis
A: Femur, distal des Trochantrer minor und weiter zur Linea aspera
N: N. obturatorius (L2, L3, L4)
B: medial und kaudal der Ab-/Adduktionsachse
F: Adduktion des Femurs im Hüftgelenk

23. M. adductor longus
U: ventral am Os pubis zwischen Crista und Symphyse
A: Linea aspera femoris
N: N. obturatorius (L2, L3, L4)
B: medial und kaudal der Ab-/Adduktionsachse; ventral der Flexions-/Extensionsachse
F: Adduktion des Femurs im Hüftgelenk; Flexion des Femurs im Hüftgelenk

24. M. pectineus
U: Tuberculum pubicum
A: Linea pectinea femoris
N: N. femoralis (L2, L3, L4)
B: medial und kaudal der Ab-/Adduktionsachse; ventral der Flexions-/Extensionsachse
F: Adduktion des Femurs im Hüftgelenk; Flexion des Femurs im Hüftgelenk, wenn das Femur in Außenrotationsstellung ist; Außenrotation des Femurs im Hüftgelenk

25. M. gracilis
U: Arcus symphysis pubica
A: ventromediale Fläche proximal an der Tibia
N: N. obturatorius (L2, L3, L4)
B: medial (oder kaudal) der Ab-/Adduktionsachse; dorsal der Flexions-/Extensionsachse der Tibia im Kniegelenk; ventral und medial der Rotationsachse der Tibia im Kniegelenk
F: Adduktion des Femurs im Hüftgelenk; Flexion und Innenrotation der Tibia im Kniegelenk

26. M. sartorius
U: Spina iliaca anterior superior
A: ventromediale Fläche proximal an der Tibia
N: N. femoralis (L2, L3, L4)
B: ventral der Flexions-/Extensionsachse; ventral und windet sich medial um die Rotationsachse
F: Flexion und Außenrotation des Femurs im Hüftgelenk

27. M. obturatorius externus
U: Medialseite des Foramen obturatum; medial an der Außenfläche der Membrana obturatoria; R. ossis pubis und R. ossis ischii
A: Dorsalfläche des Femurhalses
N: N. obturatorius (L3, L4)
B: dorsal und windet sich um die Rotationsachse
F: Außenrotation des Femurs im Hüftgelenk

28. M. obturatorius internus
    U: Foramen obturatum (Innenrand); kranialer Anteil des Foramen ischiadicum magnum
    A: verläuft durch die Incisura ischiadica minor zur medialen Fläche des Trochanter magnus
    N: N. obturatorius internus (L5, S1, S2)
    B: dorsal der Rotationsachse
    F: Außenrotation des Femurs im Hüftgelenk

29. M. quadratus femoris
    U: Tuber ischiadicum
    A: Linea intertubercularis femoris
    N: N. quadratus femoris (L4, L5, S1, S2)
    B: dorsal der Rotationsachse
    F: Außenrotation des Femurs im Hüftgelenk

30. M. piriformis
    U: Ventralfläche des Sakrums und der Incisura ischiadica major
    A: kranialer Anteil des Trochanter magnus
    N: N. piriformis (L5, S1, S2)
    B: dorsal der Rotationsachse
    F: Außenrotation (und wenig Abduktion) des Femurs im Hüftgelenk

31. M. gemellus inferior
    U: Tuber ischiadicum
    A: Trochanter magnus
    N: Ast des N. quadratus femoris (L4, L5, S1, S2)
    B: dorsal und kranial der Rotationsachse
    F: Außenrotation (und wenig Abduktion) des Femurs im Hüftgelenk

32. M. gemellus superior
    U: Außenfläche der Spina ischiadica
    A: Trochanter magnus
    N: Ast des N. obturatorius internus (L5, S1, S2)
    B: dorsal und windet sich um die Rotationsachse
    F: Außenrotation (und wenig Abduktion) des Femurs im Hüftgelenk

33. M. tensor fasciae latae
    U: Ventralfläche der Spinia iliaca
    A: Tractus iliotibialis (beachten Sie, daß dieser Muskel nicht direkt am Knochen ansetzt)
    N: N. glutaeus superior (L4, L5, S1)
    B: ventral der Flexions-/Extensionsachse; ventral und lateral der Rotationsachse
    F: Flexion und Innenrotation des Femurs im Hüftgelenk

34. M. iliopsoas
    U: M. iliacus: Fossa iliaca, innere Lippe der Crista iliaca, Sakrumbasis
    M. psoas major: Processus transversi aller Lendenwirbel; Seiten der Wirbelkörper und Bandscheiben des letzten Brustwirbels und aller Lendenwirbel
    A: M. iliacus: Sehne des M. psoas major; distal des Trochanter minor
    M. psoas major Trochanter minor
    N: M. iliacus: Äste aus dem N. femoralis (L1, L2, L3, L4)
    M. psoas major: direkte Äste aus dem Plexus lumbalis (L1, L2, L3, L4)
    B: ventral der Flexions-/Extensionsachse
    F: Flexion des Femurs in der Hüfte

35. M. rectus femoris
 U: Spina iliaca anterior inferior
 A: Basis der Patella und von dort zur Tuberositas tibiae
 N: N. femoralis (L2, L3, L4)
 B: ventral der Flexions-/Extensionsachse des Femurs im Hüftgelenk und der Tibia im Kniegelenk
 F: Flexion des Femurs im Hüftgelenk, Extension der Tibia im Kniegelenk

36. Der M. gracilis adduziert die Hüfte und kann die Tibia im Kniegelenk ein wenig flektieren und innenrotieren.
 a. Lesen Sie die Palpationspunkte in einem Lehrbuch nach, und fragen Sie Ihren Lehrer, ob Sie es richtig machen.
 b. Der Muskel wird durch eine Knieflexion während der Adduktion des Femurs im Hüftgelenk geschwächt. Da er sich bei beiden Bewegungen verkürzt, wird er bei gleichzeitiger Durchführung beider Bewegungskomponenten aktiv insuffizient.
 c. Es sollte eine Methode gefunden werden, bei der eine Hüftgelenksabduktion mit einer Extension des Kniegelenks einhergeht. Diese Stellung führt den Muskel in seine passive Insuffizienz. Mit Hilfe dieser Übung kann man die Unterscheidung von Verkürzungen von ein- und zweigelenkigen Muskeln erlernen. Eine Verkürzung eines eingelenkigen Adduktors (Abduktion mit Kniegelenksflexion) und zweigelenkigen Adduktors (s.oben).

37. Bei einer Schwäche oder Lähmung des rechten M. glutaeus medius kommt es zu einer übertriebenen Absenkung des Beckens auf der linken Seite während der Standbeinphase rechts.
 a. Haben die Schüler diese Aktivität ausprobiert, kann es hilfreich sein, ein optisches Beispiel des Gangbildes zu geben, damit Sie es leichter reproduzieren können. Dies kann durch einen Lehrer, einen Mitschüler mit klinischer Erfahrung oder mit Hilfe einer Videoaufzeichnung geschehen. Zeigen Sie auch die Möglichkeit einer Lateralverlagerung des Rumpfes über das Standbein zur Kompensation.
 b.

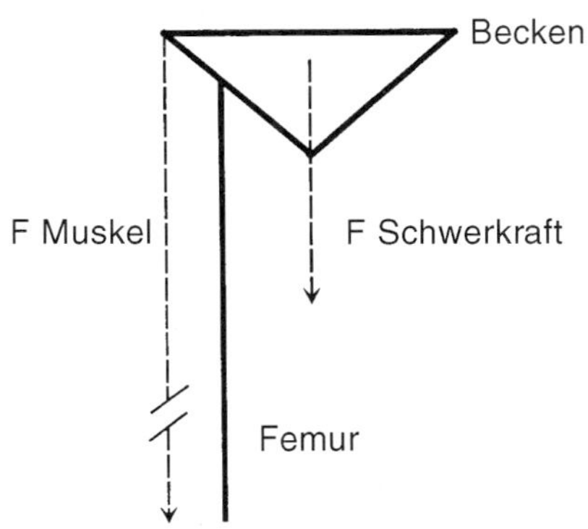

38. Der Schüler nimmt eine Stellung mit vermehrter Lendenlordose ein, in der Annahme, daß die Brustwirbelsäule vertikal eingestellt bleibt. Die Übung soll die Wirkung eines verkürzten M. iliopsoas auf die Rumpfhaltung verdeutlichen.
 a. und b. In der Rückenlage kann der Femur leicht abgehoben werden, um die Wirkung auf die Lendenwirbelsäule zu verbergen. Ist dies nicht der Fall, so ist durch den vergrößerten Raum zwischen Lendenwirbelsäule und Behandlungsbank eine vermehrte Lendenlordose deutlich erkennbar.
 c. Der Ursprung des M. iliopsoas liegt sowohl an der Lendenwirbelsäule als auch am Ilium. Verkürzt sich der Muskel bei fixiertem Femur, so zieht er das Becken und die Lendenwirbelsäule nach ventral. Dies entspricht einer Flexion des Beckens im Hüftgelenk. Es entsteht eine Ventralkippung des Beckens, die die Lendenlordose verstärkt.

39. Ventral sind die Bauchmuskeln am R. pubicum befestigt, dorsal inserieren die ischiokruralen Muskeln am Tuber ischiadicum und der M. glutaeus maximus am Sakrum. Arbeiten Sie gemeinsam, so entsteht eine Beckenkippung nach dorsal (Extension im Hüftgelenk vom Becken aus), wenn das Becken in der geschlossenen Kette gegen das fixierte Femur bewegt wird.
 a. Eine Demonstration kann notwendig sein, um den Schülern eine erfolgreiche Reproduktion der Bewegung zu ermöglichen.

b. Der ventrale Winkel des Hüftgelenks öffnet sich bei einer Beckenaufrichtung (Beckenkippung nach dorsal); es handelt sich also um eine Extension im Hüftgelenk, die die Lendenlordose vermindert.
c. In der geschlossenen kinematischen Kette, am besten zu beobachten bei fixiertem Femur, verursacht die Bewegung des Beckens im Hüftgelenk gleichzeitig eine Bewegung der Lendenwirbelsäule. Ventralkippen des Beckens vermehrt die Lendenlordose (Extension der Lendenwirbelsäule) und Dorsalaufrichten des Beckens vermindert die Lendenlordose (Flexion der Lendenwirbelsäule). Eine Demonstration dieser Bewegungen am Skelett ist in der Regel bei der Erklärung sehr hilfreich.
d. Ventralkippen und Dorsalaufrichten des Beckens sind Beispiele einer Umkehr von Punktum fixum und Punktum mobile, bei der der Ansatz des Muskels stehenbleibt und der Ursprung sich auf ihn zu bewegt.

40. Diese Übung soll die Abhängigkeit zwischen den Gelenkbewegungen und zweigelenkigen Muskeln zeigen. Die Übung kann auch dazu verwendet werden die Wirkung von verkürzter ischiokruraler Muskulatur auf die Lendenwirbelsäule zu beobachten. Deutlicher wird diese Wirkung, wenn das Kniegelenk beim passiven Abheben des Beines gestreckt bleibt. Es kann diskutiert werden auf welche Haltungsveränderungen geachtet werden sollte, wenn man eine Verkürzung der ischiokruralen Muskulatur untersucht. Weiter kann die Diskussion dazu führen, daß über die Wirkung verkürzter Muskulatur auf entfernt liegende Gelenke gesprochen wird.

41. Diese Übung unterstreicht noch einmal die Inhalte aus Übung 40. Das Hüftgelenk muß gebeugt, das Kniegelenk gestreckt werden.

42. a. Bei einer starken Kontraktion der ischiokruralen Muskulatur in ihrer Funktion als Hüftgelenksextensor, entsteht gleichzeitig Kniegelenksextension. Bei einer solchen Aktion des M. rectus femoris in seiner Funktion als Hüftgelenksbeuger entsteht gleichzeitig Kniegelenksflexion. Bei beiden Bewegungen kompensiert die Kniegelenksbewegung die Verkürzung des Muskels über das Hüftgelenk; d.h., während sich die ischiokrurale Muskulatur über das Hüftgelenk verkürzt, wird Sie über das Kniegelenk verlängert.
b. Da die ischiokrurale Muskulatur das Hüft- und Kniegelenk dorsal überbrückt, wird eine Verkürzung dieser Muskulatur zu einer Einschränkung der Knie- und Hüftgelenksextension führen. Diese Wirkung kann am besten demonstriert werden, wenn beide Gelenke gleichzeitig extendiert werden, wie beispielsweise beim SLR (straight leg raise oder Lasègue-Test). Der M. rectus femoris überbrückt das Hüft- und das Kniegelenk ventral, so daß es sich hier genau umgekehrt verhält.
c. Zwischen dem M. rectus femoris und der ischiokruralen Muskelgruppe gibt es eine Beziehung bei Funktion und Gelenkstellung der aktiven und passiven Insuffizienz. Die kombinierte Gelenkbewegung, die bei einer Hüftflexion die *passive Insuffizienz* der ischiokruralen Muskulatur (Flexion in Knie- und Hüftgelenk) verhindert, verhindert gleichzeitig die *aktive Insuffizienz* des M. rectus femoris. Die Gelenkstellung, die für den einen Muskel aktive Insuffizienz bedeutet, bringt den anderen Muskel in die passive Insuffizienz, d.h., Gelenkstellungen, die die aktive Insuffizienz des einen Muskels vermeiden, vermeiden gleichzeitig die passive Insuffizienz des anderen.

43. Es gibt viele mögliche Lösungen. Eine Möglichkeit wäre, in Rückenlage zu liegen und das Knie- und Hüftgelenk zu beugen. Durch die Knieflexion werden die ischiokruralen Muskeln entspannt, eine Verkürzung, die jetzt beobachtet bzw. gespürt werden kann, wird sehr wahrscheinlich durch den M. glutaeus maximus verursacht.

44. Eine Kontraktion des M. glutaeus maximus ohne gleichzeitige Kontraktion des M. glutaeus minimus führt zu einer Extension mit Außenrotation des Femurs im Hüftgelenk. Die Innenrotation, die der M. glutaeus minimus bei einer gleichzeitigen Kontraktion verursacht, würde die außenrotatorische Komponente des M. glutaeus maximus neutralisieren, so daß eine reine Extension im Hüftgelenk entsteht.

45. Der zentrale Punkt dieser Übung ist, bei der Messung der passiven Extension des Femurs im Hüftgelenk, das Becken einmal mit Kniegelenksflexion und einmal mit Kniegelenksextension zu fixieren. Hier sollen Prinzipien der zweigelenkigen Muskulatur verdeutlicht sowie die klinische Relavanz zweigelenkiger Muskeln gegenüber eingelenkigen gezeigt werden.

46. Da der M. tensor fasciae latae und der M. sartorius an der Spina iliaca anterior superior entspringen, wird deren Kontraktion am schmerzhaftesten sein.

47. Um die Beteiligung des M. rectus femoris an der aktiven Flexion im Hüftgelenk zu vermindern, muß das Bein in eine Stellung gebracht werden, in der der Muskel nur sehr ineffektiv arbeiten kann (aktive Insuffizienz). Dann soll der Partner eine aktive Hüftgelenksflexion durchführen. Der Muskel, der jetzt noch das Hüftgelenk beugen kann, ist der M. iliopsoas.

48. Die Bewegung mit einer Umkehr von Punktum fixum und Punktum mobile, die schmerzhaft sein wird, ist das Aufsetzen aus der Rückenlage, da bei dieser Bewegung der M. iliopsoas an seinem Ansatz, dem Trochanter minor, ziehen wird. Der Ansatz ist in diesem Fall jedoch ein loses Fragment, das durch den Muskelzug, in das Becken hineingezogen wird.

49. Die Stellung, die eingenommen wird, ist bilaterale Hüftgelenksextension über 0°. So wird das Schwerelot hinter die Hüftgelenksdrehachse gebracht, und die Schwerkraft produziert ein dorsales Drehmoment im Hüftgelenk. Dadurch entsteht eine Extension des Beckens im Hüftgelenk, was vorher die Funktion des M. glutaeus maximus war. Das Lig. iliofemorale verhindert hauptsächlich eine weitere Extension im Hüftgelenk, aber auch das Lig. ischiofemorale und das Lig. pubofemorale werden zunehmend gespannt, wenn sich das Hüftgelenk in Richtung seiner verriegelten Stellung bewegt.

50. Die Hüfte steht am Ende in Innenrotation; d.h., das Femur wird gegen das Becken nach innen rotiert sein.

51. Das linke Femur ist nun im Hüftgelenk nach innen rotiert, und das rechte Femur ist im Hüftgelenk nach außen rotiert.

52. a. Die Muskeln, die eingesetzt wurden, waren der M. glutaeus maximus im Hüftgelenk und die ischiokruralen Muskeln im Hüft- und im Kniegelenk.
    b. Es handelte sich um eine exzentrische Muskelkontraktion. Diese Information wird noch einmal in Kapitel 12 benötigt.

53. Die aktivsten Hüftmuskeln waren die Extensoren (M. glutaeus maximus und Mm. ischiocrurales), die eine exzentrische Muskelkontraktion durchführten.

54. a. Um die gebeugte Hüftgelenksstellung gegen die Schwerkraft aufrechtzuerhalten, müssen die Hüftgelenksextensoren aktiv sein. Diese Information wird in Kapitel 12 benötigt.
    b. Es war schwierig, diese Stellung zu halten, da das Schwerelot hinter die Bewegungsachse des Hüftgelenks fiel.

55. Bei einer Flexion, Adduktion und Innenrotation des Femurs im Hüftgelenk, wird der Femurkopf dorsal nicht mehr vom Azetabulum überdacht. Dies ist die Luxationsstellung, insbesondere bei Patienten, die eine Totalendoprothese eingesetzt bekamen.
    a. ventral
    b. Die ventralen Bänder sind die stärksten.
    c. Der M. glutaeus medius wird verkürzt sein. Dadurch entsteht eine aktive Insuffizienz des Muskels, die ihn schwächt. Das dazugehörige Gangbild ist das Trendelenburg-Hinken oder das Duchenne-Hinken.

5 Kniegelenk

Knochenlehre des Kniegelenks

1. Beschriften Sie in Abb. 5.**1** - 5.**3** die folgenden Knochenpunkte und zeichnen Sie einen Stern hinter diejenigen, die man palpieren kann.

   Epicondylus lateralis femoris
   Patellafacette für den medialen Femurkondylus
   Condylus medialis tibiae
   Tubercula intercondylaria
   Condylus lateralis tibiae
   Caput fibulae
   Tuberositas tibiae
   Basis patellae
   Condylus lateralis femoris
   Epicondylus medialis femoris
   Condylus medialis femoris
   Tuberculum adductorium
   Facies patellaris femoris
   Patellafacette für den lateralen Femurkondylus
   Apex patellae

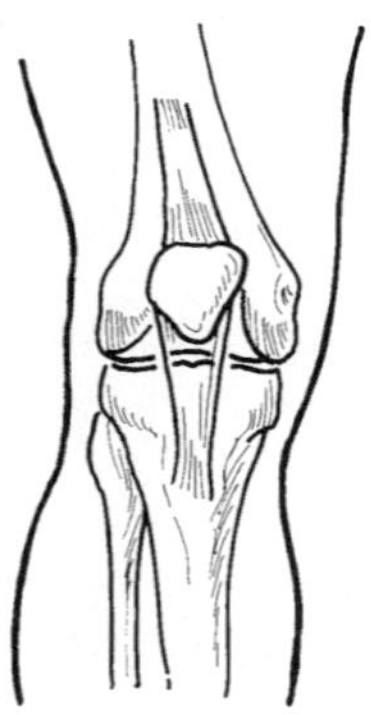

Abb. 5.1

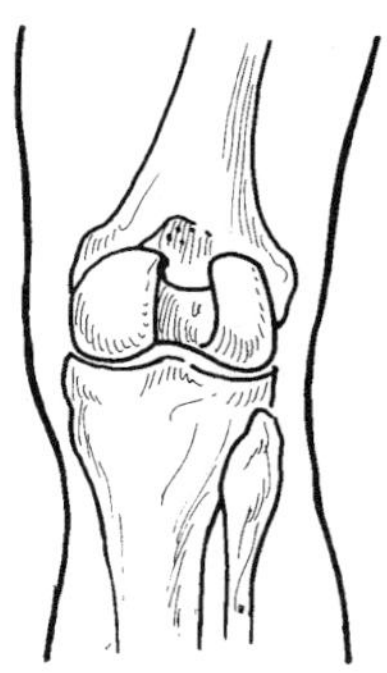

Abb. 5.2

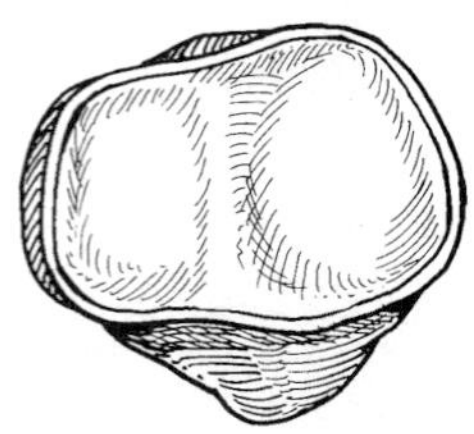

Abb. 5.3

2. Beschreiben Sie die Dorsalfläche der Patella.

3. Beschreiben Sie die Asymmetrie der Femurkondylen aus der Ventralansicht. Welche Bedeutung hat diese Asymmetrie für die Kniegelenksstellung?

4. Zeichnen Sie unten eine Ventralansicht und eine Aufsicht auf das Tibiaplateau der linken Tibia inklusive der Menisken. Zeichnen Sie keine Bänder ein. Schraffieren Sie die Menisken entlang ihrer Anheftung an der Tibia.

Gelenklehre des Kniegelenks

5. Beschriften Sie in Abb 5.**4** und 5.**5** die folgenden Gewebestrukturen mit dem entsprechenden Buchstaben. Zeichnen Sie das Lig. patellae ein, als wäre es von der Patella abgetrennt, aber an der Tibia noch befestigt.
   a. Lig. collaterale mediale
   b. Lig. collaterale laterale
   c. Meniscus medialis
   d. Meniscus lateralis
   e. Lig. cruciatum anterius
   f. Lig. cruciatum posterius

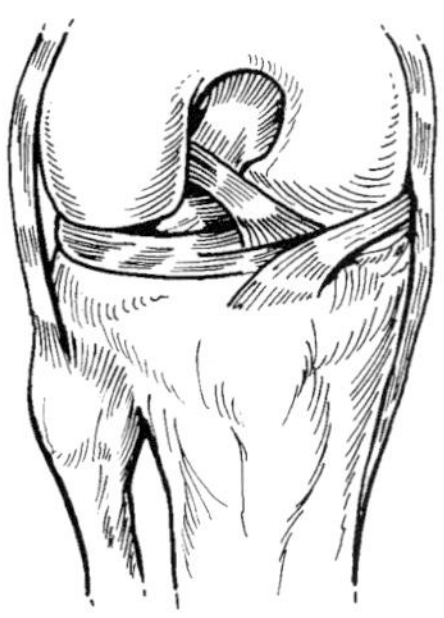

Abb. 5.**4**

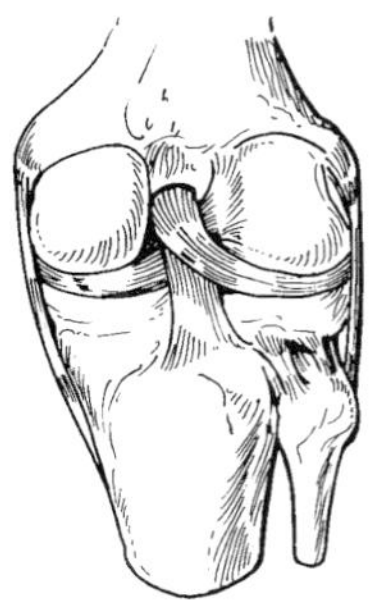

Abb. 5.**5**

6. Palpieren Sie an Ihrem Partner die folgenden Kniegelenksstrukturen:
Gelenkspalt (medial und lateral)
mediales Kollateralband
laterales Kollateralband
TIP: Es ist leichter, den Gelenkspalt zu finden, wenn man die Tibia bei der Palpation leicht auf dem Femur hin- und herbewegt. Die Seitenbänder sind leichter zu finden, wenn die Bänder bei leichter Kniegelenksflexion unter Zug gesetzt werden.

7. Nennen Sie die wichtigsten Gelenkflächen und Weichteilstrukturen, die sich innerhalb der Kniegelenkskapsel befinden. Finden Sie die Beziehung der Kreuzbänder zur Kniegelenkskapsel heraus.

8. Warum ist das Kniegelenk kein reines Scharniergelenk?

9. Die Bewegungen des Gelenkspiels Rotation, Rollen und Gleiten können bei den Bewegungen des Kniegelenks am besten gezeigt werden. Lesen Sie in Ihrem Bewegungslehre-Lehrbuch das Kapitel über das Kniegelenk. Verwenden Sie ein anatomisches Modell, um die folgenden Dinge zu demonstrieren und zu erklären.
   a. Wie hängt das Gleiten mit dem Rollen bei der Kniegelenksflexion und -extension zusammen?

   b. Welche Bänder lassen die Femurkondylen nach ventral und dorsal gleiten?

   c. Beschreiben Sie die Drehbewegung des Kniegelenks bei der Schlußrotation, die am Ende der Extensionbewegung entsteht, mit Hilfe der Dreier-Regel. Beschreiben Sie sie für die Bewegung in der geschlossenen und in der offenen kinematischen Kette. Welche Funktion hat diese Drehbewegung innerhalb des Kniegelenks?

10. Was sind die Bewegungsausmaße des Kniegelenks? Geben Sie die Maße für alle Bewegungsrichtungen des Kniegelenks an.

11. Beschreiben Sie die Schlußrotation inklusive ihrer kinesiologischen Relevanz und der Muskulatur, die für die Entriegelung des Kniegelenks notwendig ist.

12. In welcher Kniegelenksstellung sind die Kollateralbänder am entspanntesten, am gespanntesten?

13. In welcher Kniegelenksstellung ist das vordere Kreuzband am meisten unter Spannung? In welcher Kniegelenksstellung ist das hintere Kreuzband am meisten unter Spannung?

14. Wenn Sie die Antworten aus Übung 11. – 13. bedenken, wo ist die verriegelte Stellung des Kniegelenks? In der verriegelten Stellung ist die Rotation unmöglich; verwenden Sie diese Information, um Ihre Antwort zu überprüfen.

15. Welche Gelenkstrukturen benötigen so viel Platz, daß die Bänder in der Extension gespannt bleiben?

16. Welcher Meniskus ist am stärksten mit der Tibia und der Gelenkkapsel verbunden?

17. Beschreiben Sie die Bewegungen des medialen und des lateralen Meniskus im Kniegelenk bei:
    a. Kniegelenksextension

    b. Kniegelenksflexion

18. Welche Kräfte verursachen die Bewegungen der Menisken, wie sie in Übung 17. beschrieben wurden?

19. Beschreiben Sie die physiologischen und die Zusatzbewegungen der Patella.

20. Beschreiben Sie (und zeichnen Sie in Abb. 5.**6**) die Patellaführung und die Mechanismen, die sie kontrollieren. In der Zeichnung und der Beschreibung sollten mindestens folgende Dinge enthalten sein:
    a. Vektoren, die die Muskelkräfte auf die Patella bei aktiver Extension der Tibia im Kniegelenk darstellen, und deren Resultierende,
    b. die bindegewebige Befestigung der Patella,
    c. die knöcherne Struktur des Articulatio patellofemorale.

Abb. 5.**6**

21. Für diese Übung brauchen Sie einen Partner in kurzen Hosen. Er soll auf der Kante der Behandlungsbank sitzen, die Unterschenkel hängen über die Kante nach unten. Nun extendieren Sie das rechte Kniegelenk passiv, bis es gerade ist. Bitten Sie Ihren Partner zu entspannen, so daß keine Spannung im rechten Quadrizeps ist, wenn Sie das Kniegelenk langsam wieder beugen. Während der Flexion bewegen Sie die Patella vorsichtig nach innen und außen.
    a. Ab welchem Grad der Flexion sind Sie nicht mehr in der Lage, die Patella seitlich zu verschieben?

    b. Wie ist die Beziehung zwischen Patellaausrichtung und Gelenkfläche des Femurs an dieser Stelle des Bewegungsausmaßes?

c. Was ist die hauptsächliche Wirkung einer isometrischen Kontraktion des M. quadriceps auf das Patellofemoralgelenk in dieser Gelenkstellung?

d. Strecken Sie das Kniegelenk passiv endgradig und bitten Sie Ihren Partner, den M. quadriceps nochmals isometrisch anzuspannen. Welchen Effekt hat die Kontraktion in dieser Gelenkstellung?

e. Leiten Sie ein Prinzip ab über die Wirkung der Quadrizepskontraktion auf das Patellofemoralgelenk in unterschiedlichen Gelenkstellungen.

22. Messen Sie den Q-Winkel an 4 Mitschülern. Suchen Sie sich männliche und weibliche Partner.
 a. Mit Hilfe welcher Bezugspunkte haben Sie die Messung durchgeführt?

 b. Wie beeinflußt ein vergrößerter Q-Winkel die Patellaführung?

23. Welche Schleimbeutel des Kniegelenks werden am ehesten zwischen dem Boden und dem Kniegelenk eingeklemmt, wenn man kniet?

Muskellehre des Kniegelenks

Verwenden Sie die folgenden Muskelbögen, um sich die Ursprünge und Ansätze sowie die Innervation der Kniegelenksmuskulatur einzuprägen. Zeichnen Sie jeden der genannten Muskeln in die Diagramme ein und vervollständigen Sie die Informationen in der Liste.

U: Ursprung
A: Ansatz
N: Nervenversorgung
B: Beziehung des Muskels zur Bewegungsachse
F: Funktion des Muskels

24. M. quadriceps femoris
M. rectus femoris (siehe Beschreibung in Kapitel 4)

M. vastus intermedius
U: ventrale und laterale Fläche proximal am Femurschaft
A:
N: N. femoralis (L2, L3, L4)
B: Die Fasern verlaufen gerade vom Ursprung zum Ansatz ventral der Flexions -/Extensionsachse
F: Extension der Tibia im Kniegelenk

M. vastus medialis
U: distaler Anteil der Linea intertrochanterica; Labium mediale lineae asperae;
A:
N: N. femoralis (L2, L3, L4)
B:
F: Extension der Tibia im Kniegelenk

M. vastus lateralis
U:
A: lateraler Rand der Patella und dann über das Lig. patellae an der Tuberositas tibiae
N: N. femoralis (L2, L3, L4)
B:
F: Extension der Tibia im Kniegelenk

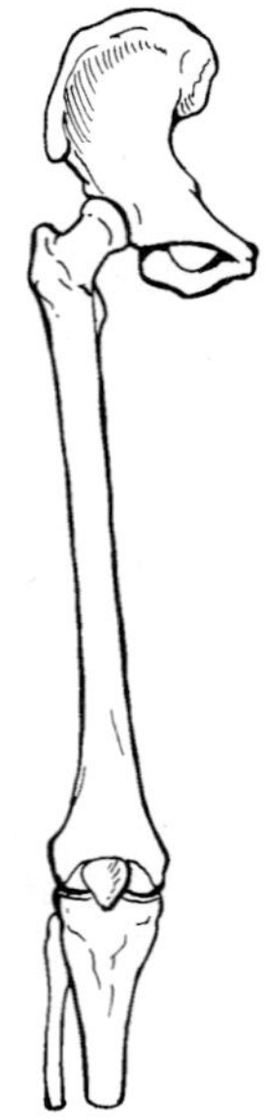
Abb. 5.6

25. M. popliteus
U:
A:
N: N. tibialis (L4, L5, S1)
B: Die Fasern verlaufen schräg und nach distal vom Ursprung zum Ansatz; dorsal und medial der Rotationsachse des Femurs im Kniegelenk
F:

Abb. 5.7

26. M. plantaris
    U:
    A: Achillessehne
    N:
    B: Die Fasern verlaufen wie eine schmale lange Sehne vom Ursprung zum Ansatz; dorsal der Dorsalextensions-/Plantarflexionsachse und dorsal der Knieflexions-/-extensionsachse
    F: schwache Plantarflexion im Sprunggelenk; Flexion der Tibia im Kniegelenk

27. M. gastrocnemius
    U:
    A: Achillessehne; Dorsalfläche des Kalkaneus
    N: N. tibialis (S1, S2)
    B:
    F: Plantarflexion des Fußes im Sprunggelenk und Flexion der Tibia im Kniegelenk

28. Musculi ischiocrurales (siehe Kapitel 4)

29. Nennen Sie alle eingelenkigen Muskeln des Kniegelenks.

Abb. 5.8

30. Nennen Sie alle Muskeln, die dorsal das Kniegelenk überbrücken.

Anwendungen

31. Beugen Sie das Kniegelenk Ihres Partners passiv auf 90°, und führen Sie nun eine passive endgradige Innenrotation der Tibia im Kniegelenk aus. Sie werden ein festes Endgefühl spüren, da es sich hier um eine Bandsicherung handelt. Nun rotieren Sie das Kniegelenk passiv nach außen. Sie sollten ein ähnliches Endgefühl am Ende dieser Bewegung spüren wie bei der Innenrotation. Welche Bänder limitieren die Bewegungen? BEACHTE: Wenn Sie Schwierigkeiten haben, die Antwort zu dieser Frage durch Lesen und Diskussion herauszufinden, dann sollten Sie die Bewegung an einer Leiche im Präpariersaal probieren, bei der die Bänder bereits freipräpariert sind.

32. Testen Sie die Kraft des M. quadriceps an einem sitzenden Mitschüler, der sich erst nach vorn und dann nach hinten lehnt. Welchen Unterschied haben Sie in der Muskelkraft feststellen können? Erklären Sie den Unterschied.

33. Finden Sie eine Ausgangsstellung, in der die Kraft aller Anteile des M. quadriceps getestet werden kann. Der Muskel soll in dieser Ausgangsstellung die größte Spannung über das größte Bewegungsausmaß entwickeln können. Führen Sie diesen Test durch und vergleichen Sie ihn mit der Standard-Ausgangsstellung für die Muskelfunktionsprüfung des M. quadriceps. Gab es einen Unterschied in der Kraftentwicklung? Wenn ja, erklären Sie warum.

34. Führen Sie einen Muskelfunktionstest der ischiokruralen Muskulatur durch, einmal mit dorsalextendiertem Sprunggelenk und einmal mit plantarflektiertem Spunggelenk. Gab es einen Unterschied in der Kraftentwicklung zwischen den beiden Ausgangsstellungen? Wenn ja, erklären Sie die Ergebnisse.

35. Führen Sie einen sinnvollen Test der ischiokruralen Muskulatur durch, bei dem sie durch das gesamte Bewegungsausmaß gegen die Schwerkraft arbeiten muß. Vergewissern Sie sich, daß der Muskel seine größte Kraft über das größtmögliche Bewegungsausmaß entwickeln kann.

36. Lassen Sie Ihren Partner seine Kniegelenke im Stand aus der Nullstellung in die Position des Genu recurvatum bewegen, und beobachten Sie die Wirkung auf die Lendenwirbelsäule.

37. Lassen Sie Ihren Partner nun die Kniegelenke im Stand aus der Nullstellung in eine leicht gebeugte Stellung bringen, und beobachten Sie wiederum die Wirkung auf die Lendenwirbelsäule.

38. Versuchen Sie bei Ihrem Partner eine maximale Muskelkontraktion zu überwinden; einmal mit endgradig gestrecktem und einmal mit 5° flektiertem Kniegelenk. In welcher Stellung war es einfacher, die Kontraktion zu überwinden? Warum?

39. Diese Übung wird am besten von einem Mitschüler mit gesunden Kniegelenken durchgeführt (physiologische Stabilität).
    a. Kreuzen Sie im Stand das linke Bein über das rechte, und stellen Sie den Fuß am Boden ab, drehen Sie sich nach rechts, bis Ihr rechter Fuß fest am Boden stehenbleibt. (Das rechte Bein wird verdreht.)
    Wie steht das rechte Femur im Verhältnis zur Tibia?

    Welche Bänder des Kniegelenks werden in dieser Position am meisten belastet?

    b. Bei einem plötzlichen Valgusstreß im physiologischen Stand, welche Bänder des Kniegelenks würden am meisten belastet?

40. Erklären Sie die biomechanischen und funktionellen Folgen einer Patellektomie. Ihre Antwort sollte auch etwas über Hebelarme aussagen.

41. Welche Muskelgruppe würden Sie kräftigen, um eine dynamische Stabilisierung als Ersatz für ein gerissenes vorderes Kreuzband zu erhalten? Erklären Sie Ihre Antwort.

42. Erklären Sie, warum ein positiver Apley-Kompressions-Test mit Außenrotation der Tibia auf dem Femur einen Riß des Hinterhorns des Innenmeniskus anzeigt. Der Test ist positiv, wenn der Patient sich bei der Durchführung über Schmerzen beklagt.

43. Wenn Sie sich aus der Hocke in den Stand bewegen, wird das Femur im Kniegelenk extendiert, wodurch ein Rollen der Femurkondylen auf dem Tibiaplateau entsteht. Erklären Sie die Vorgänge im Gelenk, die verhindern, daß die Menisken eingeklemmt werden und das Femur nach ventral von der Tibia disloziert.

Antworten Kniegelenk

1. Man kann folgende Strukturen palpieren:
   Epicondylus lateralis femoris
   Epicondylus medialis femoris
   Tuberculum adductorium
   Basis patellae
   Tuberositas tibiae
   Condylus lateralis femoris
   Condylus medialis femoris
   Apex patellae
   Caput fibulae

2. Die Rückseite der Patella ist mit Gelenkknorpel überzogen und besteht aus mehreren Facetten, in ihrer Mitte verläuft longitudinal ein First. Dieser First teilt die beiden Hauptgelenkflächen, die mediale und die laterale, voneinander.

3. Der mediale Kondylus steht mehr nach distal als der laterale. Dadurch kommt die physiologische Valgusstellung des Kniegelenks zustande.

4. Überprüfen Sie Ihre Zeichnung anhand eines Anatomielehrbuchs. Zusätzlich zu der Anheftung der Menisken an den Ligg. coronaria schraffieren Sie auch die Stelle, an der die Menisken duch das Lig. transversum verbunden werden, der M. semimembranosus und das mediale Kollateralband am medialen Meniskus befestigt sind und an der das meniskofemorale Band und der M. popliteus am lateralen Meniskus befestigt sind.

5. Überprüfen Sie Ihre Antwort anhand eines Lehrbuchs und fragen Sie Ihren Lehrer.

6. Lassen Sie eine Lehrkraft Ihre Palpation überprüfen. Die Belastungsstellung jedes Bandes kann man sich aus Struktur und Funktion des Bandes herleiten. Z.B.: Das mediale Kollateralband sichert das Kniegelenk bei einem Valgusstreß und ist in leichter Flexion entspannt. Es kann am besten palpiert werden, wenn es zunächst entspannt und dann gespannt wird. Man palpiert den medialen Gelenkspalt und spürt das Band bei dieser Bewegung, wenn es aus dem entspannten in den gespannten Zustand übergeht. In dieser Art kann man auch eine günstige Palpation für das laterale Kollateralband erarbeiten.

7. Die Gelenkflächen in der Gelenkkapsel sind die Patella und die korrespondierende Femurfläche des Patellofemoralgelenks, die Femurkondylen und das Tibiaplateau. Die Menisken liegen auch innerhalb der Gelenkkapsel. Die Kreuzbänder liegen außerhalb der Membrana synovialis des Kniegelenks, haben jedoch einen eigenen Synovialüberzug.

8. Das Knie ist kein reines Scharniergelenk, da es zwei Freiheitsgrade besitzt, Rotationen sind genauso möglich wie Flexion und Extension.

9. a. Das Gleiten hält die größere Gelenkfläche des Femurs mit der Tibia in Kontakt. Die Gelenkfläche des Femurs gleitet bei der Flexion nach ventral und bei der Extension nach dorsal.
   b. Das vordere Kreuzband kontrolliert das Dorsalrollen der Femurkondylen auf dem Tibiaplateau bei der Flexion des Femurs im Kniegelenk. Dadurch wird das Ventralgleiten der Femurkondylen auf dem Tibiaplateau bei der Flexion geführt. Die Funktion des hinteren Kreuzbandes ist genau entgegengesetzt.
   c. In der offenen kinematischen Kette wird die Tibia bei der Schlußrotation am Ende der Extension nach außen rotiert. In der geschlossenen Kette rotiert das Femur im Kniegelenk nach innen. Durch den Vorgang der Schlußrotation wird das Kniegelenk in der endgradigen Extension stabilisiert.

10. Das Kniegelenk verfügt über 135° aktive Flexion und über 40-80° passive Rotation der Tibia im Kniegelenk (abhängig vom Autor), wenn das Kniegelenk 90° gebeugt ist. Etwa 20° der Rotation der Tibia finden bei der Schlußrotation statt.

11. Bei der Schlußrotation handelt es sich um eine Innenrotation des Femurs im Kniegelenk (geschlossene kinematische Kette) bzw. eine Außenrotation der Tibia im Kniegelenk (offene kinematische Kette). Dadurch werden die Tuberculi intercondylaria tibiae in die Incisura intercondylaris femoris bewegt. Zusätzlich werden die Kollateral- und die Kreuzbänder gespannt sowie die Femurkondylen fest in die Menisken gedrückt.
    Der Stand mit verriegelten Kniegelenken ermöglicht einen Stand ohne aktive Kontraktion der Antischwerkraftmuskulatur des Kniegelenks. Der Muskel, der das Knie wieder entriegelt, ist der M. popliteus.

12. Das Innen- und das Außenband sind in 90° Flexion am entspanntesten und in endgradiger Extension am stärksten gespannt. Dazwischen sind die Bänder relativ entspannt. Es gibt jedoch über die gesamte Bewegungsbahn des Kniegelenks immer einen Anteil des Innenbandes, der gespannt ist.

13. Beide Kreuzbänder sind in Extension gespannt, das vordere Kreuzband etwas stärker als das hintere. Einige Fasern des vorderen Kreuzbandes sind jedoch während des gesamten Bewegungsausmaßes des Kniegelenks gespannt. Der dorsale Anteil des hinteren Kreuzbandes ist in endgradiger Extension gespannt und der ventrale Anteil ist in Flexion gespannt.

14. Die endgradige Extension ist die verriegelte Stellung des Kniegelenks. Die Knochen sind vollständig kongruent, und die größte Anzahl der stabilisierenden Bänder sind in dieser Stellung gespannt. In der gestreckten Stellung ist keine Rotation möglich.

15. Die Menisken und der Gelenkknorpel nehmen den Platz zwischen den Knochen ein und gewährleisten die Spannung der Bänder. Ein Verlust dieser Strukturen kann eine Approximation der Gelenkflächen und damit eine Laxität der Bänder verursachen.

16. Der Innenmeniskus ist mit dem Innenband und mit der medialen Kapsel verwachsen. Außerdem ist er fester mit dem Tibiaplateau verbunden als der Außenmeniskus.

17. a. Die Menisken gleiten bei der Extension nach ventral. Der Außenmeniskus legt dabei einen weiteren Weg zurück als der Innenmeniskus.
    b. Bei der Flexion gleiten die Menisken nach dorsal.

18. Die Bewegung der Menisken nach ventral wird durch den Zug der meniskopatellaren Bänder verursacht sowie durch die Tatsache, daß die Femurkondylen gegen die Wülste der Menisken nach ventral gleiten. Bei der Flexion bewegen die Menisken sich nach dorsal als Ergebnis des Rollens der Femurkondylen in Verbindung mit dem dorsalen Zug des M. semimembranosus am Innenmeniskus sowie des M. popliteus am Außenmeniskus bei der aktiven Kontraktion.

19. Die Patella ist fest mit der Tibia durch das Lig. patellae verbunden, so daß eine Bewegung der Kniescheibe in kraniokaudaler Richtung von einer Bewegung der Tibia abhängig ist. Während sich die Tibia in Flexion bewegt, wird die Patella relativ zum Femur nach kaudal gezogen. Zieht der M. quadriceps die Tibia in die Extension, so bewegt sich die Patella auf dem Femur nach kranial.
    In der entspannten extendierten Stellung kann die Patella passiv nach medial und lateral sowie nach kranial und kaudal bewegt werden.

20. Die Patella wird nach kranial und kaudal in einer Rille des Femurs geführt. Ob Sie in der Mittellinie oder mehr lateral bzw. medial geführt wird, liegt am Muskelzug der Mm. vastus medialis et lateralis zueinander und am Retinaculum patellae. Die mediale und laterale Lippe der Rille am Femur leiten auch die Bewegung der Patella. Gibt es eine Asymmetrie der kontrollierenden Strukturen, so wird die Patella in die Richtung der stärkeren Kräfte gezogen werden.

21. a. Der Flexionswinkel, bei dem die Patella medial und lateral fixiert wird, ist individuell unterschiedlich.
    b. Die artikulierenden Flächen des Femurs mit der Patella sind weit distal zwischen den Kondylen gelegen. Die Patella nähert sich dem distalen Ende des Femurs und einer Stellung, die eher rechtwinklig als parallel zum Femurschaft verläuft.
    c. Der hauptsächliche Effekt wird eine Kompression des Patellofemoralgelenkes sein.
    d. Bei der endgradigen Extension liegt die Patella parallel zum Femurschaft, und der Zug des M. quadriceps läßt die Patella auf der Gelenkfläche des Femurs eher gleiten, als die Patella gegen den Femur zu komprimieren.
    e. Je größer die Flexionsstellung des Kniegelenks wird, um so größer wird der komprimierende Einfluß des M. quadriceps auf das Patellofemoralgelenk. Neuere Forschungen weisen daraufhin, daß sich der Flexionswinkel, bei dem die Patella am stärksten gegen den Femur komprimiert wird, bei Aktivitäten in der geschlossenen und in der offenen Kette unterscheidet.

22. Der physiologische Q-Winkel liegt zwischen 10 und 20°; Frauen haben in der Regel einen größeren Q-Winkel.
    a. Spina iliaca anterior superior, Mitte der Patella, Tuberositats tibiae.
    b. Eine Vergrößerung des Q-Winkels wird einen Bogensehneneffekt haben, da die Patella zwischen dem Kranialzug des M. quadriceps und dem Kaudalzug des Lig. patellae aufgespannt ist. Ein vermehrter Q-Winkel kann eine größere laterale Kraft auf die Patella bringen, wodurch ein größerer Druck auf die äußere Lippe der Gelenkfläche am Femur sowie auf die laterale Gelenkfacette der Patella ausgeübt wird.

23. Bursa praepatellaris und Bursa infrapatellaris.

24. M. quadriceps femoris
    b. M. vastus intermedius
       U: ventral und lateral am proximalen Ende des Femurschafts
       A: Basis patellae und über das Lig. patellae an der Tuberositas tibiae
       N: N. femoralis (L2, L3, L4)
       B: ventral der Flexions-/Extensionsachse
       F: Extension der Tibia im Kniegelenk
    c. M. vastus medialis
       U: distaler Anteil der Linea intertrochanterica, Labium mediale lineae asperae
       A: Medialkante der Patella und über das Lig. patellae an der Tuberositas tibiae
       N: N. femoralis (L2, L3, L4)
       B: ventral der Flexions-/Extensionsachse (der am weitesten medial gelegene Anteil des M. quadriceps zieht die Patella nach innen)
       F: Extension der Tibia im Kniegelenk
    d. M. vastus lateralis
       U: ventraler Anteil des Trochanter major; proximaler Anteil der Linea intertrochanterica; proximale Hälfte der lateralen Lippe der Linea aspera
       A: Außenkante der Patella und über das Lig. patellae an der Tuberositas tibiae
       N: N. femoralis (L2, L3, L4)
       B: ventral der Flexions-/Extensionsachse (der am weitesten lateral gelegene Anteil des M. quadriceps zieht die Patella nach außen)
       F: Extension der Tibia im Kniegelenk

25. M. popliteus
U: Dorsalfläche des Epicondylus lateralis femoris
A: Dorsalfläche medial am proximalen Ende der Tibia
N: N. tibialis (L4, L5, S1)
B: Die Fasern verlaufen schräg nach unten ; dorsal und medial der Rotationsachse der Tibia im Kniegelenk; dorsal und lateral der Rotationsachse des Femurs im Kniegelenk
F: Außenrotation der Tibia im Kniegelenk (offene kinematische Kette); Außenrotation des Femurs im Kniegelenk (geschlossene kinematische Kette)

26. M. plantaris
U: Dorsalfläche des Epicondylus lateralis femoris
A: Achillessehne
N: N. tibialis (L5, S1)
B: Die Fasern verlaufen wie eine schlanke Sehne in kranio-kaudaler Richtung; dorsal der Dorsalextensions -/Plantarflexionsachse des Sprunggelenks und der Flexions-/Extensionsachse des Kniegelenks
F: Schwache Plantarflexion des Fußes und Flexion der Tibia im Kniegelenk

27. M. gastrocnemius
U: Dorsalfläche des Epicondylus medialis und lateralis femoris
A: Achillessehne und Dorsalfläche des Kalkaneus
N: N. tibialis (S1, S2)
B: von jedem Ursprung zur Mittellinie des Muskels, so bilden sich zwei Köpfe; dorsal der Flexions-/Extensionsachse des Kniegelenks; dorsal der Plantarflexions-/Dorsalextensionsachse des Sprunggelenks
F: Plantarflexion des Fußes; Flexion der Tibia im Kniegelenk

28. Mm. ischiocrurales (siehe Kapitel 4)

29. Die eingelenkigen Muskeln, die das Kniegelenk überbrücken, sind folgende:
M. biceps femoris caput breve
M. popliteus
M. vastus lateralis
M. vastus intermedius
M. vastus medialis

30. Die Muskeln, die das Kniegelenk dorsal überkreuzen, sind folgende:
Mm. ischiocrurales
M. popliteus
M. gastrocnemius
M. plantaris

31. Mit dieser Übung bekommt man das Gespür für ein festes Endgefühl, und sie hilft beim Verständnis der Mechanik von Kniebandverletzungen. Das feste Endgefühl bei der Innenrotation wird durch das vordere und hintere Kreuzband verursacht; bei der Außenrotation kommt es durch die Kollateralbänder zustande.

32. Hier wird die funktionelle Bedeutung der aktiven Insuffizienz und der Ausgangsstellung bei Übungen und Muskelfunktionstests deutlich. Die Übung kann auch zu einer Diskussion über die Funktion des M. rectus femoris bei der Kniestreckung in Abhängigkeit von der Ausgangsstellung führen.

33. Diese Übung hat mehrere mögliche Antworten. Jede der Lösungen muß jedoch das Kriterium erfüllen, die aktive Insuffizienz des M. rectus femoris zu vermeiden, während sich das Kniegelenk der endgradigen Extension nähert.

34. Hier handelt es sich wiederum um ein Problem des Längen-Spannungs-Verhältnisses der Muskulatur. Es wird gezeigt, wie ein Muskel, dessen primäre Funktion im Sprunggelenk liegt, die Kraft bei der Flexion der Tibia im Kniegelenk beeinflussen kann. Die Schüler werden herausfinden, daß eine Knieflexion mit dorsalflektiertem Sprunggelenk kräftiger ist als mit Plantarflexion. Dies kann zu dem Schluß führen, daß ein Test der ischiokruralen Muskulatur mit Plantarflexion im Sprunggelenk durchgeführt werden sollte.

35. Wieder gibt es viele mögliche Antworten. Bei allen muß das Bein so eingestellt sein, daß die Flexion der Tibia nie von der Schwerkraft unterstützt wird, und das Hüftgelenk muß in der Lage sein, die zunehmende Verkürzung der ischiokruralen Muskulatur über das Kniegelenk zu kompensieren. Z.B.: Ausgangsstellung Stand bei gleichzeitiger Hüft- und Kniegelenksflexion.

36. Ein Genu recurvatum verursacht eine kompensatorische Vergrößerung der Lendenlordose.

37. Stehen mit leicht gebeugten Kniegelenken verursacht eine kompensatorische Abflachung der Lendenlordose.

38. Der Schüler sollte es einfacher finden, eine isometrische Kontraktion seines Partners mit leicht flektiertem Kniegelenk zu durchbrechen, da das endgradig gestreckte Kniegelenk verriegelt ist und durch Bänder stabilisiert wird, während das leicht flektierte Kniegelenk zum größten Teil muskulär stabilisiert wird.

39. a. Außenrotation; Kreuzbänder
    b. Innenrotation; vorderes Kreuzband

40. Eine Entfernung der Patella beseitigt das Hypomochlion des M. quadriceps beim Zug über das Kniegelenk. Der Muskelzug liegt nun näher an der Bewegungsachse. Dadurch verringert sich der Hebelarm des Muskels. Die effektive Kraft des Muskels wird kleiner. Eine Patellektomie schwächt den M. quadriceps funktionell.

41. Die ischiokrurale Muskulatur übt aufgrund ihres Verlaufs einen nach dorsal translatierenden Zug auf die Tibia aus. Sie zieht die Tibia gegen den Femur nach dorsal und rotiert sie in die Flexion.

42. Der Meniskus wird durch den Druck der Tibia auf das Femur komprimiert. Eine Außenrotation der Tibia belastet das Hinterhorn des Innenmeniskus asymmetrisch.

43. Die Femurkondylen gleiten durch den Zug des hinteren Kreuzbandes nach dorsal, während das Knie extendiert wird. Dadurch bleiben die Gelenkflächen in Kontakt und der Femur bleibt auf der Tibia. Das Rollen der Femurkondylen und der Zug der meniskopatellaren Bänder bringen die Menisken nach vorn, so wird ihre Kompression zwischen den Kondylen und dem Tibiaplateau vermieden.

6 Sprunggelenke und Fuß

Knochenlehre der Sprunggelenke und des Fußes

Fuß

1. Finden und kennzeichnen Sie in Abb. 6.**1** - 6.**3** die Knochen, die unten aufgelistet sind. Machen Sie sich mit ihnen bekannt, indem Sie in Ihrem Anatomielehrbuch nachschlagen und sie an einem Skelett aufsuchen.

Phalangen	Tuberositas cuboidea
Metatarsalia	Talus (Caput und Collum)
Tubercula metatarsalia	Calcaneus
Tuberositas digiti quinti	Sustentaculum tali
Ossa cuneiformia	Tuberculum peronaeale calcanei
Os cuboideum	Tuberculum naviculare

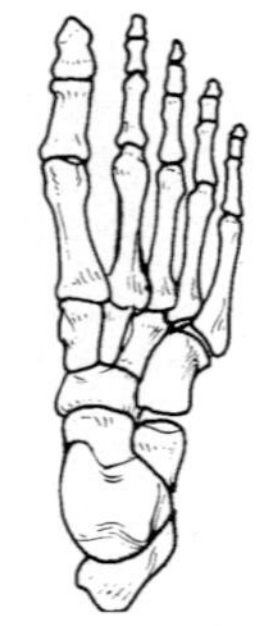

Abb. 6.**1**

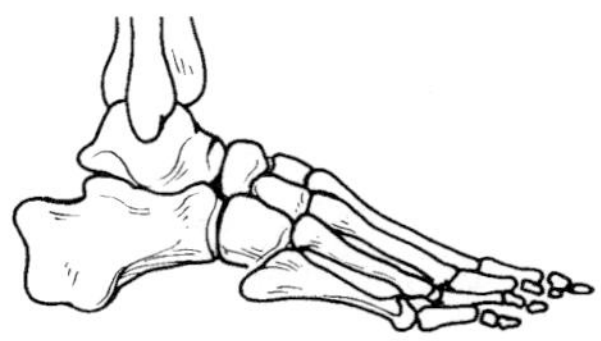

Abb. 6.**2**

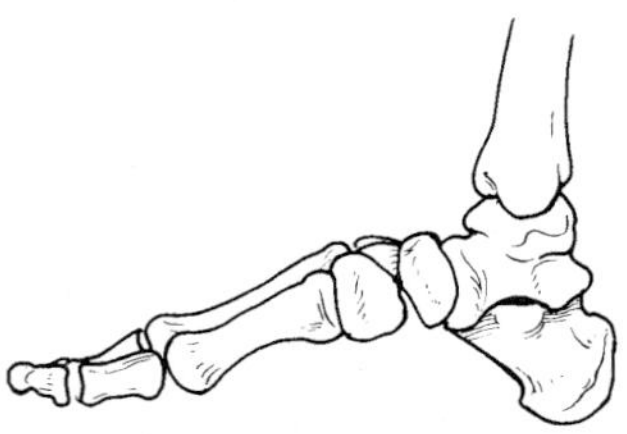

Abb. 6.**3**

2. Was ist die Funktion des Sustentaculum tali am Kalkaneus?

3. Was ist die Funktion der Tuberositas naviculare?

Sprunggelenke

4. Machen Sie sich mit den folgenden Strukturen vertraut, indem Sie sie am Skelett aufsuchen und bei sich selbst sowie bei einem Mitschüler palpieren.
   Malleolus medialis
   Malleolus lateralis
   Tibiaschaft, distaler Anteil
   Fibulaschaft, distaler Anteil
   Articulatio talo-cruralis, Gelenkspalt

5. Welche Funktion hat der Sulcus tali am Talus?

6. Definieren Sie die Tibiatorsion. Wie beeinflußt die physiologische Tibiatorsion den Fuß in der Standbeinphase? Wie groß ist die physiologische Tibiatorsion in der Standbeinphase?

7. Definieren Sie eine Außen- bzw. Innen-Tibiatorsion.

Gelenklehre der Sprunggelenke und des Fußes

8. Vervollständigen Sie folgende Liste:

Articulatio tibiofibularis proximalis

Gelenkart:

beteiligte Knochen:

mögliche Bewegungen:

Articulatio tibiofibularis distalis:

Gelenkart:

beteiligte Knochen:

mögliche Bewegungen:

Articulatio talocruralis:

Gelenkart:

beteiligte Knochen:

mögliche Bewegungen:

Articulatio subtalaris:

Gelenkart:

beteiligte Knochen:

mögliche Bewegungen:

Articulatio talocalcaneonaviculare:

Gelenkart:

beteiligte Knochen:

mögliche Bewegungen:

Articulatio calcaneocuboidea:

Gelenkart:

beteiligte Knochen:

mögliche Bewegungen:

Articulatio talonaviculare:

Gelenkart:

beteiligte Knochen:

mögliche Bewegungen:

Articulatio tarso transversa:

Gelenkart:

beteiligte Knochen:

mögliche Bewegungen:

Articulationes tarsometatarsalia:

Gelenkart:

beteiligte Knochen:

mögliche Bewegungen:

Articulationes metatarsophalangealia:

Gelenkart:

beteiligte Knochen:

mögliche Bewegungen:

Articulationes interphalangealia:

Gelenkart:

beteiligte Knochen:

mögliche Bewegungen:

9. Ihr Partner sitzt auf der Behandlungsbank mit ausgestreckten Beinen. Halten Sie das distale Ende der Tibia mit festem Griff. Mit Ihrer anderen Hand versuchen Sie, das distale Ende der Fibula bankwärts zu schieben (Dorsalgleiten im distalen Tibiofibulargelenk). Was spüren Sie, falls eine Bewegung zustande kommt? Welche Strukturen begrenzen die Bewegung in diesem Gelenk?

10. Warum wird das Sprunggelenk auch Zapfengelenk genannt?

11. Wenn Sie sich die Gelenkfläche des Talus ansehen, welche Bewegung wird von der Malleolengabel bei der Dorsalflexion verlangt?

12. Führen Sie den Fuß Ihres Partners passiv in die endgradige Pronation und Supination. In welche Richtung ist mehr Bewegung möglich? Wie verhält sich Ihre Beobachtung zu der Form des lateralen bzw. medialen Malleolus?

13. Definieren Sie die folgenden Begriffe in bezug auf die Sprunggelenke und den Fuß. Suchen Sie Ihre Definitionen aus verschiedenen Quellen zusammen. Sie werden wahrscheinlich feststellen, daß in unterschiedlichen Büchern die gleichen Begriffe für verschiedene Bewegungen eingesetzt werden. Es ist wichtig, daß Sie sich der unterschiedlichen Definitionen bewußt sind, damit Sie sich bei der Benennung von Spunggelenks- und Fußbewegungen präzise ausdrücken können.

    Dorsalflexion:

    Plantarflexion:

    Inversion:

    Eversion:

    Pronation:

    Supination:

    Abduktion:

    Adduktion:

14. Welche Sprung- und Fußgelenke sind für die Supination (die Fußsohlen einander anschauen lassen) und Pronation (die Fußsohlen voneinander wegschauen lassen) primär verantwortlich? In anderen Worten, wenn Sie diese Bewegungen unterbinden wollten, welche Gelenke müßten Sie versteifen?

15. Legen Sie Ihren nackten rechten Fuß mit den Sprunggelenken über Ihren linken Oberschenkel, der Fuß ist nicht unterstützt. Entspannen Sie Ihren rechten Fuß vollständig, und bewegen Sie Ihren Kalkaneus auf und ab, indem Sie ihn von der Außenseite her fassen und hochdrücken und dann wieder herunterfallen lassen. Führen Sie diese Bewegung mehrmals hintereinander aus, so daß Sie die Bewegung zwischen Talus und Kalkaneus beobachten können. Der Bogen, der bei dieser Bewegung beschrieben wird, entspricht in etwa dem Bogen der Kalkaneusbewegung.
    a. Beschreiben Sie den Bogen, den Sie beobachten. Beachten Sie, daß er in drei Bewegungsebenen stattfindet.
    b. Benennen Sie die Bewegungen, die zusammengesetzt in der offenen Kette folgende Bewegungen ergeben:
    Pronation:

    Supination:

16. Die Umkehr des Punktum fixum und des Punktum mobile im unteren Sprunggelenk ist eine erstaunliche Sache. Um das Verständnis zu erleichtern, imitieren Sie die Bewegung jetzt mit Ihren Fäusten. Halten Sie die Fäuste Ihrer beiden Hände so übereinander, daß die Ulnarseite der linken Faust über der Radialseite der rechten Faust und die Metakarpophalangealgelenke vertikal übereinanderstehen. Ihre rechte Hand ist der Kalkaneus, die linke Hand der Talus des linken Fußes.
    a. Führen Sie nun eine Pronation in der offenen Kette durch. Beachte: Lesen Sie Ihre Antwort auf die Frage 15. b durch, in der Sie die Bewegungen des Kalkaneus bei einer Bewegung in der offenen Kette im unteren Sprunggelenk aufgeschrieben haben. Simulieren Sie diese Bewegungen jetzt mit Ihrer rechten Faust. Merken Sie sich, wie Ihre Knöchel am Ende der Bewegung zueinander stehen.
    b. Nun führen Sie die gleiche Bewegung in der geschlossenen Kette durch (Umkehr von Punktum fixum und Punktum mobile); der Talus bewegt sich gegen den fixierten Kalkaneus. Am Ende sollte die Stellung Ihrer Knöchel zueinander die gleiche sein wie unter a. bei der Bewegung in der offenen Kette.
    c. Da die Tibia fest mit dem Talus verbunden ist, wird sie sich bei einer Bewegung des Talus auch bewegen. Welche Bewegungen werden in der linken Tibia bei der Pronation des unteren Sprunggelenkes in der geschlossenen Kette entstehen?

17. Was ist die verriegelte Stellung der Articulatio tarsi transversa?

18. Was ist die entriegelte Stellung der Articulatio tarsi transversa?

19. Welche der Tarsometatarsalgelenke befinden sich in einer gemeinsamen Gelenkkapsel?

20. Welche Funktion hat das Metakarpophalangealgelenk bei der Belastung?

21. Welche Funktion haben die Interphalangealgelenke der Zehen bei der Belastung?

22. Was ist die primäre Funktion der Bänder des Sprunggelenks-Fuß-Komplexes? Warum befassen wir uns mit diesen Bändern detaillierter als bei anderen Gelenken?

23. a. Was sind die spezifischen Funktionen des Lig. tibiofibulare anterius, des Lig. tibiofibulare posterius und der Membrana interossea cruris?

b. Zeichnen Sie die Membrana interossea cruris in die Abb. 6.**4** ein.

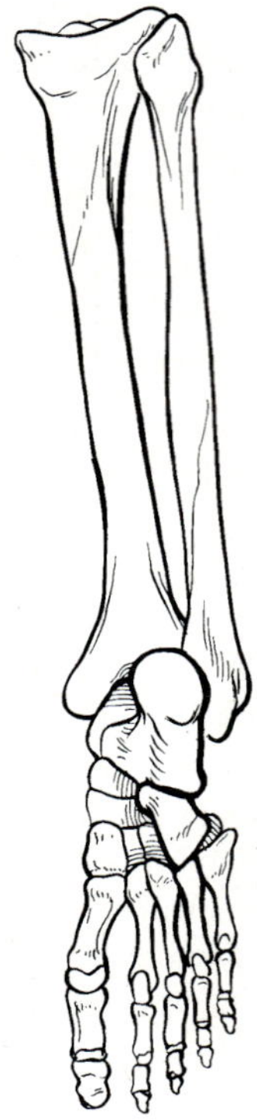

Abb. 6.**4**

c. Zeichnen Sie die Ligg. tibiofibulare anterius und posterius in Abb. 6.**2** ein und beschriften Sie sie.

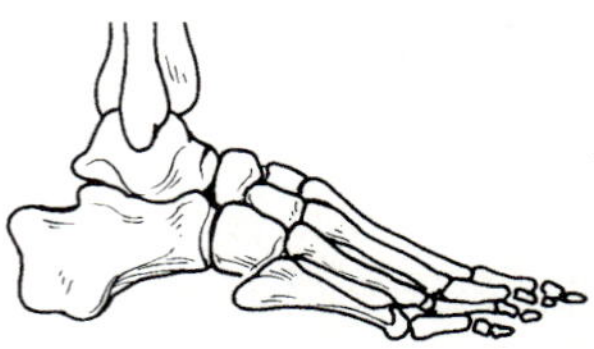

Abb. 6.**2**

24. a. Welches sind die speziellen Funktionen des Lig. talofibulare anterius, Lig. talofibulare posterius, Lig. calcaneofibulare, Lig. plantare longum und der kurzen plantaren Bänder?

b. Zeichnen und beschriften Sie jedes dieser Bänder in den Abb. 6.**2** und 6.**3** der Übung 1.
c. Dehnen Sie jedes dieser Bänder passiv.
d. Palpieren Sie die Bänder unter ihnen, die man tasten kann.

25. Welches der Bänder wird bei einem Inversionstrauma in Plantarflexion am wahrscheinlichsten verletzt?

26. Welches der lateralen Bänder ist am schwächsten?

27. a. Welche Funktion haben das Lig. deltoideum und das Lig. calcaneonaviculare plantare?

b. Zeichnen Sie in Abb. 6.**3** die vier Anteile des Lig. deltoideum und das Lig. calcaneonaviculare plantare ein. Bezeichnen Sie die unterschiedlichen Anteile des Deltabandes.

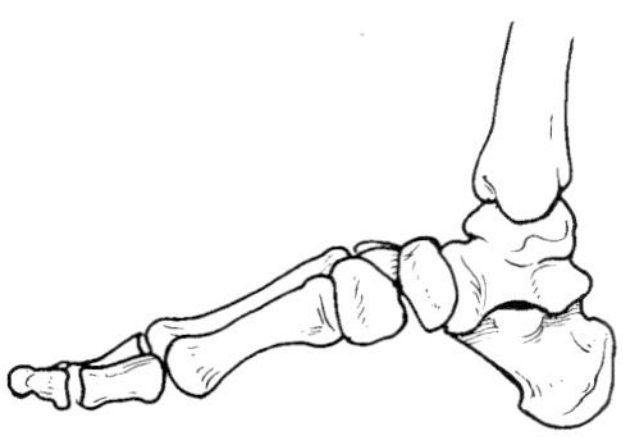

Abb. 6.**3**

c. Bringen Sie das Lig. deltoideum und das Lig. calcaneonaviculare in Dehnstellung.
d. Palpieren Sie das Lig. deltoideum.
e. Palpieren Sie die Anheftung des Lig. calcaneonaviculare am Kalkaneus.

28. a. In welcher Gelenkstellung könnte eine hohe Belastung ein Reißen des Lig. deltoideum verursachen?

b. Ist ein Riß dieses Bandes wahrscheinlich?

c. Warum bzw. warum nicht?

29. Welches sind die Anheftungen und die Funktion des Lig. metatarseum transversum profundum?

Fußwölbungen

30. Vervollständigen Sie folgende Liste:
Mediales Längsgewölbe
beteiligte Knochen:

hauptsächliche Unterstützung:

Laterales Längsgewölbe
beteiligte Knochen:

hauptsächliche Unterstützung:

Quergewölbe
beteiligte Knochen:

hauptsächliche Unterstützung:

31. Zeichnen Sie in Abb. 6.**5** die Plantarfaszie mit ihren wichtigsten Anheftungen ein. Welche Wirkung hat eine Extension der Metakarpophalangealgelenke auf die Plantarfaszie?

32. Untersuchen Sie das mediale Längsgewölbe von 3 Mitschülern. Zeichnen Sie dafür eine Linie vom distalen Anteil des medialen Malleolus zum ersten Metartasalköpfchen. Nun beobachten Sie, wo das Tuberculum naviculare im Verhältnis zu dieser Linie liegt (drüber, drunter oder auf der Linie). Welche anatomischen Strukturen, außer denen, die Sie schon unter 30. genannt haben sind verantwortlich für die Aufrechterhaltung dieser Wölbung? Gab es große Abweichungen bei den untersuchten Mitschülern?

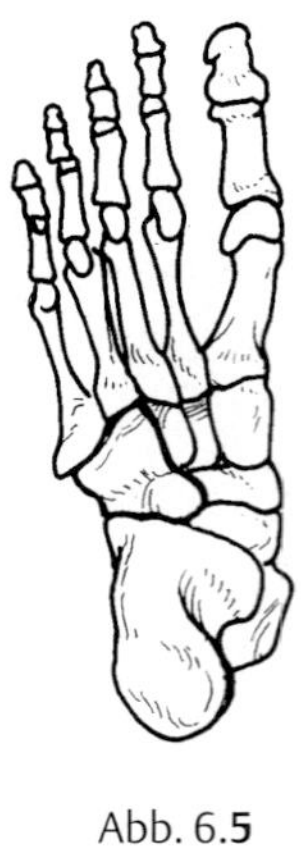
Abb. 6.**5**

Muskellehre von Sprunggelenken und Fuß

Die folgenden Listen können Ihnen helfen, Ursprung, Ansatz und Innervation der Fußmuskulatur zu lernen. Zeichnen Sie jeden der genannten Muskeln in die Abbildung ein, und vervollständigen Sie die gegebenen Informationen in den Listen. Die folgenden Abkürzungen gelten für alle Listen.

U: Ursprung
A: Ansatz
N: Innervation (Spinalsegment und peripherer Nerv)
B: Beziehung/Lage des Muskels zur Bewegungsachse
F: Funktion des Muskels

33. M. tibialis posterior
U: Medialfläche der proximalen zwei Drittel der Tibia; Membrana interossea; posterolaterale Oberfläche der Tibia.
A: Tuberositas ossis naviculare; Plantarfläche des Sustemtaculum tali; Ossa cuneiformia; Os cuboideum; Basis des zweiten, dritten und vierten Metatarsalknochens (nicht dorsal am Talus oder am ersten und fünften Mittelfußknochen)
N: N. tibialis (L5, S1)
B: verläuft gerade und etwas ventral, windet sich um den Malleolus medialis; tritt in den Sohlenbereich des Fußes ein; windet sich um den Talus und teilt sich danach in viele unterschiedliche Ansätze; medial der Inversions-/Eversionsachse
F:

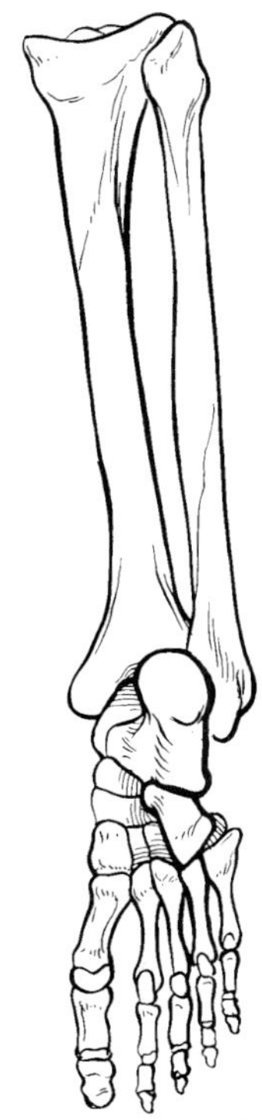

Abb. 6.4

34. M. peronaeus longus
U: proximale zwei Drittel der Außenfläche der Fibula
A: lateral an der Basis ossis metartarsale I und Ossis cuneiforme mediale
N: N. peronaeus superficialis (L4, L5, S1)
B: Die Sehne windet sich dorsal um den Außenknöchel; weiter in einer Vertiefung der Plantarfläche des Os cuboideum; kreuzt die Fußsohle, um den Ansatz zu erreichen; lateral der Inversions-/Eversionsachse; leicht dorsal der Dorsalextensions-/Plantarflexionsachse
F:

35. M. peronaeus brevis
U:
A:
N:
B:
F:

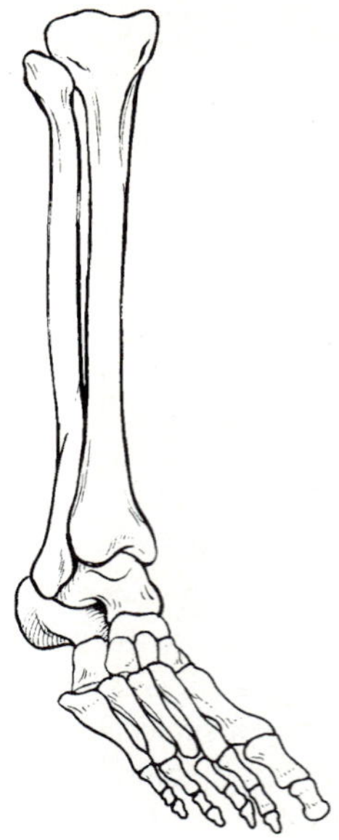

Abb. 6.**6**

36. M. tibialis anterior
U:
A:
N:
B:
F:

37. M. extensor digitorum longus
U:
A:
N:
B:
F:

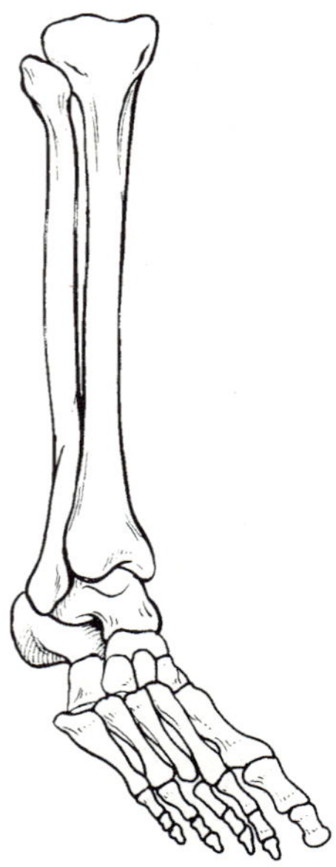

Abb. 6.**6**

38. M. extensor digitorum brevis
    U:
    A:
    N:
    B:
    F:

39. M. extensor hallucis longus
    U:
    A:
    N:
    B:
    F:

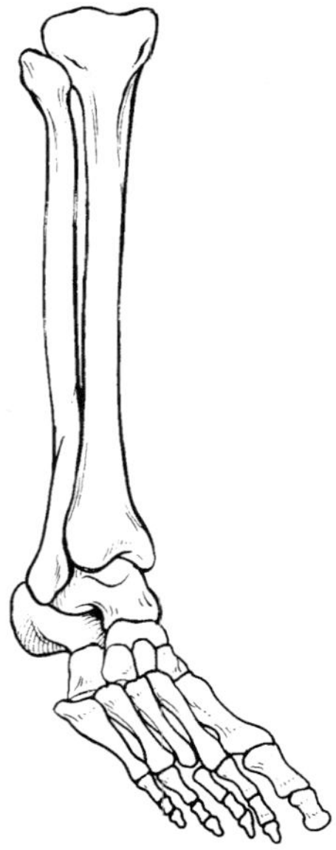

Abb. 6.6

40. M. gastrocnemius
    U:
    A:
    N:
    B:
    F:

41. M. soleus
    U:
    A:
    N:
    B:
    F:

42. M. plantaris
    U:
    A:
    N:
    B:
    F:

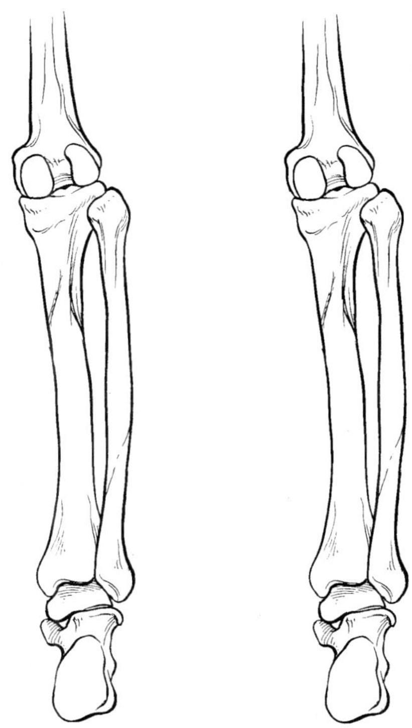

Abb. 6.7

43. M. flexor digitorum brevis
    U: Calcaneus
    A: Mittelphalanx der Zehen II-V
    N: N. plantaris medialis (L4, L5)
    B:
    F:

44. M. abductor hallucis
    U:
    A:
    N:
    B:
    F:

45. M. flexor hallucis longus
    U: distale zwei Drittel der Dorsalfläche der Tibia
    A: Basis des Endglieds des Großzehs
    N: N. tibialis (L5, S1, S2)
    B: plantar der Flexions-/Extensionsachse; dorsal der Dorsalextensions-/Plantarflexionsachse
    F:

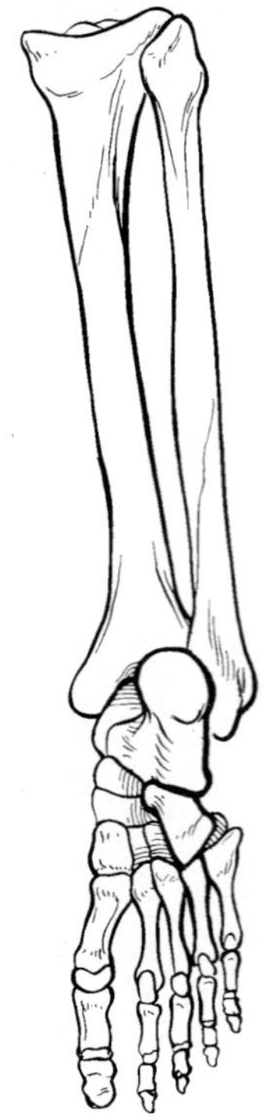

Abb. 6.4

46. M. flexor digitorum longus
    U:
    A:
    N:
    B:
    F:

47. M. peronaeus longus (s. 34.)
    Zeichnen Sie den Verlauf der Sehne ein.

48. M. tibialis posterior (s. 33)
    Zeichnen Sie den Verlauf der Sehne ein.

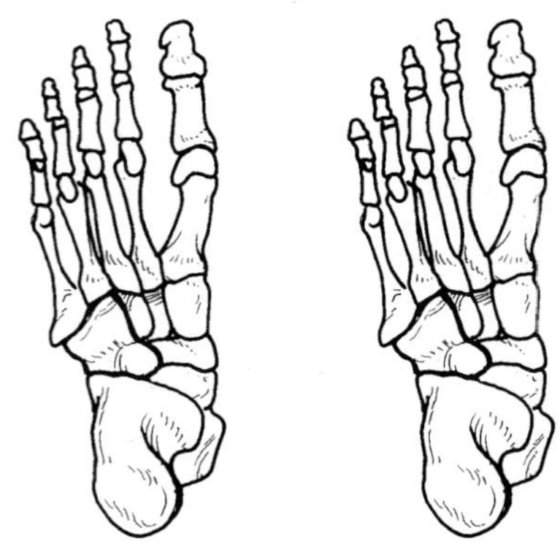

Abb. 6.5

Anwendungen

49. Testen Sie die Kraft des M. gastrocnemius einmal mit dem Kniegelenk in endgradiger Extension und einmal in endgradiger Flexion. Beachten Sie den Unterschied in der Kontraktionsstärke. Welchem Prinzip unterliegt diese Beobachtung? Was schließen Sie daraus für den manuellen Muskelfunktionstest?

50. Bringen Sie das Bein Ihres Partners in die beste Ausgangsstellung für eine Dehnung des M. gastrocnemius. Erklären Sie die Wahl der Ausgangsstellung.

51. Demonstrieren Sie eine isolierte Kontraktion jedes der unten aufgeführten Muskeln. Welche Anleitung wäre für einen Patienten hilfreich, damit er diese Muskeln isoliert anspannen kann? Wie kann man jede Sehne isoliert tasten?
    a. M. tibialis anterior
    b. M. extensor hallucis longus
    c. M. extensor digitorum longus

52. Erklären Sie, warum es im Anschluß an ein Inversionstrauma der Sprunggelenke notwendig ist, die Peronäen zu kräftigen.

53. Finden Sie sich in kleinen Gruppen zusammen, und arbeiten Sie mit einem Knochenmodell der Sprunggelenke und des Fußes. Führen Sie die folgenden Bewegungen durch, und sprechen Sie darüber.
    a. Rotieren Sie die Tibia auf dem Femur nach außen in der offenen kinematischen Kette. Welche Position nimmt der Fuß am Ende ein? Wie wird die Achse des oberen Sprunggelenks durch eine Außenrotation der Tibia ausgerichtet?
    b. Rotieren Sie die Tibia gegen das Femur in der offenen Kette nach innen. Welche Stellung nimmt der Fuß am Ende ein? Wie wird die Achse des oberen Sprunggelenks durch eine Innenrotation der Tibia ausgerichtet?
    c. Jetzt bleibt der Fuß fest am Boden, und Sie rotieren die Tibia gegen das Femur in der geschlossenen Kette nach außen. Welche Stellung nimmt der Fuß am Ende der Bewegung ein? Welche anderen Fußgelenke werden durch diese Außenrotation der Tibia in der geschlossenen Kette beeinflußt?
    d. Der Fuß bleibt wieder fest am Boden stehen, und Sie rotieren die Tibia gegen den Femur in der geschlossenen Kette nach innen. Welche Stellung nimmt der Fuß am Ende der Bewegung ein? Welche anderen Fußgelenke werden durch diese Innenrotation der Tibia in der geschlossenen Kette beeinflußt?

54. Nun wiederholen Sie die oben beschriebenen Bewegungen mit einem Partner mit nackten Füßen und in kurzen Hosen. Beachten Sie die Beziehung zwischen den Tibiarotationen in der geschlossenen und offenen Kette und der Fußbewegung.

55. Für diese Übung müssen Bein und Fuß entblößt sein. Die Füße stehen flach am Boden, die Kniegelenke sind leicht gebeugt, um die Bewegung der Tibia im Kniegelenk nicht durch die Schlußrotation einzuschränken. Pronieren Sie Ihren rechten Fuß, indem Sie das mediale Fußgewölbe gegen den Boden drücken.
   a. Welche Bewegungen entstehen in der Tibia während der Pronation des Fußes?

   b. Welche Haltung möchte das Kniegelenk bei einer Pronation des Fußes in der geschlossenen Kette einnehmen?

56. Welche anderen Gelenke des Körpers würden durch eine pathologische Pronation des Fußes im Stand beeinflußt werden? In welcher Weise würden sie beeinflußt? Demonstrieren Sie Ihre Erklärung am Skelett des Beines.

57. Palpieren Sie an Ihrem Partner folgende Strukturen:

Articulatio tarsometatarsale I	Malleolus lateralis
Tuberculum naviculare	Metatarsalköpfchen
Malleolus medialis	Puls der A. dorsalis pedis
Os metatarsale V	Sehne des M. tibialis posterior
Articulatio metatarsophalangeale V	Sehne des M. peronaeus brevis
Calcaneus	Sehne des M. peronaeus tertius
Sustentaculum tali	Sehne des M. tibialis anterior
Tuberculum peronaeale	Sehne des M. extensor hallucis longus

58. Markieren Sie die Basis und das Köpfchen des fünften Mittelfußknochens Ihres Partners mit einem Punkt. Lassen Sie ihn nun auf der Behandlungsbank sitzen, wobei die Kniegelenke gebeugt sind und die Unterschenkel über die Kante der Behandlungsbank nach unten hängen. Stellen Sie den Fuß so ein, daß die Fußsohlen parallel zum Boden stehen. Liegen die beiden Punkte jetzt auf einer Linie, die parallel zum Boden verläuft? Welche Konsequenzen hat Ihre Beobachtung für die Goniometrie der Sprunggelenke?

59. Messen Sie bei mindestens fünf Mitschülern die Tibiatorsion (den Winkel, in dem die Zehen bei nach ventral zeigender Tibia nach außen stehen); sie können die Messung mit einem Goniometer durchführen. Welche Abweichungen konnten Sie bei den unterschiedlichen Probanden feststellen? Würden Sie einige dieser Variationen als unnormal (pathologisch) bezeichnen?

60. Messen Sie die Dorsalflexion des Sprunggelenks mit gestrecktem Kniegelenk, dann mit gebeugtem Kniegelenk. Haben Sie einen Unterschied feststellen können? Wenn Sie einen gefunden haben, erklären Sie, wie dieser Unterschied zustande kam.

Antworten zu Sprunggelenken und Fuß

1. Überprüfen Sie Ihre Antwort anhand eines Lehrbuchs, und fragen Sie eine Lehrkraft.

2. Der simsartige Vorsprung des Kalkaneus, der Sustentaculum tali genannt wird, artikuliert mit dem Talus und unterstützt diesen, zudem ist er Ansatz des Lig. calacaneonaviculare (Pfannenband).

3. Ansatz des M. tibialis posterior.

4. Überprüfen Sie Ihre Antwort anhand eines Lehrbuchs, und fragen Sie eine Lehrkraft.

5. Der tiefe Einschnitt am Talus, der Sulcus tali, dient als Ansatzfläche des Lig. interosseus zwischen dem Talus und dem Kalkaneus.

6. Die Verwringung des proximalen Anteils der Tibia gegen den distalen wird Tibiatorsion genannt. Dadurch entsteht eine Ausrichtung der Zehen relativ zum Bein nach außen, die etwa 20-30° beträgt.

7. Eine Tibiaaußentorsion ist eine pathologisch vergrößerte Tibiatorsion, eine Tibiainnentorsion ist eine pathologisch geringere Tibiatorsion.

8. **Articulatio tibiofibularis proximalis**
Gelenkart: flaches Synovialgelenk
beteiligte Knochen: Fibula, Tibia
mögliche Bewegungen: leichtes Proximal-distal-Gleiten der Fibula und Fibularotation
Articulatio tibiofibularis distalis
Gelenkart: Syndesmose
beteiligte Knochen: Tibia, Fibula
mögliche Bewegungen: leichte Separation und Gleiten
Articulatio talocruralis
Gelenkart: Scharniergelenk, Synovialgelenk
beteiligte Knochen: Talus, Tibia, Fibula
mögliche Bewegungen: Dorsalextension und Plantarflexion
Articulatio subtalare
Gelenkart: flaches Synovialgelenk
beteiligte Knochen: Talus, Kalkaneus
mögliche Bewegungen: Supination und Pronation
Articulatio talocalacaneonaviculare
Gelenkart: flaches Synovialgelenk
beteiligte Knochen: Talus, Navikulare, Kalkaneus
mögliche Bewegungen: Supination und Pronation
Articulatio calcaneocuboidea
Gelenkart: flaches Synovialgelenk
beteiligte Knochen: Kalkaneus, Kuboid
mögliche Bewegungen: Supination und Pronation
Articulatio talonaviculare
Gelenkart: flaches Synovialgelenk
beteiligte Knochen: Talus, Navikulare
mögliche Bewegungen: Supination und Pronation
Articulatio tarsi transversa
Gelenkart: zusammengesetztes flaches Synovialgelenk
beteiligte Knochen: Talus, Navikulare; Kalkaneus, Kuboid
mögliche Bewegungen: Supination und Pronation

Articulationes tarsometatarsalia
Gelenkart: flache Synovialgelenke
beteiligte Knochen: distale Reihe der Fußwurzelknochen und Mittelfußknochen
mögliche Bewegungen: Supination und Pronation, den Bewegungen in der geschlossenen Kette der Articulationes subtalaris und tarsi transversa entgegengesetzt, um den Vorfuß mit dem Boden in Kontakt zu halten.
Articulationes metatarsophalangeales
Gelenkart: synoviale Kondylengelenke
beteiligte Knochen: Mittelfußknochen und proximale Phalangen
mögliche Bewegungen: Extension, Flexion, Abduktion, Adduktion
Articulationes interphalangeae
Gelenkart: synoviale Scharniergelenke
beteiligte Knochen: Phalangen
mögliche Bewegungen: Flexion und Extension

9. Es gibt ein wenig Bewegung in diese Richtung. Sie wird durch fibroadipöses Gewebe und die Membrana interossea eingeschränkt.

10. Die Tibia bildet mit der Fibula eine annähernd rechtwinklige konkave Gelenkfläche, die mit der fast rechtwinkligen konvexen Gelenkfläche des Taluskopfes artikuliert. Man nennt den proximalen Gelenkpartner deswegen auch Malleolengabel.

11. Die Trochlea rotiert bei der Dorsalextension in der Malleolengabel nach dorsal. Die Malleoli entfernen sich voneinander, da die kraniale Gelenkfläche des Talus ventral breiter ist als dorsal.

12. Sie konnten höchstwahrscheinlich mehr Supination als Pronation erreichen. Der distaler gelegene, laterale Malleolus schränkt die Bewegung des Sprunggelenks in die Pronation ein. Funktionell wird das Sprunggelenk dadurch stabiler.

13. Überprüfen Sie Ihre Antwort anhand eines Lehrbuchs.

14. Pronation ist die Kombination von Abduktion, Eversion und Dorsalflexion der Fuß- und Sprunggelenke. Supination ist die Kombination aus Adduktion, Inversion und Plantarflexion der Fuß- und Sprunggelenke. Die Supinations-/Pronationsbewegung wird durch die Articulationes talocalcaneale, talonaviculare und calcaneocuboidea ermöglicht. Um diese Bewegung unmöglich zu machen, müssen alle drei Gelenke versteift werden. Dieses Vorgehen wird auch dreifache Arthrodese genannt.

15. a. Sie sollten einen Bogen beobachten, der Dorsalextension/Plantarflexion, Inversion/Eversion und Abduktion/Adduktion des Fußes beeinhaltet.
    b. Bei der Bewegung des unteren Sprunggelenkes in der offenen Kette bewegt sich der Kalkaneus gegen den Talus. Bei einer Supination kommt es zur Plantarflexion, Adduktion und Inversion des Kalkaneus auf dem Talus. Eine Pronation enthält eine Dorsalflexions-, Abduktions- und Eversionsbewegung des Kalkaneus auf dem Talus.

16. a. Die dreidimensionale Bewegung des Kalkaneus zu imitieren, ist nicht einfach. Bitten Sie einen Mitschüler, Ihre Handbewegung zu überprüfen.
    b. Sie werden schnell feststellen, daß sich die linke Hand immer genau in die entgegengesetzte Richtung, wie die rechte Hand unter a. bewegen muß. Das gleiche gilt für die Bewegung des Talus auf dem Kalkaneus bei der Pronation des Fußes in der geschlossenen Kette, wenn der Fuß am Boden steht und der Kalkaneus keine Dorsalextension und Plantarflexion durchführen kann.
    c. Der wichtige Aspekt dieser Übung ist, zu verstehen, was geschieht, wenn die Bewegung des Talus auf die Tibia übertragen wird und die Tibia sich dadurch bewegt, bzw. Ihre Stellung verändert. Bei einer Pronation im unteren Sprunggelenk in der geschlossenen Kette wird der Talus adduziert (innenrotiert), so daß die Tibia nach innen rotiert. Können Sie dies an der Bewegung Ihrer Hände ablesen? Erinnern Sie sich daran, daß Ihre Hände den Talus und den Kalkaneus des linken Fußes repräsentieren. Dieses Phänomen wird noch einmal im Abschnitt „Anwendungen" zur Sprache kommen.

17. Die verriegelte Stellung der Articulatio tarsi transversa befindet sich in Supination.

18. Die entriegelte Stellung der Articulatio tarsi transversa befindet sich in der Pronation.

19. Das zweite und dritte Tarsometatarsalgelenk haben eine gemeinsame Gelenkkapsel sowie auch das vierte und fünfte. In diesen Gelenken sind Gleitbewegungen möglich.

20. Die Metatarsophalangealgelenke ermöglichen dem rigiden supinierten Fuß über die belasteten Zehen abzurollen.

21. Die Interphalangealgelenke sind an der Erhaltung der Stabilität beteiligt, indem Sie je nach Bedarf bei statischen Haltungen sowie beim Gang gegen den Boden drücken. Während des Ganges wird das Gewicht von den Zehen auf den anderen Fuß verlagert.

22. Statische Stabilisation. Die Bänder der Sprunggelenke werden häufig verletzt; aus diesem Grund sollte ihre Lage und Funktion gut verstanden werden.

23. a. Die Malleolengabel zu stabilisieren.
    b. und c. Überprüfen Sie Ihre Antwort anhand eines Lehrbuchs.

24. a. Das Lig. talofibulare anterius, Lig. talofibulare posterius und das Lig. calcaneofibulare schränken die Distraktion des Talus gegen die Fibula (das kann beispielsweise bei einer übermäßigen Inversion geschehen) ein. Die kurzen und die langen plantaren Bänder sind an der Erhaltung des Längsgewölbes beteiligt.
    b. Überprüfen Sie Ihre Antwort anhand eines Lehrbuchs.
    c. und d. Lassen Sie Ihre Palpation von einer Lehrkraft bestätigen.

25. Lig. talofibulare anterius, Lig. talofibulare posterius und Lig. calcaneofibulare.

26. Lig. talofibulare anterius

27. a. Das Lig. deltoideum verläuft so, daß es die Distraktion des Talus von der Tibia kontrolliert sowie den Kalkaneus und das Navikulare gegen den Talus hält. Das Pfannenband (Lig. calcaneonaviculare plantare) unterstützt den medialen Anteil des Fußlängsgewölbes.
    b. Überprüfen Sie Ihre Antwort anhand eines Lehrbuchs.
    c., d. und e. Lassen Sie Ihre Palpation von einer Lehrkraft überprüfen.

28. a. Eversion
    b. Nein
    c. Aufgrund der hohen Zugfestigkeit des Bandes ist eine Fraktur des Knochens wahrscheinlicher als ein Bänderriß.

29. Die Anheftungen sind die Metatarsalköpfchen, das Band unterstützt das Quergewölbe des Fußes.

30. **Mediales Längsgewölbe**
    beteiligte Knochen: Talus, Kalkaneus, drei Kuneiforme und drei Mittelfußknochen
    hauptsächliche Unterstützung: Lig. calcaneonaviculare plantare (Pfannenband)

    Laterales Längsgewölbe
    beteiligte Knochen: Kalkaneus, Kuboid und die lateralen zwei Mittelfußknochen
    hauptsächliche Unterstützung: Lig. plantare longum, kurze plantare Bänder und die Plantaraponeurose

    Quergewölbe
    beteiligte Knochen: Kuboid, drei Kuneiforme, Mittelfußknochen
    hauptsächliche Unterstützung: Knochenstruktur, M. peronaeus longus und die tiefen querverlaufenden Bänder des Mittelfußes

31. Überprüfen Sie Ihre Zeichnung anhand eines Lehrbuchs. Die Plantarfaszie verläuft vom Kalkaneus über die Metatarsophalangealgelenke bis zu den proximalen Phalangen. Bei der Extension der Metatarsophalangealgelenke während des Gehens nimmt die Spannung in der Faszie zu, so daß sie das mediale und das laterale Längsgewölbe mit stabilisiert.

32. Diese Übung wird Ihnen ein Gefühl dafür geben, was ein normales Fußgewölbe ist, und vielleicht sehen Sie auch einige pathologische Fußwölbungen. Das Tuberculum naviculare sollte auf oder sehr nah an der Linie sein, die Sie gezeichnet haben. Wenn es oberhalb der Linie ist, dann ist das pathologisch und wird Pes cavus genannt; ist es unterhalb der Linie handelt es sich um einen Pes planus. Die Bandstrukturen, die für die Erhaltung des medialen Längsgewölbes verantwortlich sind, sind die langen und kurzen plantaren Bänder, das Lig. calcaneonaviculare plantare und die Plantaraponeurose. Zusätzlich zur Bandunterstützung erhält die Knochenstruktur selbst die Wölbung. Muskelkraft hat nur eine geringe Bedeutung bei der Erhaltung der Fußwölbungen.

33. M. tibialis posterior
U: Medialfläche der proximalen zwei Drittel der Tibia; Membrana interossea; posterolaterale Fläche der Tibia.
A: Tuberositas ossis naviculare; Plantarfläche des Sustentaculum tali; Ossa cuneiformia; Os cuboideum; Basis des zweiten, dritten und vierten Metatarsalknochens (nicht dorsal am Talus oder am ersten und fünften Mittelfußknochen).
N: N. tibialis (L5, S1)
B: medial der Inversions-/Eversionsachse; dorsal der Plantarflexionsachse
F: Plantarflexion und Inversion

34. M. peronaeus longus
U: proximale zwei Drittel der Außenfläche der Fibula
A: lateral an der Basis ossis metatarsale I und Os cuneiforme mediale
N: N. peronaeus superficialis (L4, L5, S1)
B: lateral der Inversions-/Eversionsachse; dorsal der Plantarflexions-/Dorsalextensionsachse
F: Eversion und Plantarflexion

35. M. peronaeus brevis
U: distale zwei Drittel der Fibulaaußenfläche
A: lateral an der Basis des Os metatarsale V
N: N. peronaeus superficialis (L4, L5, S1)
B: lateral der Inversions-/Eversionsachse; dorsal der Dorsalextensions-/Plantarflexionsachse
F: Eversion und Plantarflexion

36. M. tibialis anterior
U: kraniale zwei Drittel der Tibiaaußenfläche
A: Medialfläche des Os cuneiforme I; Basis ossis metatarsale V
N: N. peronaeus profundus (L4, L5, S1)
B: ventral der Dorsalextensions-/Plantarflexionsachse; medial der Inversions-/Eversionsachse
F: Dorsalflexion und Inversion

37. M. extensor digitorum longus
U: kraniale drei Viertel der Fibulavorderfläche und Condylus lateralis tibiae
A: teilt sich in vier Sehnen, die an den Mittel- und Endphalangen der lateralen vier Zehen ansetzen
N: N. peronaeus profundus (L4, L5, S1)
B: ventral der Flexions-/Extensionachse; ventral der Dorsalextensions-/Plantarflexionsachse
F: Extension der lateralen vier Zehen und Dorsalextension des oberen Sprunggelenks

38. M. extensor digitorum brevis
    U: Dorsalfläche des Kalkaneus
    A: teilt sich in vier Sehnen, die an der proximalen Phalanx des Großzehs sowie an den Sehnen des M. extensor digitorum longus des zweiten, dritten und vierten Zehs ansetzen
    N: N. peronaeus profundus (L5, S1)
    B: ventral der Flexions-/Extensionsachse
    F: Extension der medialen vier Zehen

39. M. extensor hallucis longus
    U: mittleres Drittel der Fibulavorderfläche
    A: Basis der distalen Phalanx des Großzehs
    N: N. peronaeus profundus (L4, L5, S1)
    B: dorsal der Extensions-/Flexionsachse; ventral der Dorsalextensions-/Plantarflexionsachse
    F: Extension des Großzehs und Dorsalextension des oberen Sprunggelenks

40. M. gastrocnemius
    U: Caput mediale: proximal und dorsal am Condylus medialis femoris
    Caput laterale: Condylus lateralis femoris
    A: Achillessehne
    N: N. tibialis (S1, S2)
    B: Dorsal der Dorsalextensions-/Plantarflexionsachse; dorsal der Flexions-/Extensionsachse des Kniegelenks
    F: Plantarflexion des oberen Sprunggelenks

41. M. soleus
    U: Dorsalfläche von Kopf und Schaft der Fibula; mittleres Drittel der Tibia
    A: Achillessehne
    N: N. tibialis (S1, S2)
    B: dorsal der Plantarflexions-/Dorsalextensionsachse
    F: Plantarflexion des oberen Sprunggelenks

42. M. plantaris
    U: distaler Anteil der Linea supracondylaris femoris
    A: Achillessehne
    N: N. tibialis (S1, S2)
    B: dorsal der Plantarflexions-/Dorsalextensionsachse
    F: Plantarflexion

43. M. flexor digitorum brevis
    U: Calcaneus
    A: Mittelphalanx der Zehen II-V
    N: N. plantaris medialis (L4, L5)
    B: plantar der Flexions-/Extensionsachse
    F: Flexion der lateralen vier Zehen

44. M. abductor hallucis
    U: Retinaculum flexorum und Calcaneus
    A: Basis der proximalen Phalanx des Großzehs
    N: N. plantaris medialis (S2, S3)
    B: lateral und proximal der Ab-/Adduktionsachse des Großzehs
    F: Abduktion des Großzehs

45. M. flexor hallucis longus
U: distale zwei Drittel der Fibuladorsalfläche
A: Basis des Endglieds des Großzehs
N: N. tibialis (L5, S1, S2)
B: plantar der Flexions-/Extensionsachse
F: Flexion des Großzehs

46. M. flexor digitorum longus
U: Tibiadorsalfläche
A: Vier Sehnen setzen an den Endgleidern der Zehen II-V an
N: N. tibialis (L5, S1)
B: dorsal der Plantarflexions-/Dorsalextensionsachse; plantar der Flexions-/Extensionsachse der Zehen
F: Flexion der Zehen II-V und Plantarflexion des oberen Sprunggelenks

47. s. 34.

48. s. 33.

49. Aufgrund seiner aktiven Insuffizienz kann der M. gastrocnemius mit gebeugtem Kniegelenk und plantarflektiertem Sprunggelenk weniger Kraft entwickeln. Dies könnte also eine gute Ausgangsstellung für den Muskelfunktionstest des M. soleus sein, wenn man die Beteiligung des M. gastronemius ausschließen möchte.

50. Der M. gastrocnemius kann effektiv gedehnt werden, wenn gleichzeitig Kniegelenksextension und Sprunggelenksdorsalextension durchgeführt werden.

51. a. Eine gute Anleitung für eine isolierte Kontraktion des M. tibialis anterior kann sein, dem Patienten ein Ziel zu geben, das berührt werden soll. Wählen Sie das Ziel so, daß es die gewünschte Muskelkontraktion hervorruft, z.B. Dorsalflexion mit Inversion, wenn Sie sagen „Berühren Sie meine Hand mit Ihrem Großzeh".
b. Eine isolierte Kontraktion des M. extensor hallucis longus kann mit dem Auftrag: „Lassen Sie Ihren Fuß locker herunterhängen, während Sie versuchen, den Großzeh vorsichtig anzuheben. Heben Sie nicht die anderen Zehen an", erreicht werden.
c. Eine isolierte Kontraktion des M. extensor digitorum longus kann mit dem Auftrag: „Lassen Sie Ihren Fuß locker herunterhängen, während Sie versuchen Ihre Zehen leicht anzuheben, ohne jedoch den Großzeh anzuheben", erreicht werden.
Beachte: Um eine isolierte Kontraktion zu erreichen, muß der Patient angeleitet werden ganz vorsichtig bzw. sanft anzuspannen, damit sich keine anderen Muskeln gleichzeitig mit kontrahieren.

52. Bei einem Inversionstrauma des Sprunggelenks werden die Mm. peronaei gedehnt. Diese Überdehnung kann eine Schwäche der Muskeln hervorrufen. Eine Kräftigung kann daher einer Wiederverletzung vorbeugen indem die die Inversion begrenzende Muskulatur trainiert wird.

53. a. Der Fuß kommt in eine Stellung, in der die Zehen nach außen zeigen. Eine physiologische Tibiatorsion rotiert die medial-laterale Achse des Sprunggelenks, so daß Sie von ventral-medial nach dorsal-lateral verläuft. Bei einer weiteren Außenrotation wird diese Stellung noch verstärkt.
b. Der Fuß kommt hierdurch in eine neutrale bzw. in eine Stellung, bei der die Zehen nach innen zeigen. Die Achse verläuft nun in einer Ebene näher an der Frontalebene oder einer entgegengesetzten Stellung als unter a.
c. Der Fuß bleibt im Verhältnis zur Unterlage in der gleichen Stellung. Relativ zur Tibia ist der Fuß in einer Stellung, bei der die Zehen mehr nach innen zeigen. Die anderen Gelenke des Fußes werden sich so anpaßen, daß der Fuß den Kontakt mit dem Boden halten kann. Das mediale Längsgewölbe wird angehoben, das untere Sprunggelenk und die Articulatio tarsi transversa stehen in Supination und die Articulationes tarsometatarsalia werden in Pronation verdreht, um die Zehen in Kontakt mit dem Boden zu halten. Auch Knie- und Hüftgelenke werden von dieser Tibiabewegung beeinflußt.

d. Der Fuß bleibt im Verhältnis zur Unterlage in der gleichen Stellung. Relativ zur Tibia kommt er in eine Stellung, bei der die Zehen mehr nach außen zeigen. Die anderen Fußgelenke passen sich so an, daß der Fuß den Kontakt zum Boden hält. Das mediale Längsgewölbe wird abgeflacht, die Articulationes subtalaris und tarsi transversa werden proniert, und die Articulationes tarsometatarsalia werden in Supination verdreht, um den Bodenkontakt der Zehen zu gewährleisten. Auch Knie- und Hüftgelenke werden von dieser Tibiabewegung beeinflußt.

54. Die Bewegungen in der geschlossenen Kette an einem normal beweglichen Fuß zu beobachten kann sehr lehrreich sein, wenn Sie wissen, wonach Sie suchen. Die Verwringung des Vorfußes bei der Rotation der Tibia in der geschlossenen Kette kann an einem normalen Fuß besser beobachtet werden als an einem Skelettmodell, da die Modelle in der Regel nicht so beweglich sind.

55. Diese Aktivität zeigt die Wirkung verschiedener Fußstellungen auf die Tibia. Wieder handelt es sich um Bewegungen in der geschlossenen Kette, da der Fuß am Boden bleibt.
   a. Eine Pronation in der geschlossenen Kette wird durch eine Eversion des Kalkaneus und eine Adduktion und Plantarflexion des Talus erreicht. Da der Talus nach innen rotiert, nimmt er die Tibia mit in diese Bewegung.
   b. Als Reaktion auf die Pronation des Fußes wird das Kniegelenk eine stärkere Valgusstellung einnehmen.

56. Bei einem ausgeprägten Pes planus kommen das Navikulare und der Taluskopf in Kontakt mit dem Boden. Der Kalkaneus und die Fußwurzelgelenke stehen in Pronation. Dadurch kommt es zu einem Genu valgus. Dauert diese Situation länger an, kann es zu Hüftdegeneration und Lendenwirbelsäulenbeschwerden führen, da über längere Zeit unphysiologische Belastungen über das Kniegelenk auf den Körper übertragen werden.

57. Überprüfen Sie Ihre Antwort anhand eines Lehrbuchs, und fragen Sie eine Lehrkraft.

58. Der fünfte Mittelfußknochen und die Fußsohle sind nicht parallel. Wenn also die Fußsohle parallel zum Boden steht, kann das Metatarsale V nicht auch parallel zum Boden stehen. Für die Goniometrie bedeutet dies, daß die beiden Referenzlinien nicht untereinander austauschbar verwendet werden dürfen. Jede einzelne Referenzlinie kann für sich genommen verwendet werden, man wird jedoch zu unterschiedlichen Ergebnissen kommen.

59. Verwenden Sie diese Übung, um ein Gefühl für physiologische Bewegungsausmaße zu bekommen.

60. Bei den meisten Menschen werden Sie bei Knieflexion mehr Dorsalflexion feststellen können. Durch die Knieflexion wird der M. gastrocnemius entspannt und schränkt die Dorsalflexion nicht mehr ein. Wenn das Kniegelenk gestreckt ist und das Sprunggelenk gleichzeitig dorsalflektiert wird, kann der M. gastrocnemius passiv insuffizient werden.

7 Schulter

Knochenlehre der Schulter

Der Schulterkomplex ermöglicht der oberen Extremität einen großen Bewegungsspielraum, was jedoch auf Kosten der Stabilität geht. Die Gelenkverbindungen sind locker, wodurch die Knochen ein großes Bewegungsausmaß erhalten.

1. Welche Knochen gehören zum Schulterkomplex? (Ignorieren Sie vorerst die Rippen)

2. Suchen Sie folgende Strukturen an einem Skelett auf, und palpieren Sie dann so viele wie möglich an Ihrem Partner. Kennzeichnen Sie alle in Abb. 7.**1** - 7.**3**.

Scapula
Angulus inferior
Angulus superior
Margo medialis
Margo lateralis
Processus cocacoideus
Spina
Fossa glenoidalis
Tuberculum infraglenoidale
Tuberculum supraglenoidale
Acromion

Clavicula
Pars sternalis
Pars acromialis
ventrale Konkavität

Humerus
Caput
Collum anatomicum
Collum chirurgicum
Tuberculum majus
Tuberculum minus
Sulcus intertubercularis
Tuberositas deltoidea

Sternum
Incisura jugularis
Processus xyphoideus

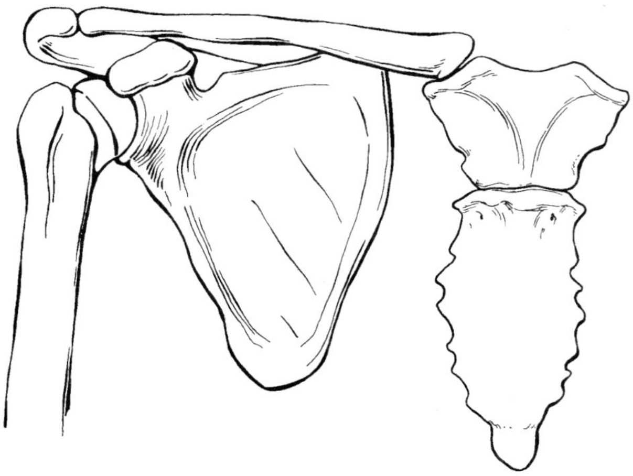

Abb. 7.1

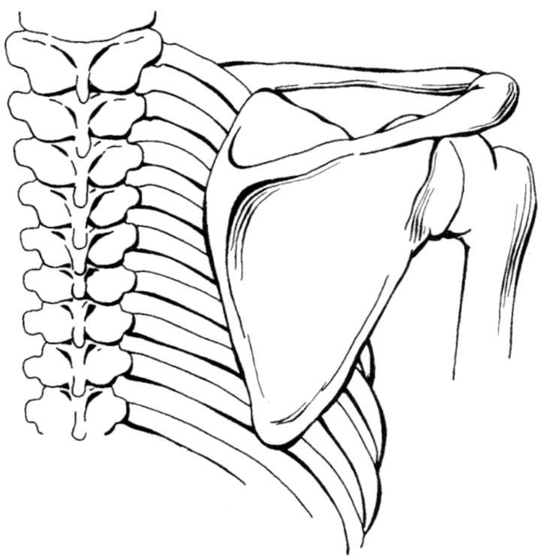

Abb. 7.2

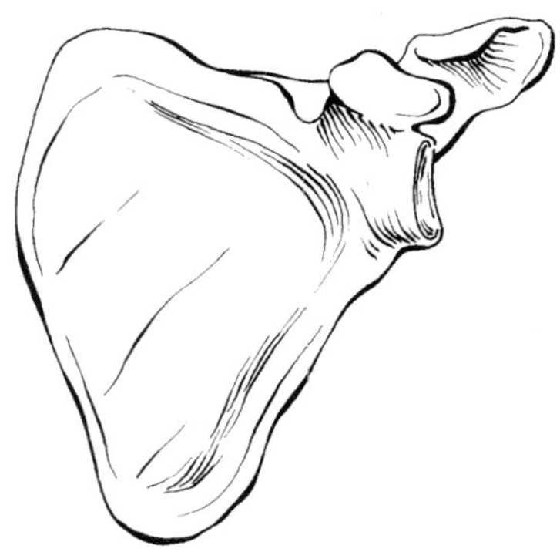

Abb. 7.3

3. Beschreiben Sie die Ausrichtung der Oberfläche der Fossa glenoidalis im Verhältnis zum Rumpf, wenn der Schultergürtel sich in Ruhestellung befindet. Sie benötigen unter Umständen ein präzise gelenkig verbundenes Skelett für diesen Zweck.

4. Diskutieren Sie die Kongruenz des Humeruskopfes und der Fossa glenoidalis. Tip: Sehen Sie sich Größe und Form der beiden Knochen genau an. Ihre Diskussion sollte auch die Beziehung zwischen Kongruenz und Stabilität des Glenohumeralgelenkes berücksichtigen.

Gelenklehre des Schulterkomplexes

Die Gelenke des Schulterkomplexes sind:
Diarthrosen:
Articulatio sternoclavicularis
Articulatio acromioclavicularis
Articulatio glenohumeralis
Funktionelle Gelenke:
Skapulothorakalgelenk
Korakoakromialer Bogen
Füllen Sie die unten angeführten Listen mit den notwendigen Daten über diese Gelenke aus.

Articulatio sternoclavicularis

5. Geben Sie Gelenkart, mögliche Bewegungen und deren Bewegungsausmaße an. Wie werden die Bewegungen benannt?

6. Benennen Sie jedes der folgenden Bänder in Abb. 7.**4**:
Lig. interclaviculare
Lig. costoclaviculare
Lig. sternoclaviculare anterius

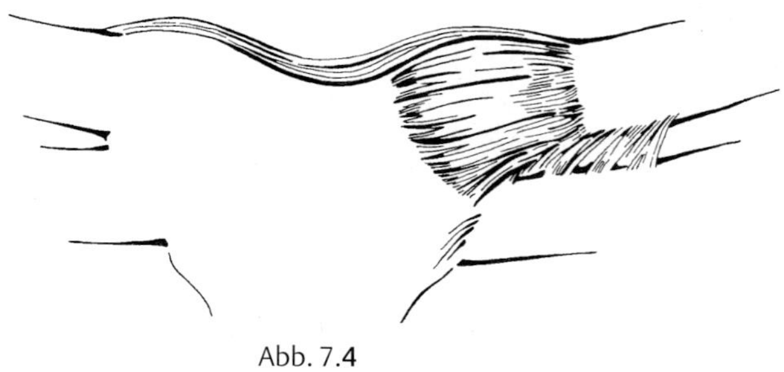

Abb. 7.**4**

7. Beschreiben und diskutieren Sie die Funktion des Discus articularis im Sternoklavikulargelenk.

8. Geben Sie die Funktion (Bewegungskontrolle oder Stabilisation) jedes mit dem Sternoklavikulargelenk verbundenen Bandes an.

a. Lig. interclaviculare

b. Lig. costoclaviculare

c. Ligg. sternoclaviculare anterius et posterius

9. Führen Sie folgende Bewegungen des Schlüsselbeins zunächst selbst aus, und beobachten Sie sie dann an einem Partner. Beachten Sie, welche Skapula- oder Extremitätenbewegungen notwendig waren, um die Schlüsselbeinbewegung zu ermöglichen.

   a. Elevation

   b. Depression

   c. Protraktion

   d. Retraktion

   e. Rotation

Articulatio acromioclaviculare

10. Geben Sie die Gelenkart, die möglichen Bewegungsrichtungen sowie deren Bewegungsausmaße an. Geben Sie eine Beschreibung der Skapulabewegungen im Akromioklavikulargelenk in Ihren eigenen Worten.

11. Kennzeichnen Sie folgende Bänder in Abb. 7.**5**:
    Lig. coracoclaviculare
    Lig. acromioclaviculare
    Lig. coracoacromiale

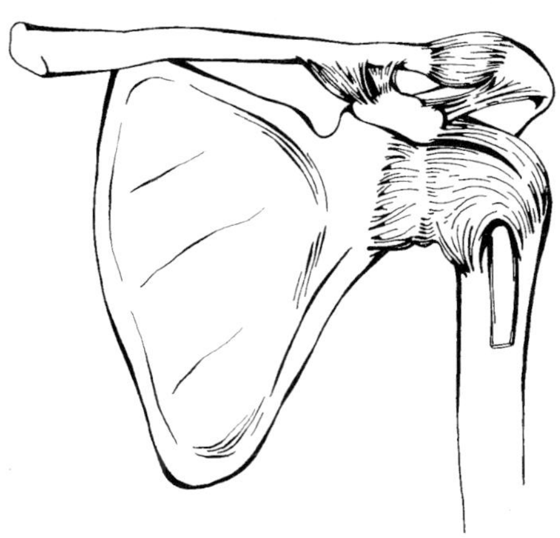

Abb. 7.**5**

12. Geben Sie die Funktion (Bewegungskontrolle oder Stabilisation) jedes mit dem Akromioklavikulargelenk verbundenen Bandes an.
   a. Lig. coracoclaviculare
      Pars conoideum

      Pars trapezoideum

   b. Lig. acromioclaviculare

   c. Lig. coracoacromiale

Articulatio glenohumerale

13. Geben Sie Gelenkart, mögliche Bewegungen und deren Bewegungsausmaße an.

14. Kennzeichnen Sie in Abb. 7.**5** unter Aufgabe 11. die folgenden Bänder:
    Lig. glenohumerale
    Lig. coracohumerale

15. Suchen Sie sich einen Partner mit entblößtem Rücken. Fixieren Sie die rechte Skapula mit Ihrer rechten Hand am Margo lateralis, so daß sie sich bei einer Abduktion oder Flexion des Humerus im Schultergelenk nicht mitbewegen kann. Jetzt bitten Sie Ihren Partner, den Humerus im Schultergelenk zu abduzieren. Vergewissern Sie sich, daß die Skapula sich nicht mitbewegt. Jetzt bitten Sie Ihren Partner, den Humerus im Schultergelenk zu flektieren. Stellen Sie wieder sicher, daß die Skapula sich nicht mitbewegt.
    Wiederholen Sie die Bewegungen, ohne die Skapula zu fixieren.
    Nun drücken Sie Ihre Hand flach auf das Schulterblatt, so daß der untere Schulterblattwinkel in Kontakt mit der Brustwand bleibt. Bitten Sie Ihren Partner, den Humerus im Schultergelenk nach innen zu rotieren. Wiederholen Sie diese Bewegung ohne Fixierung.
    Beschreiben Sie die Unterschiede im Bewegungsausmaß bei den verschiedenen Bewegungen.

16. Beschreiben Sie die Bewegung des Humeruskopfes in der Fossa glenoidalis bei der Abduktion des Humerus im Schultergelenk.

17. Welche Kräfte verhindern, daß der Humeruskopf bei der Abduktion im Schultergelenk nach ventral aus der Gelenkpfanne herausrollt?

18. Bei dieser Übung ist es am günstigsten, wenn Ihr Partner auf dem Rücken liegt. Ihr Partner sollte keine Instabilität im Schultergelenk haben. Bringen Sie das Schultergelenk, das am Rand der Behandlungsbank liegt, in Abduktion und Außenrotation. Halten Sie den linken Ellenbogen, der in einem spitzen Winkel gebeugt ist, mit Ihrer linken Hand. Die Fingerspitzen Ihrer rechten Hand liegen dorsal des Humeruskopfes, so daß Sie ihn nach ventral drücken können, und unterstützen Sie den Unterarm Ihres Partners mit Ihrem rechten Unterarm. Sie testen jetzt das Schultergelenk auf eine ventrale Instabilität. Um den Test durchzuführen, abduzieren Sie den Humerus 60° von der Rumpfwand; dann drücken Sie den Humerus gelenknah mit den Fingern Ihrer rechten Hand nach ventral, während Sie gleichzeitig den Humerus mit Ihrer linken Hand transversal adduzieren, so daß der Unterarm Ihres Partners auf Ihrem rechten Unterarm zu liegen kommt. Bringen Sie den Humerus jetzt zurück in die 60° abduzierte Stellung, und bewegen Sie ihn weiter bis 90° Abduktion. Wiederholen Sie den Vorgang der transversalen Adduktion mit gleichzeitigem Druck des Humeruskopfes nach ventral. Gehen Sie wiederum in die Ausgangsstellung zurück, und wiederholen Sie den Vorgang aus 120° Abduktion. Wenn das Gelenk instabil ist, dann spüren Sie bei der transversalen Adduktion, wie der Humerus zurück in die Gelenkpfanne rutscht. Das bedeutet, daß Ihr Druck ausgereicht hat, um den Kopf zumindest ein wenig aus der Pfanne herauszubewegen. Wir hoffen, daß die Schulter Ihres Partners kein solches Ausmaß an Instabilität aufgewiesen hat. Welche passiven Strukturen verhindern eine übermäßige Ventralverschiebung des Humeruskopfes in den unterschiedlichen Ausgangsstellungen (60°, 90°, 120° Abduktion)?

19. Nennen Sie den wichtigsten Schleimbeutel des Schultergelenkes bei der Abduktion des Humerus, und geben Sie seine wichtigste Funktion an.

20. Nennen Sie die Anheftungen der Gelenkkapsel des Schultergelenks. Beschreiben Sie die außergewöhnlichen Eigenschaften und deren funktionelle Konsequenzen.

Articulatio scapulothoracalis

21. Benennen Sie die Bewegungen des Schulterblattes, geben Sie alle Synonyme der Bewegungen, die Ihnen bei der Lektüre verschiedener Quellen (Lehrbuch der Bewegungslehre, der Anatomie, der Muskelfunktionstests und der Gelenkmessung) begegnen.

22. Beschreiben Sie in Ihren eigenen Worten den skapulothorakalen Rhythmus.

23. Welches der Gelenke des Schulterkomplexes ist die einzige knöcherne Verbindung des Schultergürtels mit dem Rumpf?

Muskellehre des Schulterkomplexes

Verwenden Sie die folgenden Listen, um Ursprung, Ansatz, Nervenversorgung und Funktion der Schultermuskeln zu lernen. Zeichnen Sie jeden der genannten Muskeln in die Abbildungen ein, und vervollständigen Sie die Informationen im Text.

U: Ursprung
A: Ansatz
N: Innervation (Rückenmarksebene und peripherer Nerv)
B: Beziehung zur Bewegungsachse
F: Funktion

24. M. pectoralis major
U: Ventralfläche der Klavikula, Sternum
A: Tuberculum majus humeri
N: N. pectoralis medialis und lateralis (C5, C6, C7, C8, Th1)
B: Die Fasern verlaufen schräg und quer; medial oder kaudal der Abduktions-/Adduktionsachse; ventral und winden sich längs der Innenrotationsachse; medial der Achse für Transversalabduktion/-adduktion
F: Adduktion, Transversaladduktion und Innenrotation des Humerus im Schultergelenk

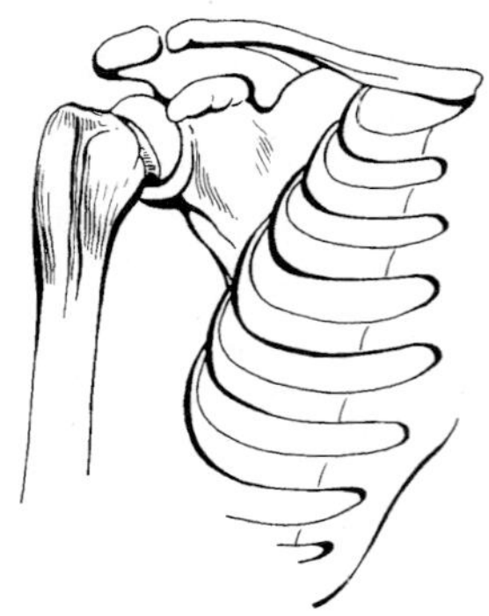

Abb. 7.6

25. M. pectoralis minor
U:
A:
N: N. pectoralis medialis (C6, C7, C8, Th1)
B: Die Fasern verlaufen nach kranial und schräg von medial nach lateral
F: Skapularotation nach kaudal und Ventralkippen

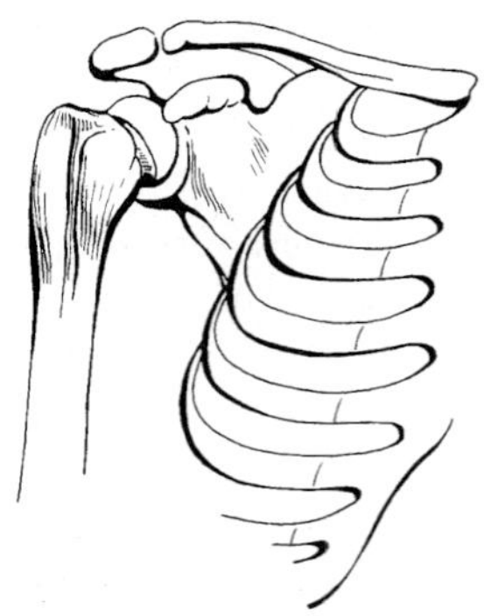

Abb. 7.6

26. M. serratus anterior
    U: kranialer Rand der ersten 8-9 Rippen
    A:
    N:
    B: verläuft von ventral am Thorax nach dorsal an den medialen Schulterblattrand
    F: Skapulaabduktion (Protraktion); Rotation der Skapula nach kranial

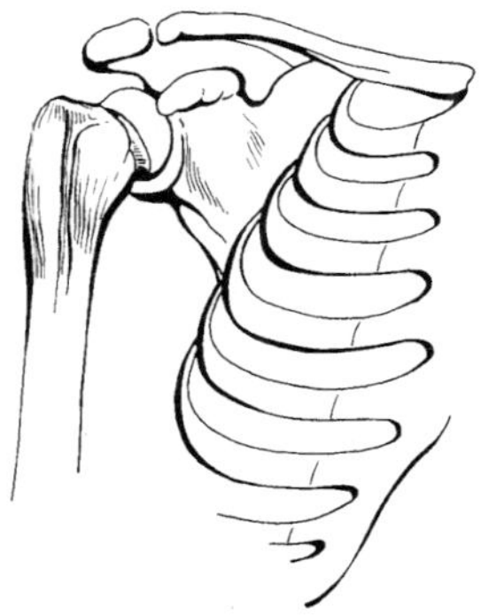

Abb. 7.6

27. M. coracobrachialis
    U: Processus coracoideus
    A: mittleres Drittel der medialen Fläche des Humerusschafts
    N: N. musculocutaneus
    B:
    F: Flexion und wenig Adduktion des Humerus im Schultergelenk

28. M. subscapularis
    U: Fossa subscapularis
    A:
    N: N. subscapularis (C5, C6)
    B:
    F: Innenrotation des Humerus im Schultergelenk; unterstützt die Stabilisation des Humeruskopfes in der Gelenkpfanne bei der Elevation des Armes

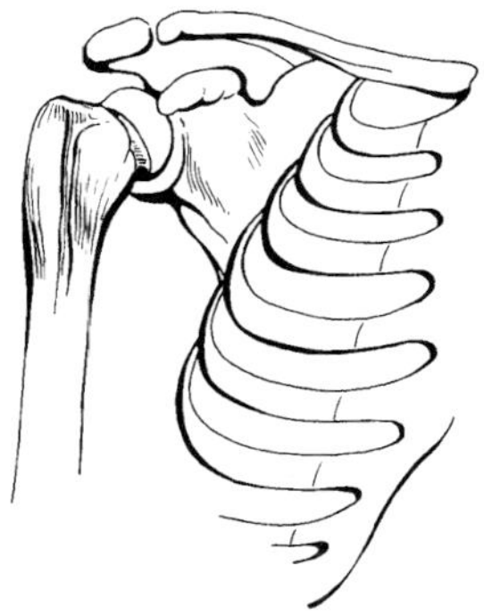

Abb. 7.6

29. M. supraspinatus
    U: Fossa supraspinata
    A:
    N: N. suprascapularis (C4, C5, C6)
    B:
    F: Abduktion des Humerus im Schultergelenk; stabilisiert den Humeruskopf in der Gelenkpfanne bei der Elevation

30. M. teres minor
    U:
    A: unterster Punkt des Tuberculum majus humeri
    N:
    B: Fasern verlaufen schräg vom Ursprung zum Ansatz; winden sich posterolateral um die Longitudinalachse
    F: Außenrotation und Extension des Humerus im Schultergelenk; stabilisiert den Humeruskopf in der Gelenkpfanne bei der Elevation

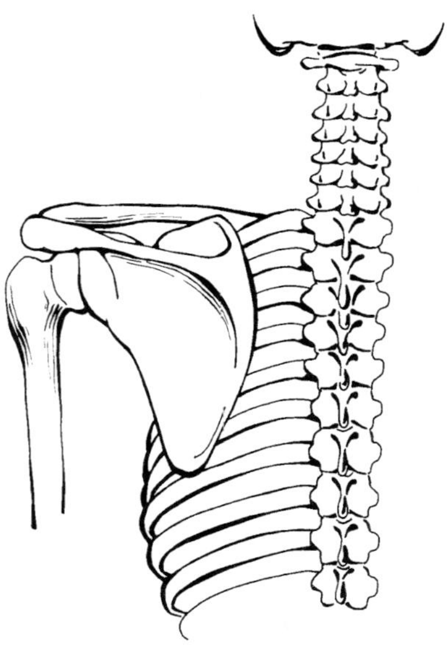

Abb. 7.7

31. M. infraspinatus
U:
A: Mitte des Tuberculum majus humeri
N: N. suprascapularis (C4, C5, C6)
B:
F: Außenrotation des Humerus im Schultergelenk; stabilisiert den Humeruskopf in der Gelenkpfanne bei der Elevation

32. M. teres major
U:
A: Crista tuberculi minoris
N: N. subscapularis (C5, C6, C7)
B:
F: Extension, Adduktion, Innenrotation des Humerus im Schultergelenk

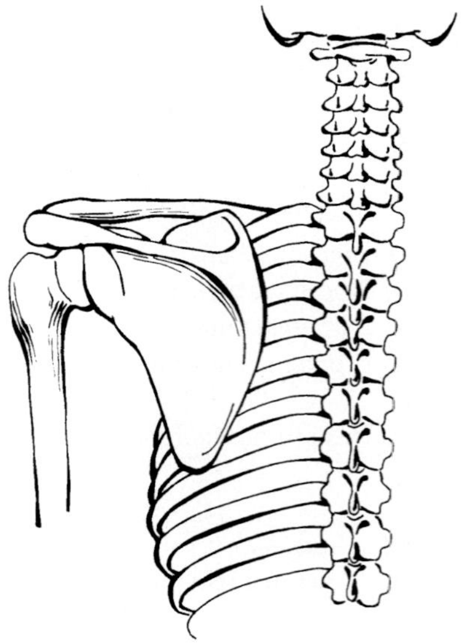
Abb. 7.7

33. M. levator scapulae
U: Querfortsätze der Wirbel C1-C4
A:
N: N. dorsalis scapulae (C3, C4)
B: leicht schräger Verlauf von kranio-medial nach kaudal-lateral
F: Skapulaelevation

34. M. rhomboideus
U:
A:
N: N. dorsalis sacpulae (C4, C5)
B:
F: Skapularetraktion (Adduktion) mit Kaudalrotation

35. M. latissimus dorsi
U:
A:
N: N. thoracodorsalis (C6, C7, C8)
B: Fasern verlaufen von kaudal nach kranial, von medial nach lateral; dorsal der Flexions-/Extensionsachse; medial der Ab-/Adduktionsachse
F: Extension, Innenrotation, Adduktion des Humerus im Schultergelenk

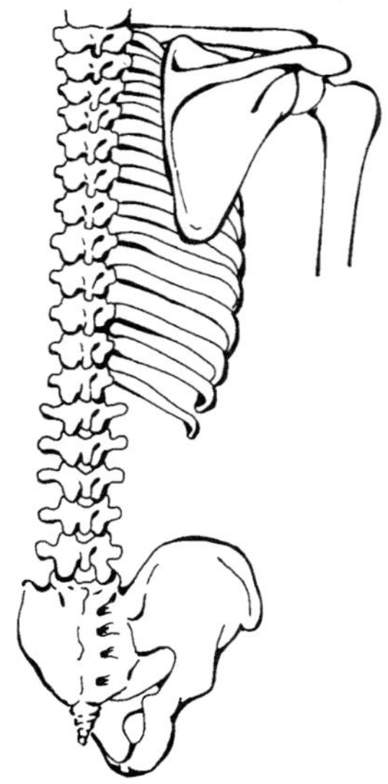

Abb. 7.8

36. M. deltoideus
U:
A: Tuberositas deltoidea
N:
B: **Pars clavicularis**: verlaufen leicht schräg von kranial nach kaudal; ventral der Flexions-/Extensionsachse
Pars spinalis: verlaufen leicht schräg von kranial nach kaudal; dorsal der Flexions-/Extensionsachse
Pars acromialis: verlaufen gerade von kranial nach kaudal; lateral (oder kranial) der Ab-/Adduktionsachse
F: **Pars clavicularis**: Flexion und transversale Adduktion des Humerus im Schultergelenk
Pars spinalis: Extension und transversale Abduktion des Humerus im Schultergelenk
Pars acromialis: Abduktion des Humerus im Schultergelenk

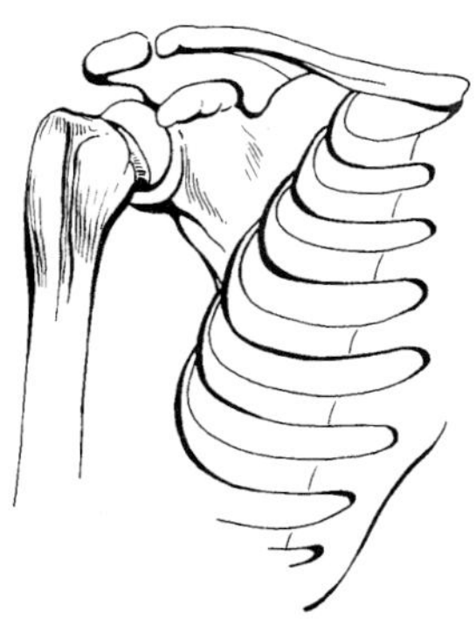

Abb. 7.6

37. M. trapezius

U: **Pars descendens**: Protuberantia occipitalis externa bis mediales Drittel der Linea nuchae, Lig. nuchae, Processus spinosus Th7
Pars transversa: Procc. spinosi Th 1-5
Pars ascendens: Procc. spinosi Th 6-12

A: **Pars descendens**: laterales Drittel des Schlüsselbeins bis zum Acromion
Pars transversa: Acromion und Spina scapulae
Pars descendens: Spina scapulae medialer Anteil

N:

B:

F:

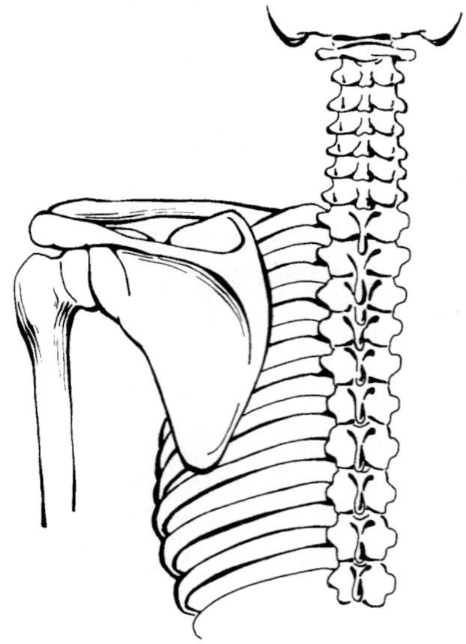

Abb. 7.7

38. Um den Arm präzise im Raum bewegen zu können, muß er von einer stabilen Basis aus bewegt werden, in diesem Fall von einer stabilisierten Scapula aus. Listen Sie die Muskeln auf, die die Scapula am Rumpf fixieren.

39. Stellen Sie eine Liste der Muskeln auf, die ein Kaudalgleiten des Humeruskopfes in der Gelenkpfanne verursachen können. Welche dieser Muskeln nehmen aktiv an der Elevation des Humerus teil?

40. Welche der Skapulastabilisatoren können eine Kranialrotation der Skapula auslösen?

41. Welche Muskeln können sowohl eine Bewegung im Schultergelenk als auch eine Bewegung im Ellenbogengelenk in der offenen kinematischen Kette auslösen?

42. Geben Sie in der folgenden Liste den Muskel an, der am wahrscheinlichsten Antagonist des genannten Muskels ist:

a. M. deltoideus pars spinalis ______

b. M. serratus anterior ______

c. M. rhomboideus ______

d. M. teres major ______

e. M. pectoralis minor ______

Anwendungen

43. Untersuchen Sie an einem Skelett mit gelenkigen Verbindungen das Verhältnis von Tuberculum majus und Akromion bei der Abduktion ohne Rotation des Humerus im Schultergelenk. Wie verändert sich dieses Verhältnis, wenn der Humerus bei der Abduktion nach innen rotiert wird? Wie, wenn er außenrotiert wird?

44. Legen Sie Ihren Partner in Rückenlage auf die Behandlungsbank mit dem Schultergelenk an der Kante. Stehen Sie seitlich nahe der Schulter, und unterstützen Sie den Arm Ihres Partners, indem Sie seine Hand halten. Versuchen Sie, Ihren Partner so zu entspannen, daß Sie ohne Beteiligung der Muskulatur den Arm passiv endgradig bewegen können. Beachten Sie, daß der Humerus so hoch gehalten werden muß, daß er die Behandlungsbank nicht mehr berührt. Nun bewegen Sie den Arm passiv in endgradige Abduktion. Bewegen Sie den Arm sehr langsam, so daß die Bewegung ohne Einsatz der Muskulatur erfolgt. Zu Beginn der Bewegung zeigt die Ventralfläche des Armes nach oben. Am Ende der Bewegung zeigt die Medialfläche des Armes nach oben (zur Decke).
Beschreiben Sie die Bewegung des Humerus in der Gelenkpfanne, die Sie beobachtet haben. Erklären Sie, wie diese Bewegung zustande kam, unter Berücksichtigung, daß die Bewegung vollständig passiv war und Sie eine reine Abduktion durchführen wollten. Tip: Untersuchen Sie den Verlauf der Fasern der Gelenkkapsel.

45. Lassen Sie Ihren Partner eine aktive Extension des Humerus im Schultergelenk so durchführen, daß der M. triceps diese Bewegung mit der größtmöglichen Spannung und im größtmöglichen Bewegungsausmaß unterstützen kann. Welches Prinzip haben Sie gerade demonstriert?

46. Ihr Partner hat die Funktion des 11. Hirnnervs verloren. Testen Sie die Muskeln, die davon direkt betroffen sind, und die Schultergelenksbewegung, die sekundär davon betroffen ist.

47. Die Umkehr des Punktum fixum und des Punktum mobile bedeutet, daß sich der Muskelursprung auf den Muskelansatz zubewegt. Somit wird der Ansatz zum Fixpunkt. Das gilt auch für Muskeln, deren Ursprung am Rumpf und deren Ansatz an einer Extremität liegen. Um das zu demonstrieren, vertauschen Sie bei folgenden Muskeln Punktum fixum und mobile:
    a. M. latissimus dorsi
    b. M. trapezius pars ascendens
    c. M. pectoralis major kaudale Fasern

    Welche klinische Bedeutung hat die Fähigkeit, Punktum fixum und mobile dieser Muskeln zu vertauschen?

48. Untersuchen Sie den skapulohumeralen Rhythmus Ihres Partners, und entscheiden Sie, ab welchem Bewegungsausmaß das Schulterblatt sich bei der aktiven Abduktion des Humerus im Schultergelenk mitbewegt. Messen Sie das Bewegungsausmaß mit einem Goniometer. Lassen Sie Ihren Partner den entsprechenden Wert auch bei Ihnen feststellen, und vergleichen Sie die beiden Werte. Sind sie gleich oder unterschiedlich? Wie verhalten sie sich zu Standardwerten aus der Literatur?

49. Fixieren Sie Ihr Schultergelenk aktiv (muskulär), so daß keine Bewegung im Schultergelenk stattfinden kann. Jetzt bewegen Sie Ihren Arm vom Rumpf weg. Mit Hilfe welcher Bewegungen konnten Sie diese Aufgabe lösen, ohne das Schultergelenk einzusetzen? Welche Konsequenzen hat diese Beobachtung für die präzise Messung der Muskelkraft und des Bewegungsausmaßes an der Schulter?

50. Stellen Sie den Arm so ein, daß der M. triceps in maximaler Dehnstellung ist.

51. Stellen Sie den Arm so ein, daß der lange Kopf des M. biceps in maximaler Dehnstellung ist.

52. Stellen Sie den Arm so ein, daß Sie das Tuberculum majus palpieren können. Welche Sehne liegt jetzt sehr oberflächlich und kann in dieser Position gut therapiert werden?

53. Welches Gelenk wird durch das Lig. costoclaviculare primär beeinflußt? Welche Wirkung hat ein Riß des Bandes auf dieses Gelenk?

54. Eine Verklebung des ventralen Anteils der Schultergelenkskapsel schränkt die Außenrotation des Humerus im Schultergelenk ein. Welche andere Bewegung kann durch die limitierte Außenrotation noch eingeschränkt sein? Warum?

55. Die Funktion welcher Muskeln wird durch eine Fraktur des Tuberculum majus direkt beeinträchtigt? Sind diese Muskeln deutlich geschwächt, welche Schulterbewegungen sind betroffen und welche funktionellen Aktivitäten beinträchtigt?

56. Untersuchen Sie die Anatomie des Schultergelenks, und entscheiden Sie, welche Strukturen bei einer Luxation des Gelenks nach ventral und kaudal am stärksten beeinträchtigt wären. Welche zwei Muskeln verstärken das Gelenk ventral? Welcher der beiden ist stärker?

57. Beschreiben Sie die beiden Kräftepaare des Schultergürtels, die die Elevation des Armes über den Kopf unterstützen. Geben Sie an, welche Muskeln an den Muskelschlingen beteiligt sind und welche Funktion jedes der Kräftepaare hat.

Antworten zu Schulter

1. Der Schulterkomplex wird aus 7 verschiedenen Knochen gebildet:
   2 Schulterblätter (Scapula)
   2 Schlüsselbeine (Clavicula)
   2 Oberarmknochen (Humerus)
   1 Brustbein (Sternum)

2. Die ersten acht Skapulastrukturen, die letzten vier Humerusstrukturen und alle Schlüssel- und Brustbeinstrukturen sollten palpiert werden können. Überprüfen Sie Ihre Antwort anhand eines Lehrbuchs, und fragen Sie eine Lehrkraft.

3. Die Fossa glenoidalis zeigt nach ventral, lateral und kranial, wenn der Schultergürtel in der Ruhestellung ist.

4. Der Humeruskopf ist unverhältnismäßig groß im Vergleich zur Gelenkpfanne; die Gelenkpfanne ist sehr flach. Beide Tatsachen führen zu einem sehr instabilen Gelenk, das auf die Stabilisation von Bändern und Muskeln angewiesen ist.

5. Das Sternoklavikulargelenk ist ein flaches Synovialgelenk mit drei Freiheitsgraden. Die Bewegungen werden nach der Bewegung des distalen Endes des Schlüsselbeines benannt:
   Elevation und Depression
   Protraktion und Retraktion
   Rotation

6. Überprüfen Sie Ihre Antwort anhand eines Lehrbuchs, und fragen Sie eine Lehrkraft.

7. Die Gelenkzwischenscheibe (Discus articularis) des Sternoklavikulargelenks ist kranial mit der Klavikula und kaudal mit dem Sternum verbunden, es gewährleistet eine eingeschränkte Kongruenz in dem ansonsten hochgradig inkongruenten Sternoklavikulargelenk. Sie liegt zwischen dem medialen Ende des Schlüsselbeins und dem Brustbein und ermöglicht einen gewissen Kontakt zwischen dem medialen Ende der Klavikel und dem Sternum.

8. a. Das Lig. interclaviculare schränkt die Skapulaelevation ein.
   b. Das Lig. costoclaviculare schränkt die Protraktion, Retraktion und die Rotation der Klavikel ein.
   c. Die Ligg. sternoclaviculare dorsalis und ventralis verstärken die Gelenkkapsel und schränken die ventral-dorsal Bewegung des medialen Endes des Schlüsselbeins ein, da die Protraktions-/Retraktionsachse durch das Lig. costoclaviculare verläuft.

9. a. Elevation des Schlüsselbeins geht mit Skapulaelevation einher.
   b. Depression des Schlüsselbeins geht mit Skapuladepression einher.
   c. Protraktion des Schlüsselbeins geht mit Skapulaabduktion einher.
   d. Retraktion des Schlüsselbeins geht mit Skapulaadduktion einher.
   e. Rotation des Schlüsselbeins kommt nach einer vollständigen Elevation der Klavikel zustande und wird von einer Kranialrotation der Skapula begleitet.

10. Das Akromioklavikulargelenk ist ein flaches Synovialgelenk mit drei Freiheitsgraden. Zu den Schulterblattbewegungen gehören die Rotation in der Frontalebene, Flügelbewegungen in der Horizontalebene und Kippen in der Sagittalebene.

11. Überprüfen Sie Ihre Antwort anhand eines Lehrbuchs, und fragen Sie eine Lehrkraft.

12. a. Das Lig. coracoacromiale verstärkt die Articulatio acromioclaviculare, da es das Schlüsselbein am Proc. coracoideus festhält. Die Pars trapezoideum zieht die Klavikel in Dorsalrotation bei der Kranialrotation der Skapula während der Elevation des Armes über 90°.
    b. Das Lig. acromioclaviculare erhält die Stellung der Gelenkflächen zueinander und verhindert die Luxation der Klavikel nach dorsal gegen das Akromion.
    c. Das Lig. coracoacromiale schließt das Schulterdach und verhindert die Luxation des Humeruskopfes nach kranial.

13. Das Glenohumeralgelenk ist ein Kugelgelenk mit drei Freiheitsgraden.

14. Überprüfen Sie Ihre Antwort anhand eines Lehrbuchs, und fragen Sie eine Lehrkraft.

15. In allen Fällen, in denen Sie die Schulterblattbewegung manuell eingeschränkt haben, wird die Humerusbewegung geringer ausfallen als erwartet. Für eine endgradige Schultergelenksbewegung ist eine gleichzeitige Bewegung des Schulterblattes notwendig.

16. Eine Abduktion des Humerus im Schultergelenk führt zu einem Kranialrollen und Kaudalgleiten des Humeruskopfes in der Gelenkpfanne.

17. Die kaudal gerichteten Kräfte der Rotatorenmanschettenmuskeln arbeiten gegen das Kranialrollen des Humeruskopfes.

18. a. Die Ligg. glenohumeralia superior, inferior und medialis gewährleisten die Stabilisation in 60°, 90° und 120° Abduktion, vorausgesetzt, daß der Patient entspannt ist. Sie benötigen einen sehr guten Atlas der Anatomie, in dem die Bänder deutlich gekennzeichnet sind, um diese Information nachzuvollziehen.

19. Die Bursa subacromialis/subdeltoidea ist ein Synovialsack mit einer möglichen Ausdehnung von unterhalb des Akromions bis zur Seite des Humerus. Sie liegt auf der Sehne des M. supraspinatus und unter dem M. deltoideus. Sie gewährleistet das Gleiten des Tuberculum majus unter das Akromion bei der Humeruselevation.

20. Die Schultergelenkskapsel ist medial um die Fossa glenoidalis proximal des Labrum glenoidale angeheftet, erstreckt sich zur Wurzel des Processus coracoideus und umfaßt die proximale Anheftung des langen Bizepskopfes. Lateral reicht die Kapsel zum anatomischen Hals des Humerus und bildet eine Duplikatur entlang des Sulcus intertubercularis und schließt die Sehne des langen Bizepskopfes ein. Die Kapsel ist groß und locker. Damit gewährleistet sie einen großen Bewegungsspielraum. Der kaudale Anteil liegt in einer Falte, wenn der Humerus bei aufrechter Körperhaltung nach unten hängt. Dieser Anteil der Kapsel ist am schwächsten.

21. Zu den Bewegungen der Skapula gehören die Elevation, Depression, Abduktion (Protraktion), Adduktion (Retraktion), Kranialrotation, Kaudalrotation, Ventralkippen, Dorsalkippen und die Flügelbewegung (das Abheben des Margo medialis von der Rumpfwand).

22. Da Sie in Ihren eigenen Worten beschreiben sollten, ist es an dieser Stelle nicht möglich, eine richtige Antwort zu geben. Die Beschreibung sollte jedoch die Aspekte der Schultergelenkselevation in Verbindung mit der Skapulaaußenrotation, die Humerusabsenkung in Verbindung mit der Skapulakaudalrotation sowie das Verhältnis zwischen Skapula- und Humerusbewegung beeinhalten. Die Wirkung der Skapulabewegung auf das Längen-Spannungs-Verhältnis des M. deltoideus sollte ebenfalls erwähnt werden sowie auch die Wirkung auf die Kongruenz des Humeroskapulargelenks.

23. Das Sternoklavikulargelenk ist die einzige knöcherne Verbindung des Schultergürtels mit dem Rumpf.

24. M. pectoralis major, alle weiteren Informationen werden im Text gegeben.

25. M. pectoralis minor
U: ventral und kranial an den Rippen 2-5
A: Processus coracoideus
N: N. pectoralis nedialis (C6, C7, C8, Th1)
B: Die Fasern verlaufen nach kranial und schräg von medial nach lateral
F: Depression und Ventralkippen der Skapula

26. M. serratus anterior
U: außen am kranialen Rand der ersten 9 Rippen
A: Ventralfläche des Margo medialis scapulae

N: N. thoracicus longus (C5, C6, C7, C8)
B: verläuft von ventral am Brustkorb nach dorsal an die Margo medialis scapulae
F: Skapulaabduktion und -außenrotation

27. M. coracobrachialis
U: Processus coracoideus scapulae
A: mittleres Drittel der Medialfläche des Humerusschafts
N: N. musculocutaneus (C6, C7)
B: verläuft leicht schräg vom Ursprung zum Ansatz, ventral der Flexions-/Extensionsachse
F: Flexion des Humerus im Schultergelenk und leichte Adduktion

28. M. subscapularis
U: Fossa subscapularis
A: Tuberculum minus humeris und an der Gelenkkapsel
N: N. subscapularis (C5, C6)
B: verläuft leicht schräg vom Ursprung zum Ansatz, ventral der Rotationsachse des Humerus im Schultergelenk
F: Innenrotation des Humerus im Schultergelenk, unterstützt die Stabilisation des Humerus im Schultergelenk

29. M. supraspinatus
U: Fossa supraspinata
A: Tuberculum majus humeri, höchster Punkt
N: N. suprascapularis
B: verläuft horizontal vom Ursprung zum Ansatz, lateral der Ab-/Adduktionsachse
F: Abduktion des Humerus im Schultergelenk und Unterstützung der Stabilisation des Humeruskopfes in der Gelenkpfanne

30. M. teres minor
U: Margo lateralis scapulae
A: Tuberculum majus humeri, niedrigster Punkt
N: N. axillaris (C5, C6)
B: verläuft schräg nach kranial vom Ursprung zum Ansatz; windet sich posterolateral um die Longitudinalachse
F: Außenrotation und Extension des Humerus im Schultergelenk; unterstützt die Stabilisation des Humeruskopfes in der Gelenkpfanne bei der Elevation

31. M. infraspinatus
U: Fossa infraspinata
A: in der Mitte am Tuberculum majus humeri
N: N. suprascapularis (C4, C5, C6)
B: verläuft schräg nach kranial vom Ursprung zum Ansatz; windet sich lateral um die Longitudinalachse
F: Außenrotation des Humerus im Schultergelenk, unterstützt die Stabilisation des Humeruskopfes in der Gelenkpfanne bei der Schultergelenkselevation

32. M. teres major
U: Angulus inferior scapulae
A: distal des Tuberculum minus humeri dorsal vom M. latissimus dorsi
N: N. subscapularis (C5, C6, C7)
B: verläuft schräg nach kranial vom Ursprung zum Ansatz; windet sich von medial um die Longitudinalachse; medial der Ab-/Adduktionsachse; dorsal der Flexions-/Extensionsachse
F: Extension, Adduktion, Innenrotation des Humerus im Schultergelenk

33. M. levator scapulae
U: Processus transversi C1-4
A: Angulus superior scapulae

N: N. dorsalis scapulae (C3, C4)
B: verläuft leicht schräg von kranial-medial nach kaudal-lateral
F: Skapulaelevation und -rotation nach kaudal

34. Mm. rhomboidei
U: Processus spinosi C7-Th5
A: Margo medialis scapulae
N: N. dorsalis scapulae (C4, C5)
B: verläuft schräg von kranial nach kaudal; medial und dorsal der Ab-/Adduktionsachse der Skapula
F: Skapularetraktion (Adduktion) mit Rotation nach kaudal

35. M. latissimus dorsi
U: Processus spinosi Th 7-12, L 1-5, Os sacrum, Os ilium
A: Crista tuberculi minoris
N: N. thoracodorsalis (C6, C7, C8)
B: verläuft von kaudal-medial nach kranial-lateral; dorsal der Flexions-/Extensionsachse; windet sich medial um die Rotationsachse; medial der Ab-/Adduktionsachse
F: Extension, Innenrotation und Adduktion des Humerus im Schultergelenk

36. M. deltoideus
U: **Pars clavicularis**: laterales Drittel der Klavikula
Pars acromialis: Lateral- und Kranialfläche des Akromions
Pars spinalis: Spina scapulae
A: Tuberositas deltoidea humeri
N: N. axillaris (C5, C6)
B: **Pars clavicularis**; verläuft leicht schräg von kranial nach kaudal; ventral der Flexions-/Extensionsachse
Pars spinalis: verläuft leicht schräg von kranial nach kaudal; dorsal der Flexions-/Extensionsachse
Pars acromialis: verläuft gerade von kranial nach kaudal; lateral (oder kranial) der Ab-/Adduktionsachse
F: **Pars clavicularis**: Flexion und transversale Adduktion des Humerus im Schultergelenk
Pars spinalis: Extension und transversale Adduktion des Humerus im Schultergelenk
Pars acromialis: Abduktion des Humerus im Schultergelenk

37. M. trapezius
U: **Pars descendens**: Protuberantia occipitalis externa bis mediales Drittel der Linea nuchae, Lig. nuchae, Processus spinosus Th7
Pars transversa: Processus spinosi Th 1-5
Pars ascendens: Processus spinosi Th 6-12
A: **Pars descendens**: laterales Drittel des Schlüsselbeins bis zum Akromion
Pars transversa: Akromion und Spina scapulae
Pars ascendens: Spina scapulae medialer Anteil
N: N. accessorius (XI Hirnnerv)
B: **Pars descendens**: verläuft schräg nach lateral von kranial nach kaudal; kranial der Elevationsachse
Pars transversa: verläuft horizontal; medial der Ab-/Adduktionsachse
Pars ascendens: verläuft schräg nach lateral von kaudal nach kranial; kaudal der Depressionsachse
F: **Pars descendens**: Skapulaelevation, -außenrotation
Pars transversa: Skapularetraktion (Adduktion)
Pars descendens: Skapuladepression, -adduktion und -außenrotation

38. Die Haupfixatoren der Skapula am Rumpf sind diejenigen Muskeln, die sowohl an der Skapula als auch am Rumpf Anheftungen haben. Dazu gehören: M. trapezius (alle Anteile), M. levator scapulae, Mm. rhomboidei, M. serratus anterior, M. pectoralis minor.

39. Muskeln, die ein Kaudalgleiten des Humeruskopfes in der Pfanne auslösen können, sind solche, deren Zugrichtung von kaudal nach kranial und vom Schulterblatt oder vom Rumpf zum Humerus verläuft. Dazu gehören: M. latissimus dorsi, M. teres major, M. teres minor, M. infraspinatus, M. subscapularis sowie die sternalen Fasern des M. pectoralis major. An der Elevation beteiligt sind der M. teres minor, M. infraspinatus und der M. subscapularis.

40. Die Skapulafixatoren, die eine Außenrotation der Skapula bewirken, sind M. trapezius pars descendens und pars ascendens sowie der M. serratus anterior.

41. Die einzigen zweigelenkigen Muskeln an Schulter und Ellenbogen sind M. biceps brachii caput longum und M. triceps brachii caput longum.

42. a. M. deltoideus pars spinalis: M. deltoideus pars clavicularis, Antagonist der Humerusextension im Schultergelenk; M. pectoralis major, Antagonist der Transversalabduktion.
    b. M. serratus anterior: Mm. rhomboidei, Antagonisten der Skapulaabduktion und -außenrotation
    c. Mm. rhomboidei: M. serratus anterior, Antagonist der Skapulaadduktion und -rotation nach kaudal
    d. M. teres major: M. teres minor, Antagonist der Innenrotation des Humerus im Schultergelenk; M. deltoideus pars acromialis, Antagonist der Humerusadduktion im Schultergelenk; M. deltoideus pars clavicularis, Antagonist der Extension des Humerus im Schultergelenk
    e. M. pectoralis minor: M. trapezius pars ascendens, Antagonist des Ventralkippens der Skapula

43. Diese Übung soll einen optischen Bezug zur Biomechanik der Schultergelenksabduktion geben. Das Tuberculum majus stößt bei der reinen Abduktion des Humerus im Schultergelenk gegen das Akromion. Bei einer Innenrotation des Humerus im Schultergelenk kommt es sogar noch früher im Bewegungsausmaß zu diesem Zusammenstoß. Wird der Humerus nach außen rotiert, so vermeidet man das Anstoßen des Tuberculum majus an das Akromion vollständig.

44. In dieser Übung wird die Funktion der Gelenkkapsel bei der Abduktion des Humerus im Schultergelenk demonstriert. Sie gewährleistet mit die notwendige Außenrotation. Die Schüler werden dieses besser verstehen, wenn sie ein Anatomiebuch zur Hand nehmen, in dem der Faserverlauf der Gelenkkapsel genau dargestellt wird. Die Schüler üben außerdem ihre kinesthetische Wahrnehmung, wenn sie versuchen zu spüren, ob ihr Partner vollständig oder nur teilweise entspannt ist.

45. In dieser Übung wird demonstriert, wie zweigelenkige Muskeln ihre Kontraktionskraft über ein großes Bewegungsausmaß beibehalten können. Das kommt dadurch zustande, daß der Muskel sich über ein Gelenk verlängert, während er sich im anderen Gelenk verkürzt. Die Schüler sollten die funktionelle Bewegung von gleichzeitiger Schulterextension und Ellenbogenflexion erkennen. Bei dieser kombinierten Bewegung kommt es zu einer Verlängerung des langen Trizepskopfes über das Ellenbogengelenk, während er sich im Schultergelenk verkürzt. Dieser Bewegungsablauf wird benutzt, wenn man einen Gegenstand vom Boden aufhebt. Diese reziproke Beziehung der zweigelenkigen Muskeln wurde schon im Kapitel über das Hüftgelenk (Kapitel 4) mit den ischiokruralen Muskeln und dem M. rectus femoris besprochen. Beachten Sie, daß auch der M. biceps brachii bei der kombinierten Bewegung von Ellenbogenflexion mit Schultergelenksextension ein günstiges Längen-Spannungs-Verhältnis beibehält.

46. Primär müssen der M. trapezius und der M. sternocleidomastoideus getestet werden. Sekundär kommen die Muskeln hinzu, die mit dem M. trapezius in Beziehung stehen, da er ein Skapulafixator bei der Humeruselevation ist. Es muß jeder Muskel getestet werden, der an der Humeruselevation beteiligt ist.

47. Hier geht es wieder um die Umkehr von Punktum fixum und Punktum mobile. Distaler Anteil der Bewegung sind der Humerus und die Skapula, proximaler Anteil ist der Rumpf. Der Schüler fixiert den Humerus und die Skapula und hebt den Rumpf an. Ein Hochdrücken aus dem Sitzen kehrt bei allen Muskeln Punktum fixum und Punktum mobile um. Eine praktische Anwendung dieser Muskelfunktion ist beispielsweise das Gehen an Unterarmgehstützen oder das Umsetzen eines Rollstuhlfahrers.

48. In dieser Übung kann die Goniometrie des Schultergelenks, die Palpation der Gelenks- und Skapulabewegungen sowie das Erkennen der Variationsbreite des Normalen geübt werden. Es kann sein, daß es bei den Ergebnissen große Unterschiede gibt, so daß eine Diskussion über die Reliabilität und Validität der Goniometrie sowie der Präzision der Palpation und der Beobachtung entstehen kann.

49. In dieser Übung werden die häufigsten Ausweichbewegungen bei einem eingeschränkten Schultergelenksbewegungsausmaß oder einer Schwäche der Elevatoren des Schultergelenks gezeigt. Man wird wieder zu dem Ergebnis kommen, daß eine gute Fixation notwendig ist, um die Muskelfunktionstests der Schultergelenkselevatoren und Gelenkmessungen am Schultergelenk durchzuführen. Bei beiden Aktivitäten (Gelenkmessung und Muskeltest) ist es wichtig, eine isolierte Gelenkbewegung zu erhalten und nicht eine Bewegung des gesamten Schulterkomplexes.

50. Hier wird das Prinzip der Dehntests bzw. der Dehnung der zweigelenkigen Schultermuskeln geübt. Es wird außerdem die Gelenkstellung für die passive Insuffizienz der zweigelenkigen Muskeln gezeigt.

51. Siehe Aufgabe 50.

52. Das Tuberculum majus kann palpiert werden, wenn der Humerus im Schultergelenk extendiert und nach innen rotiert wird. Die Sehnen der Rotatorenmanschette sind in dieser Stellung auch am besten zugänglich.

53. Ein gerissenes Lig. costoclaviculare verändert die Protraktions-/Retraktionsachse und die Elevations-/Depressionsachse des Sternoklavikulargelenks. Außerdem können nun translatorische Kräfte von der Skapula direkt auf das SC-Gelenk wirken. Die erste Konsequenz wird sein, daß sich das sternale und das akromiale Ende der Klavikula in die gleiche anstatt wie physiologischerweise in die entgegengesetzte Richtung bewegen. Sekundär werden unphysiologische Belastungen und Beanspruchungen auf das Gelenk treffen.

54. Auch die Abduktion des Humerus im Schultergelenk wird eingeschränkt sein, da eine Außenrotation des Humerus für die endgradige Abduktion notwendig ist, damit das Tuberculum majus am Akromion vorbeigleitet.

55. Die meisten Muskeln der Rotatorenmanschetten werden beeinträchtigt sein. Dadurch werden Außenrotation, Abduktion und Elevation des Humerus im Schultergelenk betroffen sein. Die Rotation ist offensichtlich; die Wirkung auf die Abduktion und die Elevation, kommt zustande, weil die Rotatorenmanschette effektiv arbeiten muß, um gemeinsam mit dem M. deltoideus ein Kräftepaar zu bilden, damit eine starke Rotation des Hebels entstehen kann, in diesem Fall Elevation des Humerus. Sind die Gegenkräfte der Rotatorenmanschette nicht wirksam, wird der M. deltoideus mehr translatorisch als rotatorisch wirken.

56. Am wahrscheinlichsten ist bei einer ventrokaudalen Luxation die Verletzung der ventralen Kapselanteile, des M. subscapularis und der Sehne des langen Bizepskopfes. Andere Strukturen, die auch häufig mitverletzt werden, sind das Labrum glenoidale ventraler Anteil und oftmals der ventrale knöcherne Ring der Gelenkpfanne. Es handelt sich um die beiden Muskeln, die bereits genannt wurden, wobei der M. subscapularis eine größere Masse hat und wir deswegen annehmen, daß er eine größere Rolle bei der Stabilisation spielt als der lange Bizepskopf.

57. Die zwei Muskelschlingen des Schulterkomplexes sind die Schlinge für die Außenrotation der Skapula und die Muskelschlinge für die Humeruselevation. Die Muskelschlinge am Schulterblatt besteht aus dem M. trapezius pars ascendens und descendens und dem M. serratus anterior, wobei das Zentrum der Rotation innerhalb der Skapula liegt, jedoch im Verlauf des gesamten Bewegungsausmaßes an unterschiedlichen Positionen. Wenn alle Muskeln gemeinsam ziehen, kommt es zu einer Außenrotation der Skapula. Die Muskelschlinge des Humerus besteht aus dem M. deltoideus, der nach kranial zieht und der Rotatorenmanschette, die nach kaudal zieht, wobei das Zentrum der Rotation zwischen dem Tuberculum majus und der Tuberositas deltoidea liegt. Dieses Rotationszentrum gewährleistet eine gute Stabilisationskraft für den Humeruskopf in der Pfanne, so daß ein Einklemmungssyndrom durch eine Kompression des Tuberculum majus gegen das Akromion vermieden wird. Eine Rotation um diese Rotationsachse wird außerdem eine Elevation des Humerus im Schultergelenk hervorrufen.

8 Ellenbogengelenk und Unterarm

Knochenlehre des Ellenbogengelenks und des Unterarms

1. Finden Sie folgende Strukturen an Ihrem Mitschüler:
   - Epicondylus medialis und lateralis humeri
   - Linea supracondylaris medialis et lateralis
   - Olecranon
   - Fossa olecrani
   - Margo ulnaris antebrachii
   - Caput radii
   - N. ulnaris (im Ellenbogenbereich)
   - Muskelbäuche von:
   - M. pronator teres
   - M. flexor carpi radialis
   - M. palmaris longus
   - M. flexor carpi ulnaris
   - M. triceps brachii (alle drei Köpfe)
   - M. biceps brachii
   - M. brachialis
   - M. brachioradialis
   - M. extensor carpi radialis longus et brevis
   - M. extensor carpi ulnaris
   - Sehnen der Mm. biceps, brachialis und triceps
   - A. brachialis

2. Beschriften Sie die Knochenpunkte in Abb. 8.**1** - 8.**3**. Kennzeichnen Sie diejenigen mit einem Stern, die man palpieren kann. Prüfen Sie, ob Sie die mit einem Stern gekennzeichneten auch an Ihrem Partner palpieren können.

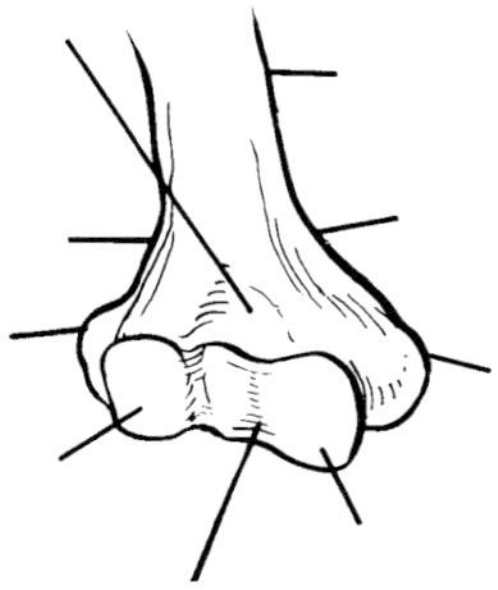

Abb. 8.**1**

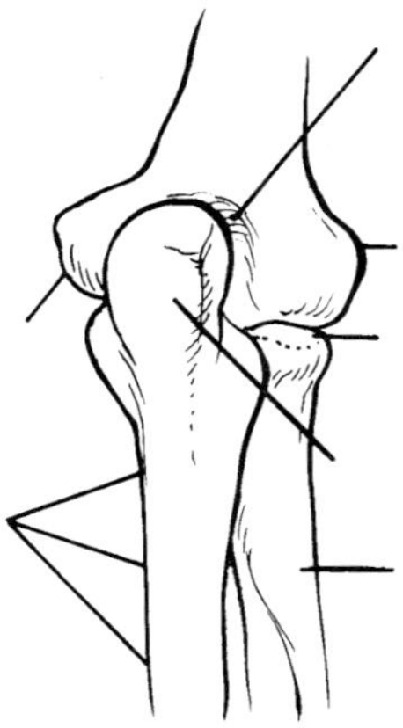

Abb. 8.**2**

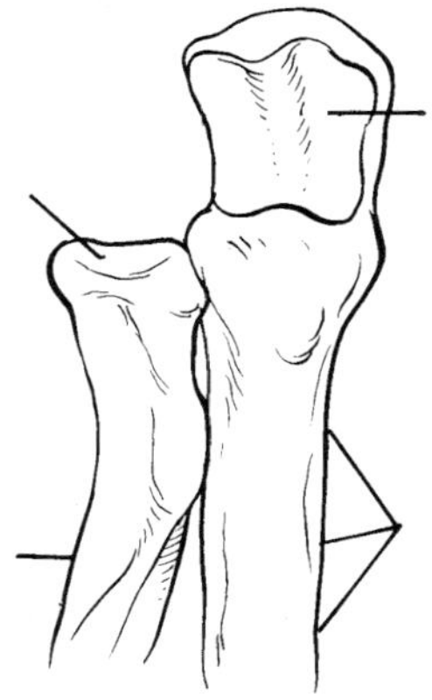

Abb. 8.**3**

Gelenklehre des Ellenbogengelenks und des Unterarms

3. Zeichnen Sie in Abb. 8.**4** - 8.**6** die Lig. annulare, Lig. collaterale radiale, Lig. collaterale ulnare und die Membrana interossea ein.

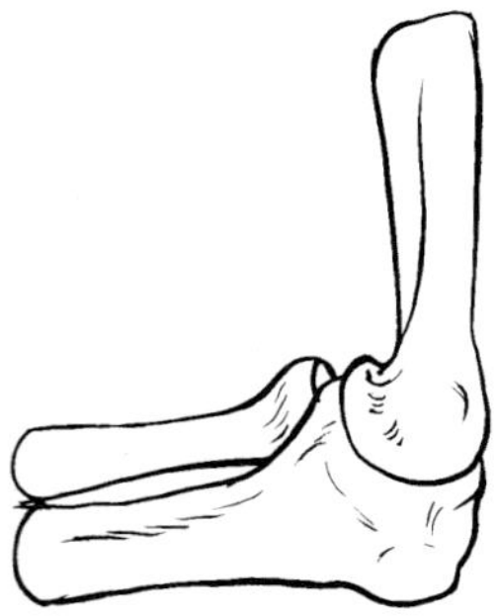

Abb. 8.**4**

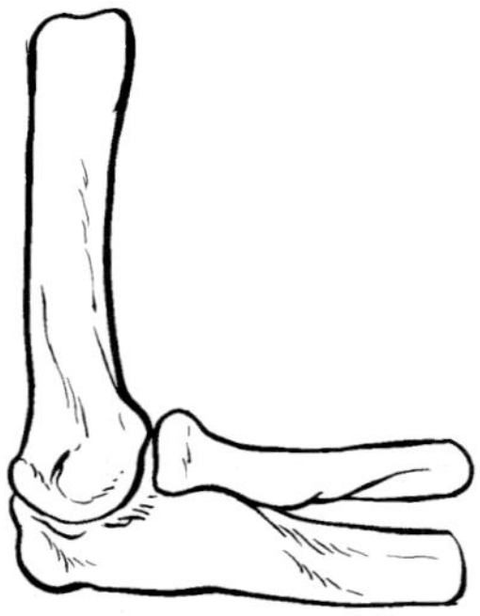

Abb. 8.**5**

Abb. 8.**6**

4. Welche Funktion hat die Membrana interossea? Welchen Sinn hat die spezielle Anordnung der Fasern?

5. Welche Funktion hat das Lig. annulare?

6. Vervollständigen Sie folgende Liste:
Articulatio humeroulnaris
Gelenkart:

Mögliche Bewegungen:

Physiologische Bewegungsausmaße:

7. Vervollständigen Sie folgende Liste:
Articulatio humeroradialis
Gelenkart

Mögliche Bewegungen:

8. Beschreiben Sie mit Hilfe der Konvex-Konkav-Regel die Flexions- und Extensionsbewegungen des Unterarms im Humeroulnar- und Humeroradialgelenk.

9. Vergleichen Sie an einem Mitschüler die Endgefühle der Extension und der Flexion. Sie sollten sich unterschiedlich anfühlen. Was begrenzt physiologischerweise diese Bewegungen? Wie würden Sie die unterschiedlichen Endgefühle erklären?

10. Vervollständigen Sie folgende Liste:
Articulatio radioulnaris proximalis
Gelenkart:

Mögliche Bewegungen:

11. Vervollständigen Sie folgende Liste:
Articulatio radioulnaris distalis
Gelenkart:

Mögliche Bewegungen:

12. Bei welchen Bewegungen sind die Radioulnargelenke beteiligt? Was sind die physiologischen Bewegungsausmaße?

13. Mit Hilfe von einzelnen Knochen oder einem gelenkig verbundenen Skelett imitieren Sie die Bewegungen der Pronation und Supination. Vergleichen und beschreiben Sie die relative Stellung des Radius und der Ulna in den Endstellungen der Pro- und Supination.

Muskellehre des Ellenbogengelenks und des Unterarms

Mit Hilfe der folgenden Listen können Sie Ursprung, Ansatz und Innervation der Unterarmmuskulatur erlernen. Zeichnen Sie jeden der genannten Muskeln in die Zeichnung ein, und vervollständigen Sie die Information in den Listen.
Die folgenden Abkürzungen gelten für alle Listen:

U: Ursprung
A: Ansatz
N: Innervation mit spinaler Ebene und peripherem Nerv
B: Beziehung des Muskels zur Bewegungsachse
F: Funktion

14. M. biceps brachii
U: **Caput breve**: Processus coracoideus
Caput longum: Tuberculum supraglenoidale
A: Tuberositas radii
N: N. musculocutaneus (C5, C6)
B: Die Fasern verlaufen gerade vom Ursprung zum Ansatz; ventral der Flexions-/Extensionsachse des Schultergelenks; ventral der Ellenbogenflexions-/-extensionsachse; winden sich um die Pro-/Supinationsachse
F:

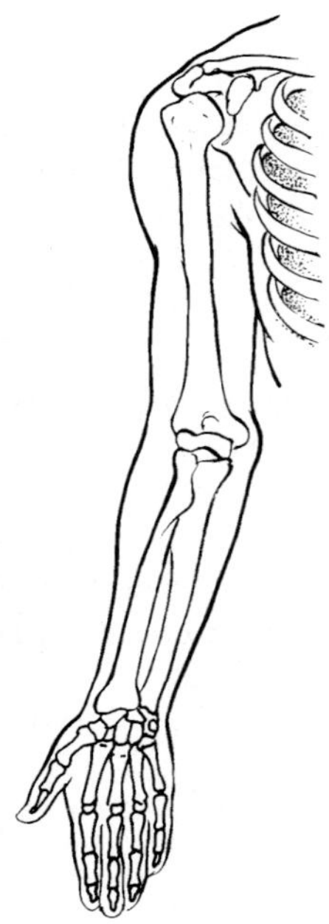

Abb. 8.7

15. M. supinator
U: Epicondylus lateralis humeri, Crista m. supinatoris, Lig. annulare radii, Lig. collaterale radiale
A: Dorsal- und Lateralfläche des Radius
N:
B: verläuft schräg; dorsal der Pro-/Supinationsachse
F: Supination des Unterarms

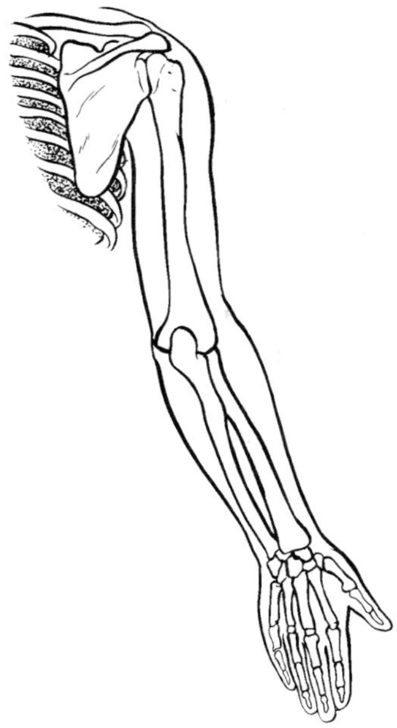

Abb. 8.8

16. M. triceps brachii
U: **Caput longum**:
Caput laterale:
Caput mediale:
A: Olekranon
N: N. radialis (C7, C8)
B: Die Fasern verlaufen schräg, je nachdem, um welchen der Köpfe es sich handelt; **Caput longum**: dorsal der Flexions-/Extensionsachse, medial der Ab-/Adduktions-achse des Schultergelenks; **alle Köpfe**: dorsal der Flexions-/Extensionsachse des Ellenbogengelenks
F: **Caput longum**:
Caput laterale:
Caput mediale:

17. M. brachialis
U: distale Hälfte der Humerusvorderfläche
A:
N: N. musculocutaneus (C5, C6)
B:
F: Flexion der Ulna im Ellenbogengelenk

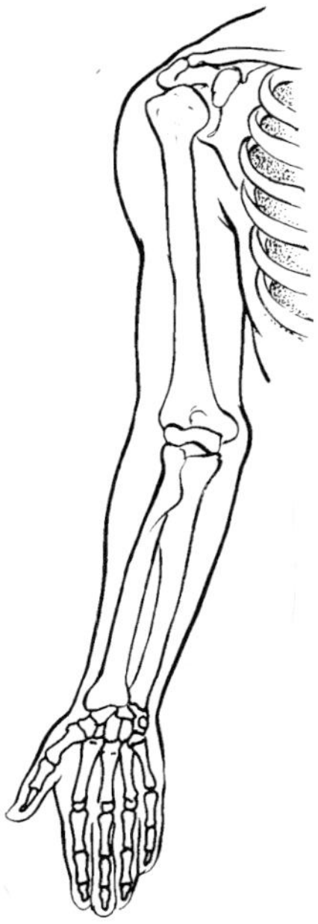

Abb. 8.7

18. M. brachioradialis
U:
A: Processus styloideus radii
N:
B: ventral der Flexions-/Extensionsachse; ventral oder dorsal der Pro-/Supinationsachse, je nach Ausgangsstellung
F:

19. M. pronator teres
U: Epicondylus medialis humeri; Sehne des M. flexor digitorum communis, Processus coronoideus ulnae
A:
N: N. medianus (C6, C7)
B:
F:

20. M. pronator quadratus
U:
A:
N:
B: ventral der Pro-/Supinationsachse
F: Pronation des Unterarms

Anwendungen

21. Welche funktionellen Konsequenzen hat eine Verklebung zwischen dem Radiusköpfchen und dem Lig. annulare?

22. Ein Patient mit einer Schwäche der Ellenbogenflexion stellt sich bei Ihnen vor. Zeigen Sie, ohne ein Lehrbuch zu konsultieren, wie Sie eine Schwäche der Mm. biceps brachii, brachialis und brachioradialis differenzieren können. In welcher Ausgangsstellung ist welcher Muskel am stärksten?

23. Leiten Sie ihren Partner an, eine Ausgangsstellung einzunehmen, in der er den M. brachialis dehnen kann, ohne daß eine Verkürzung des M. biceps brachii das Vorgehen behindert. Wie haben Sie die Richtigkeit der Ausgangsstellung überprüft?

24. Bringen Sie den Arm Ihres Partners in die maximale Dehnstellung für den langen Kopf des M. biceps brachii. Wie können Sie feststellen, ob der Muskel tatsächlich in maximaler Dehnstellung ist?

25. Wählen Sie die Ausgangsstellung Ihres Partners so, daß:
    a. der M. biceps brachii in einer Position ist, in der er seine schwächste Kontraktion erreicht.

    b. der M. triceps brachii in einer Position ist, in der er seine schwächste Kontraktion erreicht.

    c. Nach welchem Prinzip haben Sie die Ausgangsstellungen gewählt?

26. Wären Radius und Ulna fest miteinander verwachsen, welche Gelenke könnte man benutzen, um die Handfläche so hoch zu halten, daß man eine Münze annehmen kann, ohne sie fallen zu lassen? Demonstrieren Sie Ihr Ergebnis. Welche Bedeutung hat Ihre Beobachtung für die Goniometrie der Pro-/Supination des Unterarms?

27. Wählen Sie die Ausgangsstellung Ihres Partners so, daß eine Kontraktion des M. pectoralis major und des M. deltoideus pars clavicularis das Ellenbogengelenk extendiert.

28. Wie wirkt der distale Humerus als Hebel für den M. triceps brachii?

29. Zeichnen Sie ein Diagramm (verwenden Sie eine Endansicht oder einen Querschnitt des Radius), aus dem der Mechanismus abzulesen ist, wie der M. biceps brachii die Supination des Unterarms verursacht.

30. Beschreiben und demonstrieren Sie die Bewegung der Glenohumeral- und Humeroulnargelenke, die dem M. biceps erlauben, sich in einem größtmöglichen Bewegungsausmaß mit maximaler Kraft zu kontrahieren. Welches Prinzip kommt bei diesen Bewegungen wieder zum Tragen?

31. Die Pro- und die Supination des Unterarms können durch eine Verklebung welcher Ligamente verursacht sein? Vergewissern Sie sich, daß Sie an alle in Frage kommenden Gelenke gedacht haben. Erklären Sie Ihre Antwort.

32. Die Extension des Unterarms im Ellenbogengelenk kann durch eine Verklebung welcher Bänder hervorgerufen werden? Vergewissern Sie sich, daß Sie an alle in Frage kommenden Gelenke gedacht haben. Erklären Sie Ihre Antwort.

33. Welche(r) Muskel(n) neutralisieren den M. biceps bei einer Flexion des Unterarms im Ellenbogengelenk aus der Pronation?

34. Sie wollen Schmerzen an den Epikondylen des Ellenbogens behandeln, indem Sie die dazugehörigen Muskeln ruhigstellen. Wie unterscheidet sich eine Schmerzbehandlung des lateralen Epikondylus von der des medialen?

35. Beschreiben Sie, wie Sie eine eingeschränkte Beweglichkeit im Humeroulnargelenk von einem verkürzten M. biceps brachii unterscheiden können.

Antworten zu Ellenbogengelenk und Unterarm

1. Verwenden Sie Ihr Lehrbuch, um die Strukturen zu finden. Dann fragen Sie eine Lehrkraft nach der Richtigkeit Ihrer Palpation.

2. Überprüfen Sie Ihre Antwort anhand eines Lehrbuchs.

3. Überprüfen Sie Ihre Antwort anhand eines Lehrbuchs.

4. Die Funktion der Membrana interossea ist:
   a. die Kraftübertragung vom Radius auf die Ulna und durch die Ulna auf den Humerus sowie
   b. die Stabilisierung der Radioulnargelenke. Die Ausrichtung der Fasern von proximal am Radius nach distal an der Ulna ermöglicht eine wirksame Kraftübertragung vom Radius auf die Ulna. Die Fasern, die in andere Richtungen verlaufen, sind für die Stabilisation zuständig.

5. Die Funktion ist, den Radiuskopf in Kontakt mit der Ulna zu halten und den Radiuskopf bei der Pro- und Supinationsbewegung zu stabilisieren.

6. Das Humeroulnargelenk ist Teil eines zusammengesetzten Synovialgelenkes gemeinsam mit dem Humeroradialgelenk. Es gibt etwa 135-145° aktive Flexion und 0° Extension. Die Bewegung entsteht, indem die Ulna um die Trochlea humeri gleitet. Es gibt einen Freiheitsgrad.
   Articulatio humeroulnaris
   Gelenkart: zusammengesetztes Synovialgelenk, Scharniergelenk
   Mögliche Bewegungen: Flexion und Extension, indem der Humerus um das Olekranon oder das Olekranon um den Humerus rollt.
   Physiologische Bewegungsausmaße: 135-145° Flexion, 0° Extension; einen Freiheitsgrad

7. **Articulatio humeroradialis**
   Gelenkart: Teil des zusammengesetzten Synovialgelenkes mit dem Humeroulnargelenk
   Mögliche Bewegungen: Flexion und Extension durch das Gleiten des Radiuskopfes um das Capitulum humeri.
   Eine Drehbewegung des Radiuskopfes auf dem Capitulum humeri ist für die Pro- und Supination des Unterarms notwendig.

8. Bei der Flexion in der offenen kinematischen Kette gleiten die konkaven Flächen des Radius und der Ulna nach ventral um die konvexen Flächen des Capitulum und der Trochlea humeri. Bei der Extension gleiten sie nach dorsal.

9. Die Ellenbogenextension sollte ein hartes Endgefühl haben, da das Olekranon am Ende der Bewegung in der Fossa olecrani anschlägt. Das Endgefühl der Flexion ist meist weich, da die Unerarmflexoren am Ende der Bewegung gegen die Ellenbogenflexoren gedrückt werden.

10. **Articulatio radioulnaris proximalis**
    Gelenkart: synoviales Drehgelenk
    Mögliche Bewegungen: Der Radiuskopfwird durch das Lig. annulare festgehalten, während er sich auf dem Capitulum humeri und in der Incisura radialis ulnae dreht; es entstehen die Bewegungen Pronation und Supination des Unterarms.

11. **Articulatio radioulnaris distalis**
    Gelenkart: synoviales Drehgelenk
    Mögliche Bewegungen: Der distale Anteil des Radius gleitet um den distalen Anteil der Ulna, so daß Pro- und Supination entstehen.

12. Pronation und Supination. Etwa 80-90° in jede Richtung, häufig ist etwas weniger Pronation als Supination möglich.

13. Lassen Sie Ihre Bewegungen von einer Lehrkraft überprüfen. Beachten Sie, daß das proximale Ende des Radius rotiert, aber in derselben Stellung relativ zum Kapitulum und zum proximalen Ende der Ulna verbleibt, während sich der distale Anteil des Radius um den distalen Anteil der Ulna von lateral (Supination) nach medial (Pronation) bewegt.

14. M. biceps brachii
U: **Caput longum**: Tuberculum supraglenoidale
Caput breve: Processus coracoideus
A: Tuberositas radii
N: N. musculocutaneus (C5, C6)
B: Die Fasern verlaufen gerade vom Ursprung zum Ansatz; ventral der Flexions-/Extensionsachse des Schultergelenks; ventral der Ellenbogenflexions-/-extensionachse; winden sich um die Pro-/Supinationsachse
F: **Caput longum**: Flexion des Humerus im Schultergelelenk; **alle Köpfe**: Ellenbogenflexion, Supination des Unterarms

15. M. supinator
U: Epicondylus lateralis humeri, Crista m. supinatoris, Lig. annulare radii, Lig. collaterale radiale
A: Dorsal- und Lateralfläche des Radius
N: N. radialis (C6)
B: verläuft schräg; dorsal der Pro-/Supinationsachse
F: Supination des Unterarms

16. M. triceps brachii
U: **Caput longum**: Tuberculum infraglenoidale
Caput laterale: lateral und proximal des Sulcus nervi radialis an der Dorsalseite des Humerus
Caput mediale: medial und distal des Sulcus nervi radialis an der Humerusdorsalseite
A: Olekranon
N: N. radialis (C7, C8)
B: Die Fasern verlaufen schräg, je nachdem, um welchen der Köpfe es sich handelt: **Caput longum**: dorsal der Flexions-/Extensionsachse, medial der Ab-/Adduktionsachse des Schultergelenks; **alle Köpfe**: dorsal der Flexions-/Extensionsachse des Ellenbogengelenks
F: **Caput longum**: Schulter- und Ellenbogengelenksextension, Schultergelenksadduktion
Caput laterale und **Caput mediale**: Ellenbogengelenksextension

17. M. brachialis
U: distale Hälfte der Humerusvorderfläche
A: Processus coronoideus ulnae, Tuberositas ulnae
N: N. musculocutaneus (C5, C6)
B: ventral der Flexions-/Extensionsachse des Ellenbogengelenks
F: Flexion der Ulna im Ellenbogengelenk

18. M. brachioradialis
U: Margo lateralis humeri
A: Processus styloideus radii
N: N. radialis (C5, C6)
B: ventral der Flexions-/Extensionsachse; ventral oder dorsal der Pro-/Supinationsachse, je nach Ausgangsstellung
F: Ellenbogengelenksflexion; Rückführung des Unterarmes aus der endgradigen Supination oder Pronation in die Nullstellung

19. M. pronator teres
    U: Epicondylus medialis humeri; Sehne des M. flexor digitorum communis; Processus coronoideus ulnae
    A: Mitte der Radiusaußenfläche
    N: N. medianus (C6, C7)
    B: ventral der Pro-/Supinationsachse; ventral der Flexions-/Extensionsachse des Ellenbogengelenks
    F: Pronation des Unterarms; Ellenbogengelenksflexion

20. M. pronator quadratus
    U: Ventralfläche des distalen Anteils der Ulna
    A: Ventralfläche des distalen Anteils des Radius
    N: N. medianus (C8, Th1)
    B: ventral der Pro-/Supinationsachse
    F: Pronation des Unterarms

21. Wenn sich das Radiusköpfchen nicht frei im Lig. annulare radii drehen kann, können Pro- und Supination nicht endgradig erfolgen. In welchem Bereich des Bewegungsausmaßes die Bewegung eingeschränkt ist, hängt von der Lokalisation der Verwachsung ab.

22. Der M. biceps brachii supiniert und flektiert den Unterarm, er kann also mit einer Kombination dieser Bewegungen getestet werden. Der M. brachioradialis kann den Unterarm aus den Endstellungen sowohl supinieren als auch pronieren bis in die Nullstellung. Der M. brachialis kann durch seinen Ansatz an der Ulna ausschließlich flektieren. Mit Hilfe dieser Charakteristika kann der Untersucher feststellen, welcher der Muskeln arbeitet, indem er die Unterarmstellung variiert und palpiert, während das Ellenbogengelenk gebeugt wird.
    Aus endgradiger Supination ist der M. biceps brachii der stärkste Beuger. Seine Sehne kann in der Fossa cubiti während der Ellenbogengelenksflexion palpiert werden.
    Ist der Unterarm in Pronationsstellung und gebeugt, so kann der M. brachialis auf beiden Seiten der Bizepssehne palpiert werden. Durch eine willentliche Unterdrückung der Supinationsbewegung wird das Gehirn den M. biceps brachii bei dieser Bewegung nicht so stark einsetzen.
    Befindet sich der Unterarm in Pro-/Supinationsnullstellung, und ist das Ellenbogengelenk gebeugt, so kann man den M. brachioradialis leicht entlang der Radialkante des Ellenbogens und am proximalen Anteil des Unterarms palpieren.
    Die Kenntnis der Anatomie der Flexorenmuskulatur in Kombination mit der Palpation kann eingesetzt werden, um festzustellen, welcher dieser Muskeln bei der Beugung des Ellenbogengelenks am stärksten arbeitet.

23. Da der M. brachialis nur ein Gelenk und der M. biceps brachii zwei Gelenke überbrückt, kann man den M. biceps brachii über das Schultergelenk annähern und dann den M. brachialis ohne Behinderung durch eine Verkürzung des M. biceps brachii über das Ellenbogengelenk dehnen. Die Ausgangsstellung der Wahl wäre also: Schultergelenksflexion und Ellenbogengelenksextension. Palpieren Sie den M. biceps brachii, um sicher zu sein, daß er bei der Dehnung des M. brachialis entspannt ist.

24. Der lange Kopf des M. triceps entspringt am Tuberculum infraglenoidale und setzt am Olekranon an. Um den Muskel maximal zu dehnen, muß man diese beiden Punkte so weit wie möglich voneinander entfernen. Am besten ist das zu erreichen, wenn man das Schultergelenk und gleichzeitig das Ellenbogengelenk maximal flektiert.

25. a. Die schwächste Stellung des M. biceps brachii wäre eine Kombination aus endgradiger Schultergelenksflexion, endgradiger Ellenbogenflexion und endgradiger Supination oder endgradige Schultergelenksextension, endgradige Ellenbogengelenksextension und endgradige Pronation. In diesen beiden Positionen kommt bei einer bewußten Aktivierung des M. biceps brachii nur eine sehr schwache Kontraktion zustande.
    b. Die schwächste Position für den M. triceps brachii ist ähnlich: endgradige Schultergelenksflexion mit endgradiger Ellenbogengelenksflexion oder endgradige Schultergelenksextension mit endgradiger Ellenbogengelenksextension. Pro- und Supinationsstellungen beeinflussen die Funktion des M. triceps brachii nicht. In den beschriebenen Stellungen wäre die Ellenbogengelenksextension und ein wenig auch die Schultergelenksextension geschwächt.

c. Das Prinzip, das hier angewendet wird, ist die aktive Insuffizienz des Muskels, der sich kontrahieren soll. Die Stellungen in denen ein Muskel am schwächsten ist, sind die extreme Dehnung und die extreme Annäherung. Das liegt am ungünstigen Längen-Spannungs-Verhältnis in diesen Positionen.

26. Das Schultergelenk und die Handwurzelgelenke. Durch Abduktion und Adduktion im Schultergelenk kann die Stellung der Handfläche verändert werden. Die vielen Handwurzelgelenke lassen etwas Pronation und Supination zu. Um eine präzise Goniometrie durchzuführen, muß also darauf geachtet werden, daß das Schultergelenk nicht mit eingesetzt wird und die Bewegungen der Handwurzel nicht miteinbezogen werden. Diese beiden Voraussetzungen können erfüllt werden, wenn man einen Goniometerschenkel an den Humerus anlegt und den anderen an eine Linie, die vom distalen Anteil des Radius und der Ulna gebildet wird (quer zur ventralen oder dorsalen Fläche des distalen Anteils des Unterarms, proximal des Handgelenks).

27. Der M. pectoralis major kann den Humerus im Schultergelenk beugen, ebenso wie der M. deltoideus pars clavicularis. Wenn die Hand fixiert wird, während das Ellenbogengelenk gebeugt und das Schultergelenk gestreckt werden (z.B.: im Sitzen Hand auf der Sitzfläche aufgestützt und das Ellenbogengelenk leicht gebeugt), kann eine Kontraktion des M. pectoralis major und des M. deltoideus pars clavicularis das Ellenbogengelenk strecken. Unter physiologischen Bedingungen wären bei dieser Aktivität noch weitere Muskeln aktiv, wie der M. triceps brachii. Falls dieser jedoch nicht funktionsfähig wäre, könnte trotz allem in der oben beschriebenen Art eine aktive Ellenbogengelenksextension ausgeführt werden, auch wenn diese nicht besonders kräftig ist.

28. Der distale Anteil des Humerus ist relativ zu seinem Schaft nach ventral abgewinkelt. Dadurch ist die Bewegungsachse der Ellenbogengelenksflexion nach ventral verschoben, wodurch der Hebelarm des M. triceps brachii vergrößert wird.

29. Der Radiuskopf wird durch das Lig. annulare an der Ulna gehalten. Bei der Pro- und Supination rotiert der Radius im Lig. annulare. Der M. biceps brachii setzt an der Tuberositas radii an. In der Pronationsstellung ist die Tuberositas mehr nach dorsal gerichtet, wodurch die Sehne des M. biceps brachii um den Radius geschlungen wird (Abb. 8.**10**). Kontrahiert sich der Muskel aus dieser Stellung, so „rollt er sich wieder ab" bzw. supiniert den Radius (Abb. 8.**9**). Die Zeichnung könnte folgendermaßen aussehen:

Abb. 8.**9**

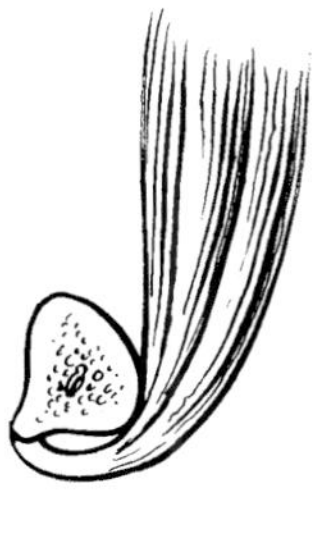

Abb. 8.**10**

30. Beginnt man die Bewegung mit leichter Humerusflexion im Schultergelenk und Ellenbogengelenksextension, streckt dann den Humerus im Schultergelenk und beugt gleichzeitig den Unterarm im Ellenbogengelenk, so bleibt das Längen-Spannungs-Verhältnis des M. biceps brachii über das gesamte Bewegungsausmaß in einem günstigen Bereich. Auch die sonst typischerweise schwächeren Bewegungsabschnitte der Ellenbogenflexion am Bewegungsende können so kräftiger duchgeführt werden. Durch diese Art der Bewegung bleibt der M. biceps brachii über das eine Gelenk immer etwas gedehnt, während er sich über das andere Gelenk verkürzt. Hierbei wird das Prinzip des Längen-Spannungs-Verhältnisses angewendet.

31. Sowohl die Membrana interossea als auch das Lig. radioulnare ventrale limitieren die Supination, eine unphysiologische Verkürzung einer dieser Strukturen führt zu einer Supinationseinschränkung. Das Lig. radioulnare dorsale limitiert die Pronation, durch eine unphysiologische Verkürzung dieses Bandes käme es zu einer Pronationseinschränkung. Auch eine starke Verengung des Lig. annulare kann die Pro- und Supination einschränken. In der Regel ist die Pronation jedoch eher duch den Knochenkontakt begrenzt als durch eine Bandsicherung.

32. Eine Verkürzung der ventralen Gelenkkapsel, der ventralen Anteile der Ligg. collaterale radiale und ulnare sowie jedes der Muskeln, die das Ellenbogengelenk auf der Ventralseite überbrücken, kann eine Einschränkung der Extension im Ellenbogengelenk hervorrufen. Die Verkürzung würde die Dorsalbewegung von Radius und Ulna auf dem Humerus verhindern, die für eine Extension notwendig ist.

33. Es gibt zwei Muskeln, die den Unterarm pronieren, den M. pronator teres und den M. pronator quadratus. Beide zusammen, oder jeder für sich genommen, können die Supinationskomponente des M. biceps brachii während der Ellenbogengelenksflexion neutralisieren.

34. Zunächst müssen Sie herausfinden, welcher der Muskeln in welchem Gebiet ansetzt. Der Epicondylus medialis ist ganz allgemein der Ursprung der Hand- und Fingerflexoren. Der laterale Epicondylus dient als Ursprungsfläche für die Finger- und Handextensoren.
Schmerz am lateralen Epikondylus kann mit einer Ruhigstellung der Hand- und Fingerextensoren behandelt werden. Erinnern Sie sich daran, daß die Handgelenksflexoren starke Synergisten der Hand- und Fingerextensoren sind. Tatsächlich wird mehr Extensorenaktivität mit dieser Synergie erzeugt als durch primären Einsatz der Extensoren. Aus diesem Grund sollte auch die Hand- und Fingerflexion eingeschränkt werden. Schmerz am medialen Epikondylus kann mit einer Ruhigstellung der Hand- und Fingerflexoren behandelt werden.

35. Ist der M. biceps brachii verkürzt, schränkt dies die vorhandene Schultergelenks- und Ellenbogengelenksextension sowie die Pronation ein. Außer wenn der Muskel extrem verkürzt ist und der Arm in der Endstellung einer dieser beiden Bewegungen eingestellt ist, wird die dritte Bewegung tatsächlich eingeschränkt sein. Man würde also nicht erwarten, daß ein verkürzter Bizeps die Ellenbogenflexion einschränkt, wenn das Schultergelenk gebeugt und der Unterarm supiniert ist.
Wenn das Humeroulnargelenk eingeschränkt ist, wird die Schulter- und Ellenbogengelenksstellung keinen Einfluß auf die Beweglichkeit im Humeroulnargelenk haben. Möchte man also eine Einschränkung im Humeroulnargelenk von einer Verkürzung des M. biceps brachii unterscheiden, so würde man das Ausmaß der Ellenbogengelenksextension mit Schultergelenksextension und proniertem Unterarm mit dem Ausmaß der Ellenbogengelenksextension mit Schultergelenksflexion und supiniertem Unterarm vergleichen. Gibt es keinen Unterschied im Bewegungsausmaß, würde man annehmen, daß das Gelenk das Problem ist. Bei einem Unterschied im Bewegungsausmaß ist vermutlich der M. biceps brachii der einschränkende Faktor.

9 Handgelenke und Hand

Knochen- und Gelenklehre der Handgelenke und der Hand

1. Suchen Sie folgende Strukturen an Ihrem Partner:
   Processus styloideus radii
   Processus styloideus ulnae
   Hamulus ossis hamati
   Os scaphoideum
   Os triquetrum
   Os capitatum
   Os pisiforme
   Sesambeine des Daumens
   Basis, Schaft und Kopf jeder Metacarpale
   Basis, Schaft und Kopf jeder Phalanx
   Gelenkspalt der Metacarpophalangealgelenke
   Gelenkspalt der proximalen Interphalangealgelenke
   Retinaculum flexorum
   Sehnen folgender Muskeln:
   M. flexor carpi ulnaris
   M. flexor carpi radialis
   M. extensor carpi radialis longus et brevis
   M. extensor carpi ulnaris
   Mm. interossei
   M. flexor digitorum superficialis et profundus
   M. extensor indicis
   M. extensor digiti minimi
   M. extensor digitorum

2. Vervollständigen Sie folgende Liste:
   Articulatio radiocarpea
   Beteiligte Knochen:

   Gelenkart:

   Mögliche Bewegungen:

Physiologische Bewegungsausmaße:

Articulatio mediocarpea
Beteiligte Knochen:

Gelenkart:

Mögliche Bewegungen:

Physiologische Bewegungsausmaße:

Articulatio carpometacarpea pollicis
Beteiligte Knochen:

Gelenkart:

Mögliche Bewegungen:

Physiologische Bewegungsausmaße:

Articulationes carpometacarpeae digiti

Beteiligte Knochen:

Gelenkart:

Mögliche Bewegungen:

Physiologische Bewegungsausmaße:

Articulationes metacarpophalangeae

Beteiligte Knochen:

Gelenkart:

Mögliche Bewegungen:

Physiologische Bewegungsausmaße:

Articulationes interphalangeae
Beteiligte Knochen:

Gelenkart:

Mögliche Bewegungen:

Physiologische Bewegungsausmaße:

Neurologie der Handgelenke und der Hand

3. Beschreiben Sie die sensible Versorgung der Hand durch periphere Nerven. Warum fragen wir bei der Hand nach der sensiblen Versorgung, wenn wir Sie noch in keinem anderen Kapitel erwähnt haben?

4. Beschreiben Sie die motorische Versorgung der intrinsischen Handmuskulatur durch periphere Nerven. Wie ist die Beziehung zwischen extrinsischer und intrinsischer Innervation?

Muskellehre der Handgelenke und der Hand

Mit den folgenden Listen können Sie Ursprung, Ansatz und Innervation der Handgelenks- und Handmuskulatur erlernen. Zeichnen Sie jeden der genannten Muskeln in die Zeichnung ein, und vervollständigen Sie die folgenden Listen.

U: Ursprung
A: Ansatz
N: Innervation (spinale Ebene und peripherer Nerv)
B: Beziehung zur Bewegungsachse
F: Funktion

Muskeln der Handgelenke

5. M. extensor carpi radialis longus
U:
A: Streckseite der Metacarpale
N:
B: dorsal der Flexions-/Extensionsachse, radial der Ab-/Adduktionachse der Handgelenke
F: Handgelenksextension und -radialduktion

6. M. extensor carpi radialis brevis
U: Epicondylus lateralis humeri
A:
N: N. radialis (C6, C7)
B:
F: Handgelenksextension

7. M. extensor carpi ulnaris
U: Epicondylus lateralis humeri
A: Basis des 5. Mittelhandknochens
N:
B:
F:

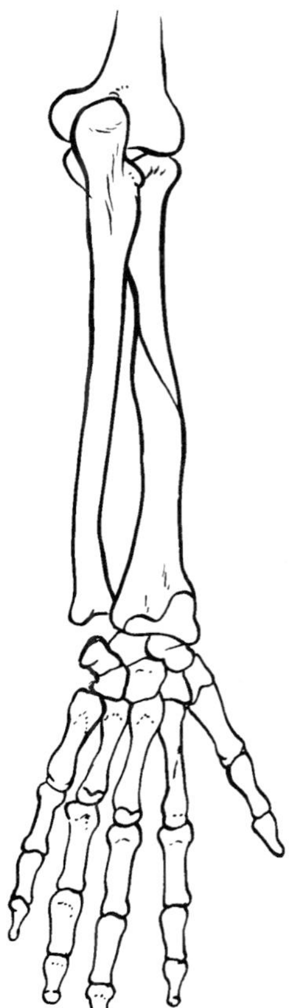

Abb. 9.1

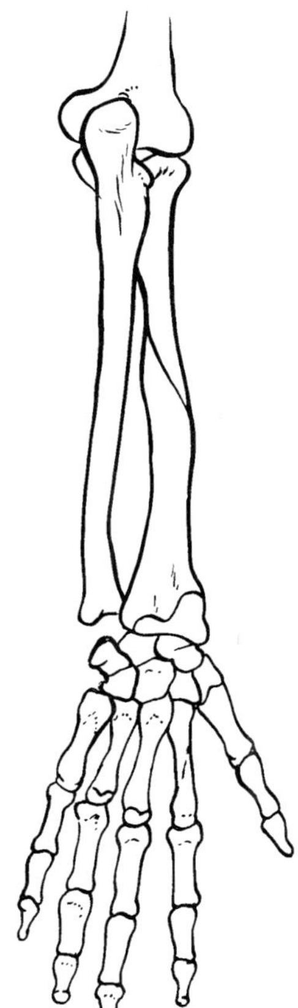

Abb. 9.1

8. M. flexor carpi ulnaris
U:
A:
N: N. ulnaris (C8, Th1)
B: palmar der Flexions-/Extensionsachse, ulnar der Ab-/Adduktionsachse der Handgelenke; ventral der Flexions-/Extensionsachse des Ellenbogengelenks
F:

9. M. flexor carpi radialis
U: Epicondylus medialis humeri
A:
N:
B:
F: Handgelenksflexion und -radialduktion; Ellenbogengelenksflexion

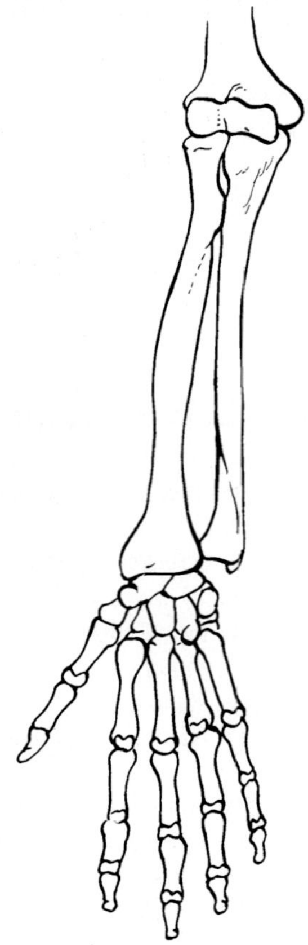

Abb. 9.2

Extrinsische Handmuskulatur

10. M. extensor digitorum
    U:
    A:
    N:
    B: dorsal der Flexions-/Extensionsachse der MCP-, IP- und Handgelenke;
    F: Handgelenksextension; MCP- und IP-Gelenksextension

11. M. extensor indicis
    U: Ulnarrückfläche
    A:
    N: N. radialis (C6, C7, C8)
    B: dorsal der Flexions-/Extensionsachse der MCP-, IP- und Handgelenke
    F:

12. M. extensor digiti minimi
    U: Epicondylus lateralis humeri
    A: Streckerhäubchen des 5. Fingers
    N:
    B: dorsal der Flexions-/Extensionsachse des MCP-Gelenks und der IP-Gelenke
    F:

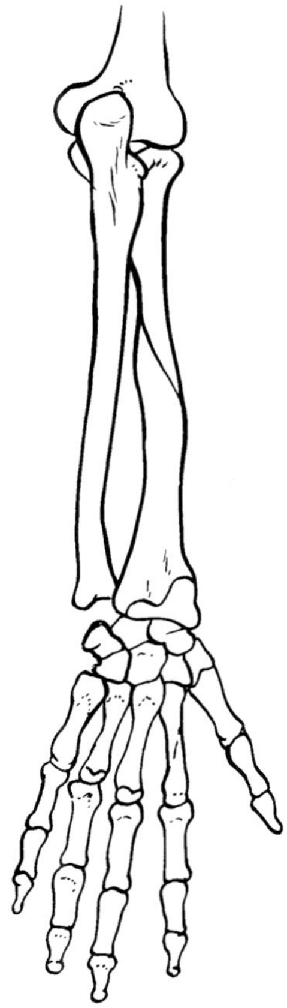
Abb. 9.1

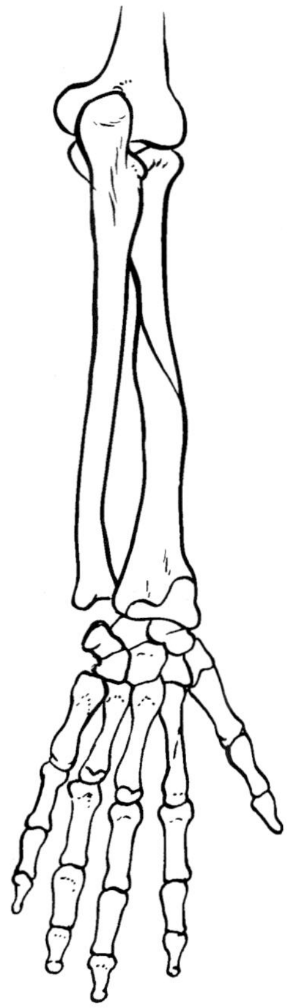
Abb. 9.1

13. M. extensor pollicis brevis
   U: distales Drittel der Radiusdorsalfläche
   A:
   N: N. radialis (C6, C7)
   B: dorsal der Flexions-/Extensionsachse des MCP-Gelenks und der Handgelenke; radial der Ab-/Adduktionsachse der Handgelenke
   F:

14. M. extensor pollicis longus
   U:
   A: Basis des Daumenendglieds
   N: N. radialis (C6, C7, C8)
   B: dorsal der Flexions-/Extensionsachse des MCP- und IP-Gelenks sowie der Handgelenke; radial der Ab-/Adduktionsachse der Handgelenke
   F:

15. M. abductor pollicis longus
   U: in der Mitte der Dorsalflächen von Radius und Ulna
   A: Basis Metakarpale I
   N:
   B:
   F: Abduktion MCP-Gelenk des Daumens; Radialduktion und Flexion der Handgelenke

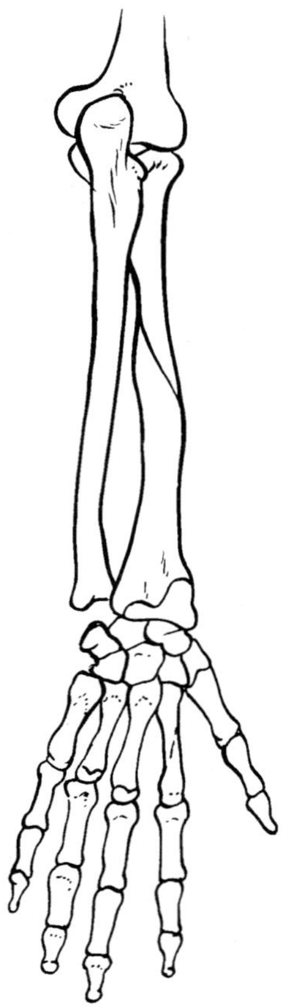

Abb. 9.1

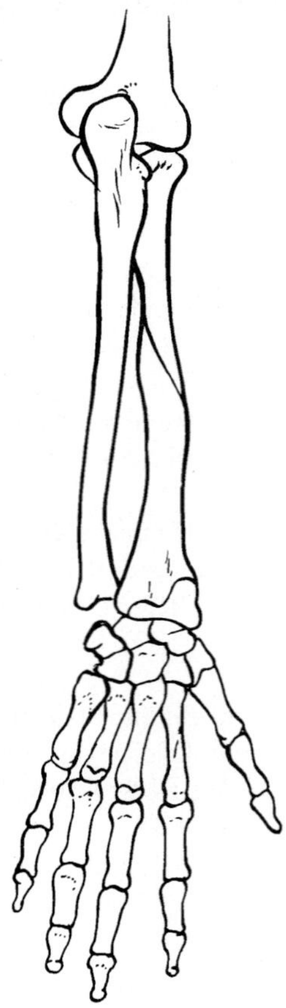

Abb. 9.1

16. M. flexor digitorum superficialis
U:
A:
N:
B: palmar der Flexions-/Extensionsachse der MCP-, IP- und Handgelenke
F: PIP- und MCP-Gelenksflexion des 2.-5. Fingers, Handgelenksflexion

17. M. flexor digitorum profundus
U:
A:
N: 2. und 3. Finger: N. medianus (C8, Th1); 4. und 5. Finger: N. ulnaris (C8, Th1)
B: palmar der MCP-, PIP-, DIP- und Handgelenksflex-/-extensionsachse
F:

18. M. flexor pollicis longus
U:
A:
N: N. medianus (C8, Th1)
B:
F: MCP- und IP-Flexion des Daumens; Flexion und Radialduktion der Handgelenke

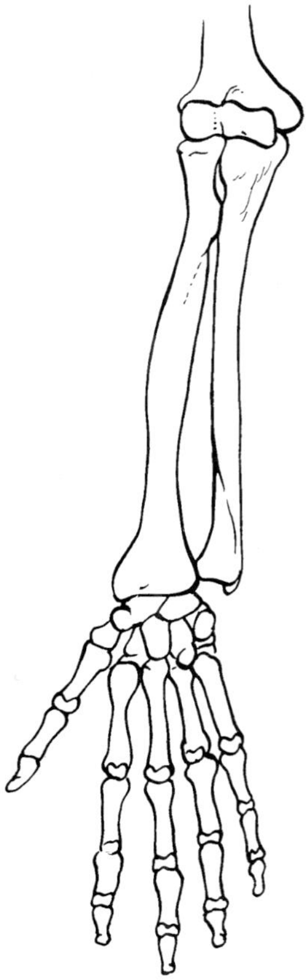

Abb. 9.2

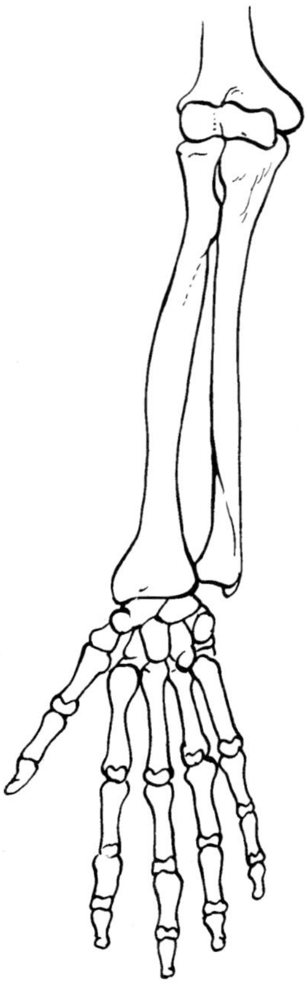

Abb. 9.2

Intrinsische Handmuskulatur

19. M. opponens pollicis
U:
A: Radialseite Metakarpale I
N:
B: medial der Flexions-/Extensionsachse; palmar der Ab-/Adduktionsachse; ulnar der Rotationsachse des Daumensattelgelenks
F:

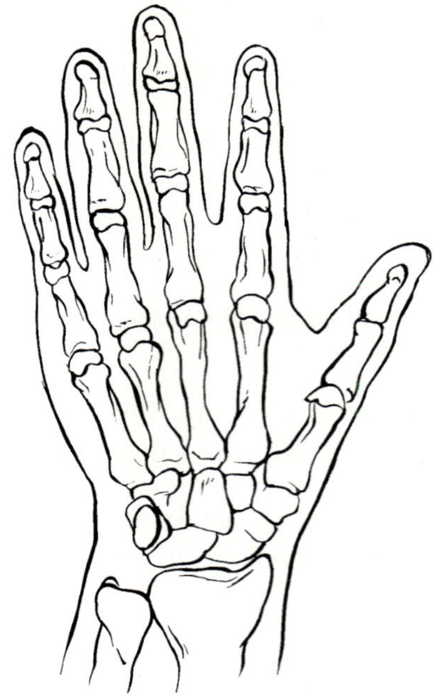

Abb. 9.3

20. M. opponens digiti minimi
U:
A: Ulnarseite des Metakarpale V
N: N. ulnaris (C8, Th1)
B: radial der Oppositionsachse des Metakarpale V
F:

21. M. abductor digiti minimi
U: Os pisiforme, Sehne des M. flexor carpi ulnaris
A:
N: N. ulnaris (C8)
B:
F: Ulnarduktion und Flexion im MCP-Gelenk des Kleinfingers

22. Mm. interossei dorsales
U:
A:
N: N. ulnaris (C8, Th1)
B: palmar der Flex-/Extensionsachse der MCP-Gelenke; radial der Ab-/Adduktionsachse des Zeige- und des Mittelfingers, ulnar der Ab-/Adduktionsachse des Mittel- und Ringfingers
F:

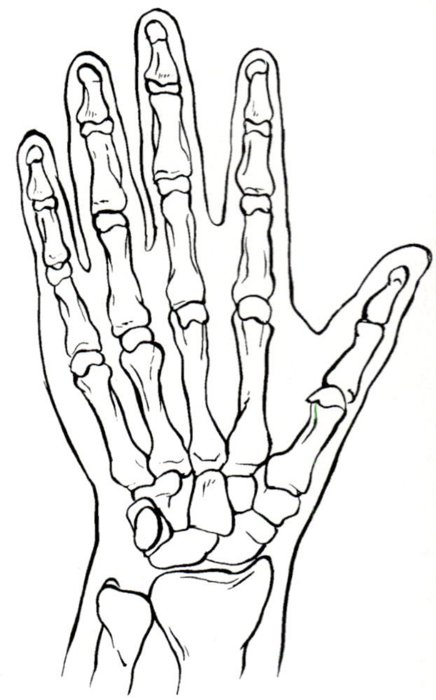

Abb. 9.3

23. M. adductor pollicis
U:
A: Basis des Daumengrundglieds
N: N. ulnaris (C8, Th1)
B:
F:

24. M. abductor pollicis brevis
U: Os scaphoideum, Os trapezium, Lig. carpi transversum
A:
N: N. medianus (C6, C7)
B: radial der Ab-/Adduktionsachse des MCP-Gelenks und des Daumensattelgelenks
F:

25. M. flexor pollicis brevis
U:
A: palmar am Daumengrundglied
N: radialer Anteil: N. medianus (C6, C7)
Ulnarer Anteil: N. ulnaris (C8, Th1)
B: palmar der Flexions-/Extensionsachse des MCP- und IP-Gelenks des Daumens
F: Flexion des MCP- und IP-Gelenks des Daumens

26. Mm. interossei palmares
U:
A:
N: N. ulnaris
B: palmar der Flexions-/Extensionsachse, ulnar der Ab-/Adduktionsachse der MCP-Gelenke; am Ring- und Kleinfinger: radial der Ab-/Adduktionsachse der MCP-Gelenke; dorsal der Flexions-/Extensionsachse der IP-Gelenke
F:

27. Mm. lumbricales
U:
A: radialseitig am Streckerhäubchen jedes Fingers auf Höhe der MCP-Gelenke
N: Mm. lumbricales I und II: N. medianus (C6, C7)
Mm. lumbricales III und IV: N. ulnaris (C8)
B:
F:

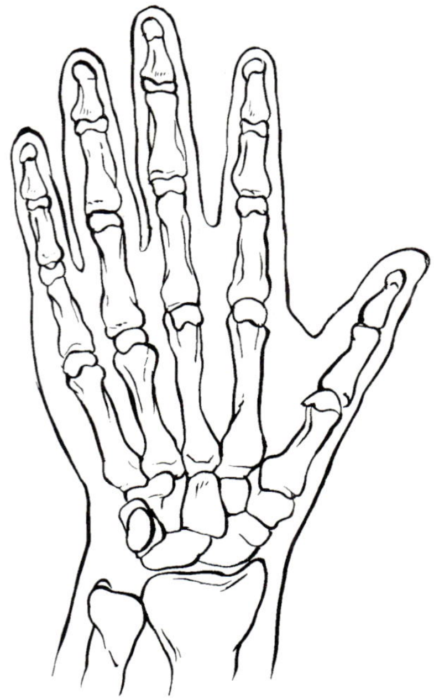

Abb. 9.3

Anwendungen

28. Welche Funktion haben die Sehnenscheiden der Flexorensehnen?

29. Verwenden Sie einen Faden, um Ihren M. flexor digitorum profundus darzustellen. Kleben Sie den Faden an Ihre Fingerkuppe. Ziehen Sie am Faden, um die Kontraktion des langen Fingerflexors zu imitieren.
    a. Was geschieht mit dem Faden, wenn Sie daran ziehen und der Finger sich beugt?

    b. Warum passiert dies nicht mit den „echten" Sehnen Ihrer Finger?

    c. Was würde geschehen, wenn die Strukturen, die die Sehnen am Knochen fixieren, nicht intakt wären?

30. Wiederholen Sie die Definition der Synergie, und zeigen Sie zwei Synergien, die für die Handfunktion wichtig sind.

31. Beschriften Sie die bezeichneten Strukturen in der Abb. 9.4 des Extensorenmechanismus.

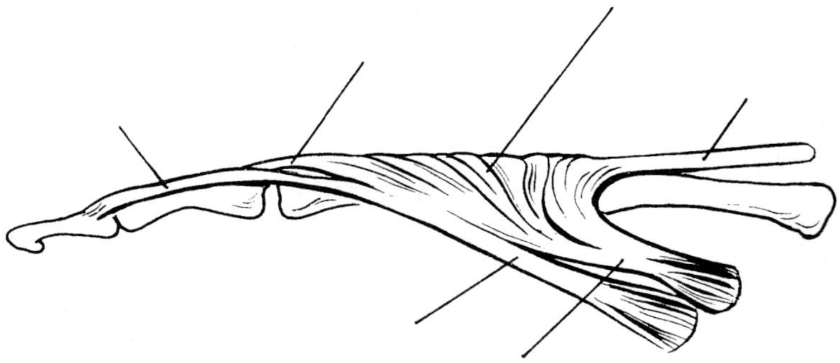

Abb. 9.4

32. Demonstrieren Sie den „lumbrikalen Griff" (die Mm. lumbricales und die Mm. interossei kontrahieren sich gleichzeitig).

33. In welche Stellung müssen Sie die Finger bringen, um die intrinsische Muskulatur zu dehnen? Führen Sie die Bewegung selbst durch und beobachten Sie, ob Sie Verkürzungen haben.

34. Welche funktionelle Bedeutung hat ein Verlust des N. medianus auf Handgelenksebene? Denken Sie daran, sowohl sensible als auch motorische Ausfälle in Betracht zu ziehen. Um den sensiblen Ausfall zu simulieren, nehmen Sie sich ein Paar Gummihandschuhe, drehen Sie einen von ihnen auf links, und schneiden Sie von beiden den Ring- und den Kleinfinger ab. Nun tragen Sie die Handschuhe übereinander an einer Hand. Stecken Sie die Hand in die Tasche, und versuchen Sie, ein Zehn- von einem Fünfzigpfennigstück zu unterscheiden. Beschreiben Sie, wie Sie die Münzen voneinander haben unterscheiden können. Vergessen Sie nicht, auch noch die Lähmung der medianusinnervierten Muskulatur zu simulieren.

35. Welche funktionelle Bedeutung hat der Verlust des N. ulnaris auf Handgelenksebene? Denken Sie wieder an sensible und motorische Ausfälle. Verwenden Sie ein neues Paar Handschuhe, um den sensiblen Ausfall zu simulieren. Vergessen Sie nicht, die Lähmung der ulnarisinnervierten Muskulatur zu simulieren.

36. Nach der Durchführung von Übung 34. und 35., ist wohl eine Ulnarisverletzung oder eine Medianusverletzung eine größere Beeinträchtigung unter funktionellen Gesichtspunkten? Begründen Sie Ihre Meinung.

37. Welche Symptome erwarten Sie bei einem Ödem im Karpaltunnel? Warum?

38. Ihr Partner soll zwei Ihrer Finger mit festem Griff fassen. Nun soll er das wiederholen, jedoch das Handgelenk dabei in endgradiger Flexion einstellen, dann noch einmal in endgradiger Extension. Welcher Griff war am kräftigsten, welcher am schwächsten, warum?

39. Worin liegt der hauptsächliche Nutzen bei der Überbrückung mehrerer Gelenke der extrinsischen Fingerflexoren und -extensoren?

40. a. Welche Auswirkung hätte eine Vernarbung in der Sehnenscheide einer einzelnen Flexorensehne?

    b. Welche Konsequenz hätte diese Einschränkung bei dem Versuch eine Faust zu machen?

41. Lesen Sie in Ihrem Lehrbuch die Anatomie der Mm. flexor digitorum profundus und superficialis nach.
    a. Was ist der wichtigste Unterschied in der Struktur der beiden Muskeln?

    b. Legen Sie Ihre rechte Hand mit dem Handrücken auf den Tisch. Fixieren Sie mit Ihrer linken Hand den Zeige-, Mittel- und Kleinfinger in endgradiger MCP-, PIP- und DIP-Extension und den Ringfinger in MCP-Flexion. Nun flektieren Sie aktiv das PIP- und DIP-Gelenk des Ringfingers. Was geschieht im PIP-Gelenk? Warum? Was geschieht im DIP-Gelenk? Warum?
    c. Welche Konsequenz haben diese Beobachtungen bezüglich der Differenzierung des oberflächlichen und des tiefen Fingerbeugers im Muskelfunktionstest?

42. Wie würden Sie eine Muskelverkürzung von einer Gelenkeinschränkung im PIP-Gelenk unterscheiden? Zeigen Sie an Ihrem Partner die Tests, die Sie durchführen würden. Welche Muskeln müssen getestet werden?

43. Ein Patient hat die tiefe Beugesehne des Ringfingers durchtrennt, der Defekt wurde chirurgisch behoben. Der Arzt sagte Ihnen, Sie sollen das PIP-Gelenk beweglich halten, aber die rekonstruierte Sehne nicht belasten. Wie können Sie das bewerkstelligen?

Antworten zu Handgelenke und Hand

1. Überprüfen Sie Ihre Palpationen anhand eines Lehrbuchs und mit Hilfe einer Lehrkraft.
2. **Articulatio radiocarpea**
   Beteiligte Knochen: Radius, Os triquetrum, Os lunatum, Os scaphoideum, Discus articularis radioulnaris
   Gelenkart: synoviales Kondylengelenk
   Mögliche Bewegungen: Flexion, Extension, Ulnarduktion, Radialduktion
   Physiologische Bewegungsausmaße: Man kann nicht messen, welche Komponente des Gelenks wieviel zum Bewegungsausmaß beiträgt. Insgesamt gibt es 80-90° Flexion, 75-85° Extension, 15° Radialduktion, 45° Ulnarduktion.
   Articulatio mediocarpea
   Beteiligte Knochen: Os scaphoideum, Os lunatum, Os triquetrum (proximal); Os trapezium, Os trapezoideum, Os capitatum und Os hamatum (distal)
   Gelenkart: komplexes flaches Synovialgelenk
   Mögliche Bewegungen: Flexion, Extension, Radialduktion, Ulnarduktion
   Physiologische Bewegungsausmaße: (siehe Articulatio radiocarpea)
   Articulatio carpometacarpae pollicis
   Beteiligte Knochen: Os trapezium und Os metacarpale I
   Gelenkart: synoviales Sattelgelenk
   Mögliche Bewegungen: Flexion, Extension, Abduktion, Adduktion, Rotation, Opposition
   Articulationes carpometacarpae digiti II-V
   Beteiligte Knochen: distale Reihe der Handwurzelknochen, Basis Metakarpale II-V
   Gelenkart: flache Synovialgelenke
   Mögliche Bewegungen: Flexion, Extension
   Articulationes metacarpophalangeae
   Beteiligte Knochen: Metakarpale I-V, Fingergrundglieder
   Gelenkart: synoviales Kondylengelenk
   Mögliche Bewegungen: Flexion, Extension, Radialduktion, Ulnarduktion
   Physiologische Bewegungsausmaße: 85-105° Flexion, 20-30° Extension, 20-25° Radial- und Ulnarduktion
   Articulationes interphalangeae
   Beteiligte Knochen: aneinanderstoßende Fingerglieder, beachten Sie, daß der Zeige-, Mittel-, Ring- und Kleinfinger jeweils ein proximales und ein distales Interphalangealgelenk besitzen, während der Daumen nur ein einziges Interphalangealgelenk hat.
   Gelenkart: synoviales Scharniergelenk
   Mögliche Bewegungen: Flexion, Extension

Physiologische Bewegungsausmaße: PIP-Gelenke 100-110° Flexion, Extension bis zur Nullstellung, meist keine Hyperextension; DIP-Gelenke 80-90° Flexion, Extension bis zur Nullstellung, manchmal ein wenig mehr.

3. Der N. medianus versorgt die radiale Hälfte der Handfläche, die Palmarseite des Daumens, Zeige-, Mittel- und die Hälfte des Ringfingers sensibel. Der N. ulnaris versorgt den Rest der Handfläche. Der N. radialis innerviert den Handrücken. Es gibt jedoch viele Überlappungen der unterschiedlichen sensiblen Gebiete der drei Nerven.
Die Hand ist das wichtigste Organ, mit dem wir mit der Umwelt Berührung aufnehmen. Sensible Informationen werden zu unserer Sicherheit und für die Orientierung benötigt. Die sensiblen Informationen werden über die sensiblen Komponenten der peripheren Nerven weitergeleitet.

4. Die Mm. lumbricales werden vom gleichen Nervs innerviert wie der M. flexor digitorum profundus, mit dem Sie verbunden sind (z.B. Mm. lumbricales I und II werden vom N. medianus, Mm. lumbricales III und IV vom N. ulnaris innerviert). Alle Mm. interossei werden vom N. ulnaris innerviert. Die Thenarmuskeln werden, mit Ausnahme des M. adductor pollicis und des M. flexor pollicis brevis caput profundum (N. ulnaris), vom N. medianus innerviert.

5. M. extensor carpi radialis longus
U: Epicondylus lateralis humeri
A: Streckseite der Metakarpale
N: N. radialis (C6, C7)
B: dorsal der Flexions-/Extensionsachse, radial der Ab-/Adduktionsachse der Handgelenke
F: Handgelenksextension und -radialduktion

6. M. extensor carpi radialis brevis
U: Epicondylus lateralis humeri
A: Basis der Mittelhandknochen
N: N.radialis (C6, C7)
B: dorsal der Flexions-/Extensionsachse
F: Handgelenksextension

7. M. extensor carpi ulnaris
U: Epicondylus lateralis humeri
A: Basis des 5. Mittelhandknochens
N: N. radialis (C6, C7, C8)
B: dorsal der Flexions-/Extensionsachse, ulnar der Ab-/Adduktionsachse der Handgelenke
F: Handgelenksextension und -ulnardeviation

8. M. flexor carpi ulnaris
U: Epicondylus medialis humeri
A: Os pisiforme, Basis des 5. Mittelhandknochens
N: N. ulnaris (C8, Th1)
B: palmar der Flexions-/Extensionsachse, ulnar der Ab-/Adduktionsachse der Handgelenke; ventral der Flexions-/Extensionsachse des Ellenbogengelenks
F: Handgelenksflexion, -radialduktion; Ellenbogengelenksflexion

9. M. flexor carpi radialis
U: Epicondylus medialis humeri
A: Basis des 2. Mittelhandknochens
N: N. medianus (C6, C7)
B: palmar der Flexions-/Extensionsachse, radial der Ab-/Adduktionsachse der Handgelenke; ventral der Flexions-/Extensionsachse des Ellenbogengelenks
F: Handgelenksflexion und -radialduktion; Ellenbogengelenksflexion

Extrinsische Handmuskulatur

10. M. extensor digitorum
    - U: Epicondylus lateralis humeri
    - A: Die vier Sehnen verlaufen jeweils zum Streckerhäubchen jedes Fingers
    - N: N. radialis (C6, C7, C8)
    - B: dorsal der Flexions-/Extensionsachse der MCP-, IP- und Handgelenke
    - F: Handgelenksextension; MCP- und IP-Gelenksextension

11. M. extensor indicis
    - U: Ulnarrückfläche
    - A: Ulnarseite des Streckerhäubchens am Zeigefinger
    - N: N. radialis (C6, C7, C8)
    - B: dorsal der Flexions-/Extensionsachse der MCP-, IP- und Handgelenke
    - F: MCP-, IP- und Handgelenksextension

12. M. extensor digiti minimi
    - U: Epicondylus lateralis humeri
    - A: Streckerhäubchen des Kleinfingers
    - N: N. radialis (C6, C7, C8)
    - B: dorsal der Flexions-/Extensionsachse des MCP- und der IP-Gelenke
    - F: MCP-, IP- und Handgelenksextension

13. M. extensor pollicis brevis
    - U: distales Drittel der Radiusoberfläche
    - A: Basis des Daumengrundglieds, Dorsalseite
    - N: N. radialis (C6, C7)
    - B: dorsal der Flexions-/Extensionsachse des MCP- und der Handgelenke; radial der Ab-/Adduktionsachse der Handgelenke
    - F: Handgelenksextension und -radialdeviation; MCP-Extension des Daumens

14. M. extensor pollicis longus
    - U: in der Mitte der Dorsalfläche von Radius und Ulna
    - A: Basis des Daumenendgliedes
    - N: N. radialis (C6, C7, C8)
    - B: dorsal der Flexions-/Extensionsachse des MCP-, IP- und der Handgelenke; radial der Ab-/Adduktionsachse der Handgelenke
    - F: Extension und Radialduktion der Handgelenke; MCP- und IP-Extension des Daumens

15. M. abductor pollicis longus
    - U: in der Mitte der Dorsalfläche von Radius und Ulna
    - A: Basis 1. Mittelhandknochen
    - N: N. radialis (C6, C7)
    - B: palmar der Abduktionsachse des Daumens; palmar der Flexions-/Extensionsachse, radial der Ab-Adduktionsachse der Handgelenke
    - F: Abduktion MCP-Gelenk des Daumens; Radialduktion und Flexion der Handgelenke

16. M. flexor digitorum superficialis
    - U: Epicondylus medialis humeri, Processus coronoideus, mittleres Drittel der Palmarfläche des Radius
    - A: Die Sehnen teilen sich und setzen am radialen und ulnaren Rand der Volarfläche der Mittelglieder des 2.-5. Fingers an.
    - N: N. medianus (C7, C8, Th1)

B: palmar der Flexions-/Extensionsachse der MCP-, IP und Handgelenke
F: PIP- und MCP- Flexion des 2.-5. Fingers, Handgelenksflexion

17. M. flexor digitorum profundus
U: Palmarfläche der proximalen drei Viertel der Ulna
A: Palmarfläche der Endglieder des 2.-5. Fingers
N: 2. und 3. Finger: N. medianus (C8, Th1); 4. und 5. Finger: N. ulnaris (C8, Th1)
B: palmar der MCP-, DIP-, PIP- und Handgelenksflex-/-extensionsachse
F: MCP-, PIP-, DIP- und Handgelenksflexion

18. M. flexor pollicis longus
U: Palmarfläche des mittleren Drittels des Radius, Processus coronoideus ulnae
A: Palmarfläche der Basis des Daumenendglieds
N: N. medianus (C8, Th1)
B: palmar der Flexions-/Extensionsachse, radial der Ab-/Adduktionsachse der Handgelenke; palmar der Flexions-/Extensionsachse des MCP- und IP-Gelenks des Daumens
F: MCP- und IP-Flexion des Daumens; Flexion und Radialduktion der Handgelenke

Intrinsische Handmuskulatur

19. M. opponens pollicis
U: Os trapezium; Retinaculum flexorum
A: Radialseite 1. Mittelhandknochen
N: N. medianus (C6, C7)
B: medial der Flexions-/Extensionsachse, palmar der Ab-/Adduktionsachse, ulnar der Rotationsachse des Daumensattelgelenks
F: Daumenopposition (Flexion, Abduktion und Rotation des Daumens im Daumensattelgelenk)

20. M. opponens digiti minimi
U: Hamulus ossis hamati, Retinaculum flexorum
A: Ulnarseite des 5. Mittelhandknochens
N: N. ulnaris (C8, Th1)
B: radial der Oppositionsachse des 5. Mittelhandknochens
F: Opposition des MCP-Gelenks des Kleinfingers

21. M. abductor digiti minimi
U: Os pisiforme, Sehne des M. flexor carpi ulnaris
A: Ulnarseite des Kleinfingergrundglieds, Streckerhäubchen
N: N. ulnaris (C8)
B: ulnar der Ab-/Adduktionsachse, palmar der Flexions-/Extensionsachse des MCP-Gelenks
F: Ulnarduktion und Flexion im MCP-Gelenk des Kleinfingers

22. Mm. interossei dorsales
U: Seiten der Mittelhandknochen
A: Streckerhäubchen und Basis der Grundglieder des 2.-4. Fingers; am Zeigefinger an der Radialseite, am Mittelfinger an beiden Seiten und am Ringfinger an der Ulnarseite
N: N. ulnaris (C8, Th1)
B: palmar der Flexions-/Extensionsachse der MCP-Gelenke; radial der Ab-/Adduktionsachse des Zeige- und des Mittelfingers, ulnar der Ab-/Adduktionsachse des Mittel- und des Ringfingers
F: MCP-Flexion; MCP-Radialduktion des Zeige- und Mittelfingers; MCP-Ulnarduktion des Mittel- und Ringfingers; IP-Extension

23. M. adductor pollicis
    U: Os capitatum, Basis 2. und 3. Mittelhandknochen, Schaft des 3. Mittelhandknochens
    A: Basis des Daumengrundglieds
    N: N. ulnaris (C8, Th1)
    B: volar der Flexions-/Extensionsachse MCP-Gelenk; Ulnar der Ab-/Adduktionsachse des Daumensattelgelenks
    F: Abduktion des MCP- und Daumensattelgelenks

24. M. abductor pollicis brevis
    U: Os scaphoideum, Os triquetrum, Lig. carpi transversum
    A: Radialseite der Basis des Daumengrundglieds
    N: N. medianus (C6, C7)
    B: radial der Ab-/Adduktionsachse des MCP- und des Daumensattelgelenks
    F: Abduktion im MCP- und Daumensattelgelenk

25. M. flexor pollicis brevis
    U: Retinaculum flexorum, Os trapezoideum, Ulnarseite des 1. Mittelhandknochens
    A: palmar am Daumengrundglied
    N: radialer Anteil: N. medianus (C6, C7)
    ulnarer Anteil: N. ulnaris (C8, Th1)
    B: palmar der Flexions-/Extensionsachse des MCP- und IP-Gelenks des Daumens
    F: MCP- und IP-Flexion am Daumen

26. Mm. interossei palmares
    U: Palmarfläche des 2., 4. und 5. Mittelhandknochens
    A: Ulnarseite des Zeigefingergrundglieds, Radialseite des Ring- und Kleinfingergrundglieds; Streckerhäubchen der genannten Finger
    N: N. ulnaris (C8, Th1)
    B: palmar der Flexions-/Extensionsachse, ulnar der Ab-/Adduktionsachse der MCP-GElenke; am Ring- und Kleinfinger: radial der Ab-/Adduktionsachse der MCP-Gelenke; dorsal der Flexions-/Extensionsachse der IP-Gelenke
    F: MCP-Flexion; MCP-Ulnardeviation des Zeigefingers, MCP-Radialduktion des Ring- und Kleinfingers; IP-Extension

27. Mm. lumbricales
    U: Sehnen des M. flexor digitorum profundus jedes Fingers
    A: radialseitig am Streckerhäubchen jedes Fingers auf Höhe der MCP-Gelenke
    N: Mm. lumbricales I und II: N. medianus (C6,C7)
    Mm. lumbricales III und IV: N. ulnaris (C8)
    B: palmar der Flexions-/Extensionsachse der MCP-Gelenke; dorsal der Flexions-/Extensionsachse der IP-Gelenke
    F: MCP-Flexion; IP-Extension

28. In den Sehnenscheiden sind der Bewegungswiderstand und die Reibung herabgesetzt, so daß die Sehnen leichter gleiten können.

29. a. Der Faden entfernt sich unter Zug vom Finger. Es entsteht der sogenannte Bogensehneneffekt.
    b. Retinaculum flexorum und Ligg. annularia
    c. Die Ringbänder sind so gestaltet, daß die Sehnen nah am Knochen unter ihnen hindurchziehen. Wenn es keine Ringbänder gäbe, könnte die Sehne sich vom Finger entfernen (Bogensehneneffekt). Der kürzeste Abstand zwischen zwei Punkten ist eine gerade Linie (siehe unter a.). Wenn die Sehnen nicht dicht an den Knochen verlaufen würden, könnten die Sehnen beim Versuch eine Faust zu machen, eine gerade Linie vom Ansatz zur Handfläche bilden, so daß sich die Haut aufspannen würde. Die Kraft beim Zufassen würde nachlassen, da viel Kraft verwendet würde, um den Muskel derartig zu verkürzen.

30. Definitionen der Synergie sind: Muskeln arbeiten zusammen, um ein Ziel zu erreichen, indem sie sich helfen (M. biceps und M. brachialis), um sich gegenseitig zu stabilisieren (Schulterblattmuskulatur bei

Schultergelenksbewegungen), um ungewollte Bewegungskomponenten zu neutralisieren (Rotatorenmanschette und M. deltoideus).
Die Fingerbeugung ist in der Regel von einer Handgelenksextension begleitet (Stabilisation und Neutralisation). Die Fingerstreckung ist in der Regel mit einer Handgelenksflexion verbunden (Stabilisation und Neutralisation). Die Mm. flexor digitorum profundus und superficialis arbeiten zusammen, um eine kräftige Flexion der IP-Gelenke zu ermöglichen.

31. So sieht das beschriftete Diagramm aus:

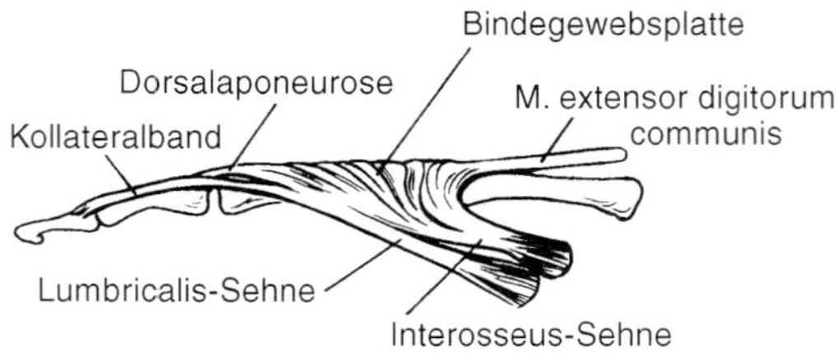

32. MCP-Flexion und IP-Extension fassen die verkürzte Stellung der intrinsischen Muskulatur zusammen.

33. MCP-Extension und IP-Flexion.

34. Eine Verletzung des N. medianus auf Handgelenksebene bringt den Verlust der Sensibilität im Handbereich sowie den Verlust der Muskelfunktion der Mm. abductor pollicis brevis, opponens pollicis, flexor pollicis brevis (teilweise) und der Mm. lumbricales I und II mit sich. Funktionell könnte der Daumen nicht mehr aus der Ebene der Handfläche herausbewegt werden, und eine Opposition wäre unmöglich. Dadurch wären die manipulativen Eigenschaften der Hand stark eingeschränkt. Der Verlust der Sensibilität würde uns sehr stark behindern, da wir auf die sensiblen Informationen bei der Handfunktion angewiesen sind. Besonders die häufig benötigten Fingerkuppen des Daumens sowie des Zeige- und Mittelfingers werden alle vom N. medianus innerviert.

35. Eine Verletzung des N. ulnaris auf Handgelenksebene würde den Verlust der Sensibilität in seinem Versorgungsgebiet sowie den Verlust der Muskelfunktion der Mm. adductor pollicis, flexor pollicis brevis (teilweise), interossei und Mm. lumbricales III und IV bedeuten. Funktionell könnte man die Finger nicht mehr in weitem Bogen öffnen und schließen. Anstatt sich koordiniert zu öffnen, wie es beim Ergreifen eines breiten Objektes notwendig ist, krallen sich die Finger in der Handfläche zusammen und schieben den Gegenstand aus der Handfläche hinaus. Bei einer Ulnarisparese wird zuerst die DIP- und PIP-Flexion endgradig durchgeführt und dann erst die MCP-Flexion. Bei einem physiologischen Faustschluß geschehen DIP-, PIP- und MCP-Flexion gleichzeitig und koordiniert. Versuchen Sie einmal, eine Getränkedose zu ergreifen, indem Sie zuerst die DIP- und PIP-Gelenke flektieren und dann erst die MCP-Gelenke.
Die funktionelle Bedeutung der sensiblen Versorgung durch den N. ulnaris liegt besonders darin, daß wir mit der Ulnarkante der Hand häufig in Kontakt mit unserer Umwelt kommen (z.B. wenn die Hand auf einer Unterlage liegt). Ohne entsprechende sensible Versorgung kann man nicht feststellen, ob der Untergrund sicher ist (Tisch) oder gefährlich (Herdplatte).

36. Auf diese Frage gibt es keine korrekte Antwort. Bei einer Läsion des N. medianus verliert man die Sensibilität in Finger- und Daumenkuppen, die sehr wichtig für die Interaktion mit der Umwelt sind, und die Unfähigkeit, den Daumen aus der Handflächenebene herauszuheben, verhindert alle Feingriffe. Bei einem Verlust des N. ulnaris geht die Sensibilität der Ulnarseite der Hand verloren, und ein kompletter Faustschluß ist nicht mehr möglich (siehe 35.).
Welcher Verlust gravierender ist, kann man nicht entscheiden, beide schränken die Funktion deutlich ein. Im allgemeinen scheinen Patienten mit einer Läsion des N. medianus jedoch stärker beeinträchtigt zu sein.

37. Ein Ödem würde den Druck im Karpaltunnel deutlich erhöhen. Die Struktur im Karpaltunnel, die auf einen erhöhten Druck am empfindlichsten reagiert, ist der N. medianus. Die Symptome wären wie bei einer Nerveneinklemmung (Beeinträchtigung der Nervenleitung). Das erste Symptom ist in der Regel eine Veränderung der Wahrnehmung im Versorgungsgebiet des N. medianus in der Hand. Wenn der Druck weiter anhält, kommt es zu motorischen Ausfällen in der intrinsichen Muskulatur, die vom N. medianus versorgt wird.

38. Im allgemeinen ist der kräftigste Griff in der Position zu beobachten, in der Ihr Partner ohne weitere Instruktion ihrerseits zugegriffen hat. Die stärkste Handgelenksposition für eine Fingerflexion ist in der Regel eine leichte Extension. Bei endgradiger Extension oder Flexion des Handgelenks besteht ein ungünstiges Längen-Spannungs-Verhältnis für die Muskulatur, und der Griff wird nicht mehr so kräftig sein.

39. Durch die Überbrückung mehrerer Gelenke kann über Handgelenk und Finger ein sehr viel differenzierterer Einfluß auf das Längen-Spannungs-Verhältnis der extrinsischen Muskulatur ausgeübt werden. Muß ein Gelenk für eine bestimmte Aktivität in einer spezifischen Position sein, gibt es immer noch genügend andere Gelenke, über die das optimale Längen-Spannungs-Verhältnis hergestellt werden kann.
Da die extrinsischen Muskeln der Hand soviele Gelenke überbrücken, sind sie auch sehr anfällig für aktive und passive Insuffizienz. Bei endgradiger Finger- und Handgelenksflexion werden die Flexoren aktiv insuffizient, und die Fingerextensoren sind oft passsiv insuffizient. Bei endgradiger Handgelenks- und Fingerextension sind die Fingerextensoren aktiv insuffizient und die Fingerflexoren passiv insuffizient. Die optimale Position für die Fingerflexion ist meist die leichte Handgelenksextension, und die optimale Position für die Fingerextension ist in der Regel die leichte Handgelenksflexion.

40. Eine Vernarbung der Flexorensehnenscheide wirkt wie ein Haltestrick und schränkt das Gleiten der Sehne in der Scheide ein. Abhängig davon, wo die Sehne und die Sehnenscheide verwachsen sind, kann die Flexion, die Extension oder beides beeinträchtigt sein.
   a. Der Faustschluß wäre beeinträchtigt.
   b. Der Muskelbauch des M. flexor digitorum profundus neigt dazu an allen Fingern gleichzeitig zu ziehen. Eine Verwachsung an einem der Finger könnte dazu führen, daß auch das Bewegungsausmaß an den anderen Fingern eingeschränkt wäre, wenn auch in einem geringeren Ausmaß. Der M. flexor digitorum superficialis hat im Gegensatz dazu meist eine höhere Unabhängigkeit der einzelnen Finger, so daß eine Verwachsung in der Sehnenscheide eines Fingers kaum oder keine Auswirkungen auf die Beweglichkeit der anderen Finger haben wird.

41. a. Der Profundus hat einen Muskelbauch mit vier voneinander unabhängigen Sehnen. Die Muskelbäuche des Superfizialis sind stärker voneinander abgegrenzt und unabhängiger.
   b. Die meisten Menschen können ihr DIP-Gelenk in dieser Position nicht beugen. Das PIP-Gelenk beugt sich jedoch spontan. Diese Stellung immobilisiert alle Profundussehnen bis auf die des Ringfingers. So könnte man die Vernarbung einer Flexorensehnenscheide simulieren. Da der Profundus einen Muskelbauch für vier Sehnen hat, beeinträchtigt die Verwachsung einer Sehne auch alle anderen Finger.
   c. Mit der beschriebenen Handstellung kann man die Aktivität des M. flexor digitorum profundus aller Finger bei der Beugung eliminieren. So kann man die Kraft des M. flexor digitorum superficialis feststellen. Die freie Flexion ist nur durch die Zusammenarbeit beider Muskeln möglich.

42. Um zu entscheiden, ob das Gelenk oder der Muskel die Beweglichkeit einschränkt, muß festgestellt werden, ob andere Gelenke, die auch vom gleichen Muskel überbrückt werden, die Beweglichkeit im betroffenen Gelenk beeinflussen. Wollen Sie beispielsweise feststellen, ob ein PIP-Gelenk steif ist oder der M. flexor digitorum superficialis verkürzt ist, müßten Sie den M. superficialis durch eine Handgelenks- und MCP-Gelenks-Flexion entspannen und prüfen, ob die Beweglichkeit im PIP-Gelenk sich verändert hat. Wenn das Gelenk selbst Verursacher der Einschränkung ist, so wird sich nichts verändert haben. Ist jedoch der Muskel verkürzt, so sollte in dieser Stellung das PIP-Gelenk besser beweglich sein als vorher. Das gleiche Prinzip läßt sich auf den M. flexor digitorum profundus und das DIP-Gelenk anwenden. Sowohl der Profundus als auch der Superfizialis können das PIP-Gelenk in seiner Beweglichkeit beeinträchtigen. Um die beiden Muskeln voneinander zu unterscheiden, würde man sich ansehen, wie das DIP-Gelenk bei Handgelenks- und MCP-Bewegungen reagiert.

43. Um das PIP-Gelenk zu extendieren und die Profundussehne nur minimal zu belasten, müssen alle anderen Gelenke, die der Profundus überbrückt, in angenäherte Stellung gebracht werden. In dieser Stellung kann man dann das DIP-Gelenk ein wenig in die Extension bewegen, ohne die Sehne zu belasten. Es müssen also das Hand-, MCP- und das PIP-Gelenk in Flexion sein, um das PIP-Gelenk etwas in die Extension zu bewegen. Wie würden Sie dieses Prinzip anwenden, um das MCP-Gelenk beweglich zu halten?

10 Articulatio temporomandibularis

Knochenlehre des Articulatio temporomandibularis

1. Palpieren Sie folgende Strukturen an Ihrem Partner, und beschriften Sie sie in Abb. 10.**1**.
   Mandibula
      Kondylen (von außen)
      Kondylen (vom äußeren Gehörgang aus)
      Processus coronoideus
      Angulus mandibulae
      R. mandibulae
      Corpus mandibulae
   Acus zygomaticus
   Os hyoideum

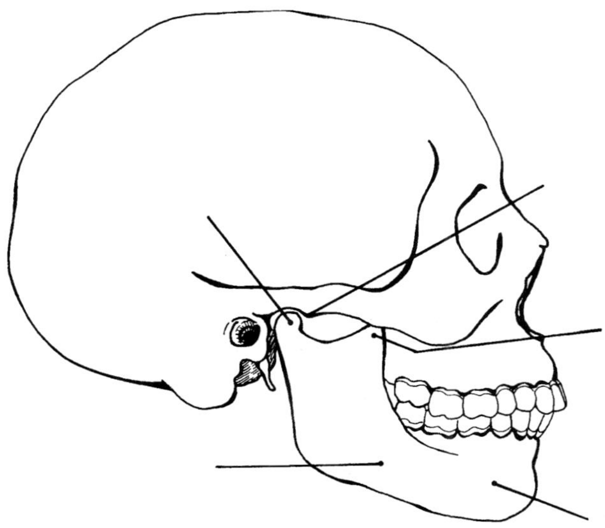

Abb. 10.**1**

2. Untersuchen Sie Ihren Partner auf Gesichtsasymmetrien. Sind seine Augen auf Ohrenhöhe? Sind Nase und Mund in der Mitte des Gesichts? Ist der Unterkiefer zentriert? Sehen Sie sich mindestens drei unterschiedliche Personen an. Waren die meisten Gesichter symmetrisch, oder gab es häufiger Asymmetrien?

Gelenklehre der Articulatio temporomandibularis

3. In den folgenden Diagrammen werden die zwei Komponenten der Gelenkbewegung demonstriert, die zum Mundöffnen notwendig sind. Zuerst rotiert der Kondylus in der Fossa mandibulae (Abb. 10.**2 A** u. **B**), dann gleitet er nach kaudal und ventral über die Eminentia articularis (Abb. 10.**2 B** u. **C**). Zeigen Sie diese Bewegungen an einem Skelett.

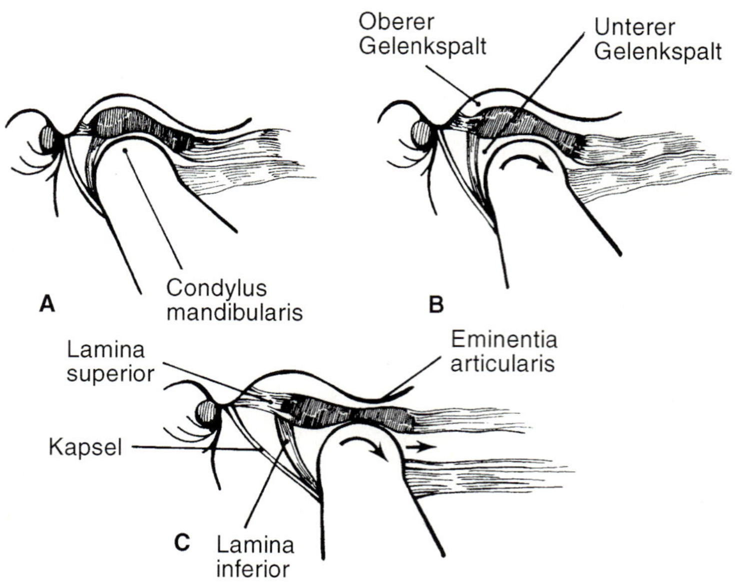

Abb. 10.2

4. Palpieren Sie nun die Articulatio temporomandibularis bei der Mundöffnung und -schließung an einem Mitschüler. Es gibt zwei Möglichkeiten der Palpation:
   a. Legen Sie Ihre Finger direkt vor die Ohrläppchen, und bitten Sie Ihren Partner, vorsichtig den Mund zu öffnen und zu schließen.
   b. Legen Sie Ihre Kleinfinger in den äußeren Gehörgang, und palpieren Sie an der Ventralseite des Gehörganges, während Ihr Partner den Mund öffnet und schließt. Können Sie spüren, wann im Bewegungsausmaß Rotation und wann Translation stattfindet? Haben sich die beiden Gelenke symmetrisch bewegt? Gab es innerhalb des Bewegungsausmaßes einen Ruck oder ein Knacken?

5. Wenn Sie jemanden mit einem gesunden Kiefergelenk bei der Mundöffnung und -schließung beobachten, erwarten Sie eine Lateraldeviation?

6. Die Mandibula hat zwei Gelenke, eines an jeder Kondyle. Was bedeutet das für die Unabhängigkeit der Gelenkbewegungen?

7. Der Kondylus wird von einer Gelenkzwischenscheibe überzogen, wie von einer Socke. Lesen Sie in einem Lehrbuch nach, und beschreiben Sie dann die Anheftungen des Discus articularis am Kondylus und an anderen Strukturen.

8. Beschreiben Sie die Bewegung des Diskus beim Öffnen und Schließen des Mundes.

9. Beobachten Sie bei mindestens drei Mitschülern die Kiefergelenksbewegung, und überlegen Sie, wie man das Bewegungsausmaß messen könnte. Die Bewegungen, die man messen möchte, sind Mundöffnen und -schließen, Lateraldeviation zu jeder Seite, Protrusion (Unterkiefer nach ventral schieben) und Retrusion (Unterkiefer nach dorsal schieben). Beschreiben Sie Ihre Meßtechnik. Messen Sie die Bewegungen an den beobachteten Mitschülern mit Hilfe Ihrer Technik. Welche Bewegungsausmaße konnten Sie messen?

10. Suchen Sie bei mindestens drei Mitschülern nach einer Lateraldeviation bei der Mundöffnung. Suchen Sie sich einen Bezugspunkt (der Spalt zwischen den Frontzähnen bietet sich an), und bitten Sie Ihren Mitschüler, den Mund langsam zu öffnen und zu schließen. Behalten die beiden Punkte, die Sie beobachten, während der gesamten Bewegung die gleiche Stellung zueinander? Wenn nicht, welchem Muster folgt die Deviation (z.B. eine rechte oder linke C-Kurve, eine S-Kurve)?

Muskellehre der Articulatio temporomandibularis

11. Palpieren Sie die folgenden Muskeln an Ihrem Partner:
    M. masseter
    M. temporalis
    Mm. infrahyoidei
    Mm. suprahyoidei
    Mm. scaleni
    M. sternocleidomastoideus

Mit Hilfe der folgenden Listen können Sie Ansatz, Ursprung und Nervenversorgung der Kiefergelenksmuskeln lernen. Finden Sie die Position jedes Muskels an einem Schädel wieder.

U: Ursprung
A: Ansatz
N: Innervation
B: Beziehung zur Bewegungsachse
F: Funktion

12. M. masseter
    U: Arcus zygomaticus
    A: Processus coronoideus, R. und Angulus mandibulae
    N: N. trigeminus (V Hirnnerv)
    B: ventral der Elevations-/Depressionsachse
    F: Elevation der Mandibula

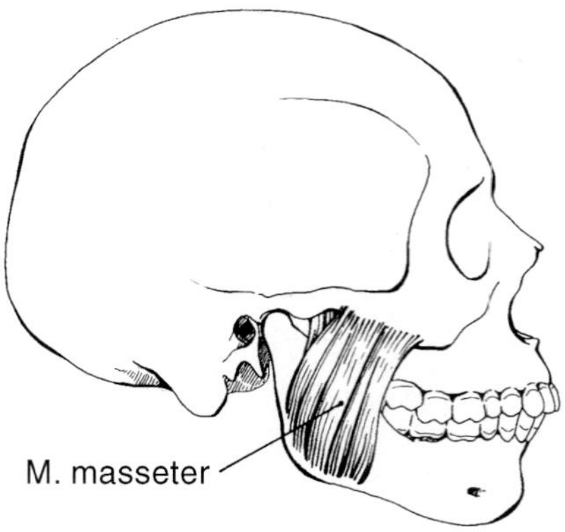

Abb. 10.3

13. M. temporalis
    U: Fossa temporalis und Faszie
    A: Processus coronoideus und Ventralrand des R. mandibulae
    N: N. trigeminus (V. Hirnnerv)
    B: ventral der Elevations-/Depressionsachse
    F: Elevation und Retraktion der Mandibula

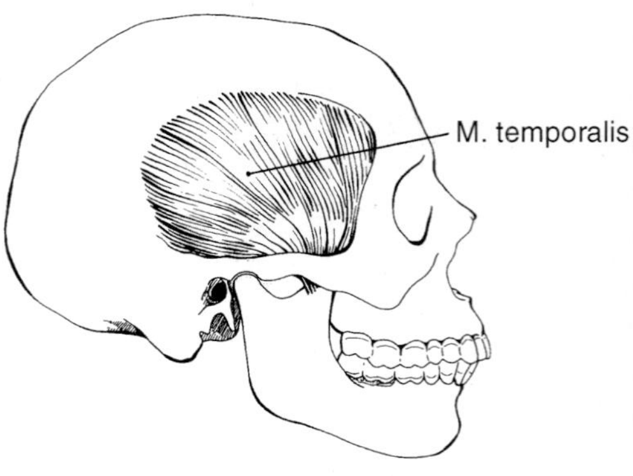

Abb. 10.3

14. M. pterygoideus medialis
   - U: Fossa pterygoidea
   - A: Medialfläche des R. und Angulus mandibulae
   - N: N. trigeminus (V. Hirnnerv)
   - B: verursacht eine translatorische Bewegung, der Muskel liegt in der Bewegungsebene
   - F: unilateral: Protrusion und Lateraldeviation zur Gegenseite
     bilateral: Elevation der Mandibula

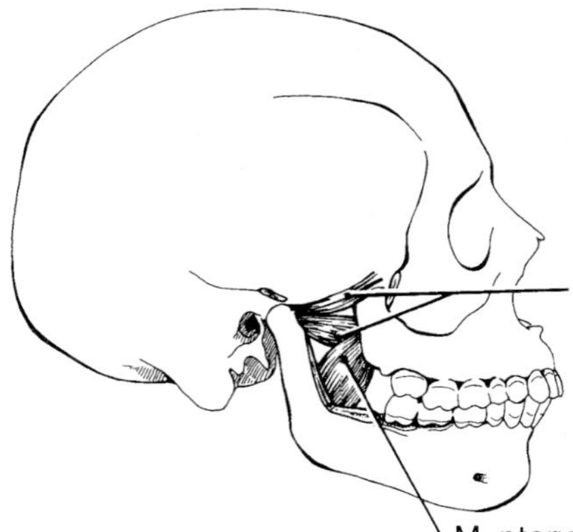

Abb. 10.5

15. M. pterygoideus lateralis
   - U: seitliche Fläche der Lamina lateralis processus pterygoidei und Unterfläche des großen Keilbeinflügels
   - A: Discus articularis mandibulae, Fovea pterygoidea processus condylaris mandibulae
   - N: N. trigeminus (V. Hirnnerv)
   - B: verursacht eine translatorische Bewegung, der Muskel liegt in der Bewegungsebene
   - F: unilateral: Protrusion und Deviation zur Gegenseite
     bilateral: Der kaudale Anteil ist bei der Depression der Mandibula aktiv, der kraniale Anteil ist bei der Elevation der Mandibula aktiv

16. M. digastricus
   - U: Processus mastoideus
   - A: Über eine Zwischensehne mit dem Zungenbein verbunden führt er zur Innenseite der Mandibulamitte
   - N: N. facialis (VII. Hirnnerv)
   - B: dorsal der Elevations-/Depressionsachse
   - F: Depression der Mandibula oder Elevation des Zungenbeins

   Siehe auch:
   Nackenmuskulatur,
   M. sternocleidomastoideus und
   Mm. scaleni

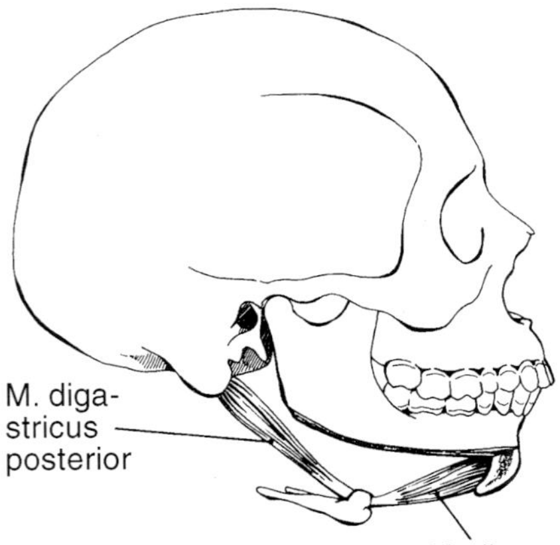

Abb. 10.6

17. Beschreiben Sie die Kräfte, die die Bewegung des Discus articularis bei der physiologischen Mundöffnung und -schließung kontrollieren. Lesen Sie nochmals Aufgabe 8. durch, bevor Sie diese Frage beantworten.

Anwendungen

18. Wenn der Diskus sich nach dorsal verlagert, welche Bewegung der Kondylen ist dann eingeschränkt? Wenn der Diskus sich nach ventral verlagerte welche Bewegung der Kondylen ist dann eingeschränkt? Erklären Sie, wie es zu diesen Einschränkungen kommt. Verwenden Sie einen Schädel, um Ihre Erklärung zu demonstrieren.

19. Welche Wirkung hätte eine Verletzung oder Obstruktion, die im linken Kiefergelenk nur die rotatorische Komponente bei der Mundöffnung zulassen würde, während das linke Kiefergelenk sowohl gleiten als auch rotieren könnte? Nehmen Sie eine normale Beweglichkeit für das rechte Kiefergelenk an. Was könnten Sie bei einer Mundöffnung und -schließung beobachten? Rekonstruieren Sie diese Situation mit Hilfe eines Schädels und einer Mandibula.

20. Beschreiben Sie die Art der Mundöffnung und -schließung, die Sie bei den folgenden Personen erwarten würden:
    a. Julia hat eine Kapselverkürzung des linken Kiefergelenks, die die Translation einschränkt.
    b. Louis hat einen nach ventral dislozierten Diskus, der bei der Mundöffnung ein- und bei der Mundschließung ausrenkt.

21. Sitzen Sie in aufrechter Haltung. Klappern Sie in dieser Position leicht mit den Zähnen, und spüren Sie, wo sie sich berühren. Nun legen Sie Ihr Kinn auf die Brust, und klappern Sie wieder mit den Zähnen. Als nächstes sehen Sie an die Decke und klappern wieder mit den Zähnen. Als letztes translatieren Sie Ihren Kopf nach ventral, und klappern Sie abermals mit den Zähnen. Die letzten zwei Stellungen sind sich im Verhältnis von Atlas und Okziput zueinander und der Wirkung auf die Okklusion sehr ähnlich. Die meisten Personen finden, daß sich ihre Zähne in den verschiedenen Kopfstellungen an unterschiedlichen Stellen berühren.
    a. Basierend auf dieser Übung, beschreiben Sie die Verbindung zwischen der Kopfstellung und der Okklusion. Schreiben Sie die Stellung Ihrer Zähne in den unterschiedlichen Kopfhaltungen auf (z.B. Unterkiefer ventral des normalen Bisses).
    b. Wie kommt dies zustande? (Sie müssen sich mit der Muskellehre der Kiefergelenksmuskulatur auskennen, um diese Frage zu beantworten.)

c. Zu einer Behandlung einer Kiefergelenksdysfunktion gehören Physiotherapie und zahnheilkundliche Techniken. Die zahnheilkundlichen Techniken sind meist darauf ausgerichtet, die Okklusion (den Biß) zu verändern. Wie sollte die Zusammenarbeit zwischen den Physiotheapeuten und den Zahnärzten aussehen?

Antworten zur Articulatio temporomandibularis

1. Überprüfen Sie Ihre Palpation anhand eines Lehrbuchs und mit Hilfe einer Lehrkraft.

2. Nutzen Sie diese Übung, um Ihre Fähigkeiten bei der Beobachtung des Gesichts zu schulen. Sie werden sicher viele Asymmetrien beobachten können. Leichte Asymmetrien sind völlig normal und haben keine funktionellen Konsequenzen. Sie werden auch einige schwerere Asymmetrien feststellen, die auch noch keine funktionellen Folgen haben. Einige der beobachteten Asymmetrien könnten jedoch funktionelle Bedeutung haben. Lassen Sie Ihre Beobachtungen von einer Lehrkraft überprüfen.

3. Zeigen, sehen und fühlen Sie die beiden Bewegungskomponenten bei der Mundöffnung und -schließung.

4. Nutzen Sie diese Übung, um Ihre Palpationsfähigkeiten zu schulen. Sie werden sicherlich mehrere Beispiele asymmetrischer Beweglichkeit, ruckhafter Bewegung und Knacken finden.

5. Unter physiologischen Verhältnissen in den Kiefergelenken sollte es keine Lateraldeviation bei der Mundöffnung und -schließung geben. Es gibt allerdings viele Menschen, bei denen man eine Lateraldeviation beobachten kann, ohne daß Symptome auftreten und die nicht behandelt werden muß.

6. Ist eines der Gelenke in irgendeiner Form beinträchtigt, so wird auch das andere in Mitleidenschaft gezogen. Da die Verbindung der beiden Gelenke fest ist (Mandibula), wird jede Beanspruchung oder Kraft, die auf eines der Gelenke trifft, direkt auf das andere übertragen.

7. Medial und lateral ist der Discus articularis an den Polen der Mandibulakondylen befestigt; es gibt keine medialen oder lateralen Anheftungen des Diskus an der Gelenkkapsel. Der ventrale Anteil des Diskus ist an der Gelenkkapsel und am M. pterygoideus lateralis (kranialer Anteil) befestigt. Dorsal ist er am bilaminären retrodiskalen Polster angeheftet. Dieses Polster besteht aus zwei Bändern.

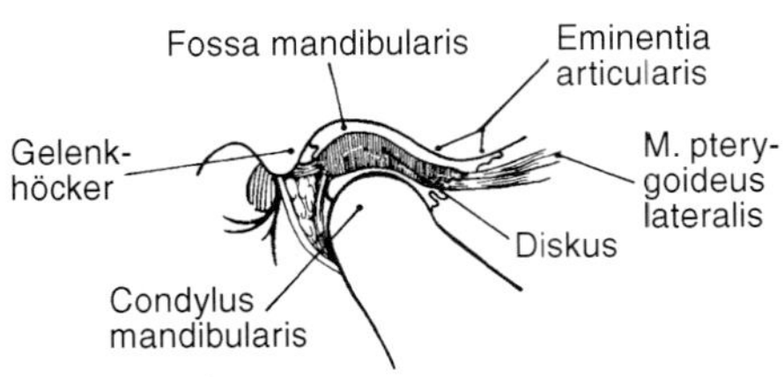

Abb. 10.7

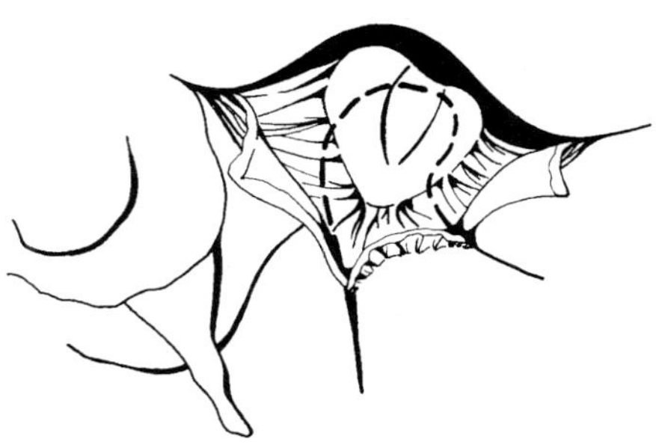

Abb. 10.8

8. Bei der normalen Mundöffnung rotiert der Diskus während der Rotationsphase auf dem Kondylus nach dorsal und gleitet dann mit dem Kondylus während der Translationsphase nach ventral. Beim Schließen kehrt sich der Vorgang um. Zuerst gleiten Diskus und Kondylus nach dorsal und dann rotiert der Diskus auf dem Kondylus nach ventral, um in seine Ausgangsstellung zurückzukehren.

9. In der Regel kann man bei der normalen Mundöffnung drei PIP-Gelenke zwischen Ober- und Unterkiefer legen. Eine Öffnung, in die zwei PIP-Gelenke passen, ist funktionell. Diese Messung ist jedoch zu grob für eine spezifische Befunderhebung der Kiefergelenksfunktion, aber sie bietet sich an für den Patienten zu Hause, um eine grobe Orientierung zu haben.
   Die häufigste Methode, die Gelenkbewegung zu messen, ist mit Hilfe eines Lineals (Angaben in mm). Allgemein anerkannte Bewegungsausmaße sind:
   40-50 mm Öffnung
   8 mm Lateraldeviation
   6-9 mm Protrusion
   3 mm Retrusion (diese Bewegung wird in der Regel nicht gemessen)

10. Nutzen Sie diese Übung, um Ihre Fähigkeiten bei der Beobachtung zu schulen. Lassen Sie Ihre Beobachtungen von einer Lehrkraft überprüfen.

11. Lassen Sie Ihre Palpation von einer Lehrkraft überprüfen.

12.–16. Die Listen wurden schon im Aufgabenteil vollständig geliefert.

17. Während der Rotationsphase der normalen Mundöffnung wird der Diskus durch seine dorsale Anheftung gehalten, wodurch eine Dorsalrotation des Diskus im Verhältnis zum Kondylus entsteht. Bei der Translationsphase der Mundöffnung bewegt sich der Diskus aufgrund seiner festen Verankerung am Kondylus mit diesem gemeinsam nach ventral. Die untere Schicht des retrodiskalen Polsters schränkt die Vorwärtsbewegung des Diskus ein. Siehe Abb. 10.**7** und 10.**8** in der Beantwortung der Frage 7.
    Während der Mundschließung wird der Diskus durch die elastischen Fasern der oberen Schicht des retrodiskalen Polsters nach dorsal gezogen. Eine konzentrische Kontraktion des M. pterygoideus kontrolliert diese Rückbewegung des Diskus.

18. Eine Dislokation des Diskus nach dorsal schränkt die Elevation der Mandibula ein, da es dorsal des Kondylus zu einer mechanischen Blockierung kommt, so daß dieser nicht in seine Ausgangsstellung zurückgleiten kann. Eine Dislokation des Diskus nach ventral schränkt die Depression der Mandibula ein, indem der Kondylus nicht in eine vollständig geöffnete Position nach ventral gleiten kann. Die Rotationskomponente ist möglich, die translatorische hingegen nicht.

19. Wenn links nur Rotation stattfinden kann, so wird zu Beginn der Mundöffnung eine physiologische Bewegung ablaufen, bis die Rotationsphase abgeschlossen ist. Bei dem Versuch, den Mund weiter zu öffnen, wird rechts eine Translation stattfinden, links jedoch nicht, so daß die Mandibula eine Linksdeviation durchführen wird. Vollziehen Sie diese Bewegung anhand eines Schädels und einer Mandibula nach. Siehe Abb. 10.**9**.

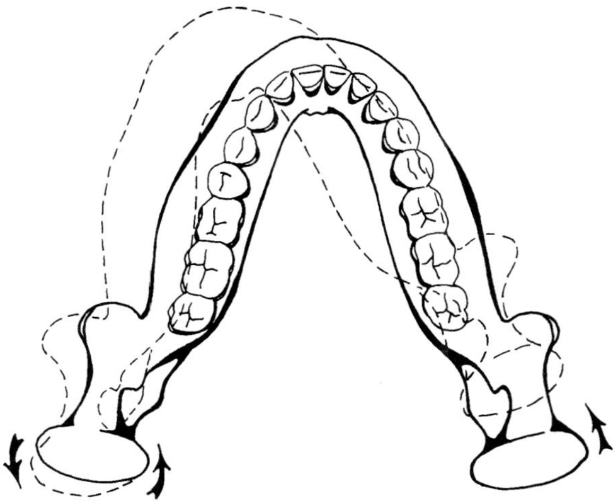

Abb. 10.**9**

20. a. Eine zu enge Kapsel, die die Translation einschränkt, würde das gleiche Bild hervorrufen wie unter 19. beschrieben. Bei der Mundöffnung würde Julia eine C-Kurve nach rechts ausführen.
    b. Die Kieferbewegung von Louis hingegen wäre ungleichmäßig. Zu Beginn der Mundöffnung wäre die Bewegung symmetrisch. Am Ende der Rotationsphase würde die Mandibula sich nach links verschieben, weil die Translation links nicht möglich ist, aber rechts stattfindet. Wenn sich der Diskus links wieder einrenkt, springt die Mandibula wieder in die symmetrische Position zurück, die Translation links wäre mit einem Ruck vollständig. Auch beim Schließen des Mundes käme es zu einer ungleichmäßigen Bewegung. Die Bewegung wäre zu Beginn wieder symmetrisch, bis der Diskus disloziert. Ab diesem Punkt würde die Mandibula sich wieder nach links verschieben, bis die physiologische Translation rechts beendet wäre. Ist die Translation rechts vollständig, kehrt die Mandibula wieder in die Mittelstellung zurück. Die Rotationsphase beim Schließen wäre wahrscheinlich auch symmetrisch. Individuelle Variationen dieser allgemeinen Beschreibung hängen von der Beschaffenheit der Gelenkkapsel und der Bänder (locker oder eng) ab.
    Zusammenfassend kann man sagen, daß eine enge Gelenkkapsel eine C-Kurve zur gleichen Seite verursacht, während ein dislozierter Diskus eine komplexe Kurve hervorruft. Rekonstruieren Sie diese Bewegungen anhand eines Modells (Schädel und Mandibula), damit Sie sie besser nachvollziehen können.

21. a. Bei der Extension des Kopfes auf der Halswirbelsäule neigt die Mandibula dazu, sich zu retrahieren (sich im Verhältnis zur Maxilla nach dorsal zu bewegen). Bei der Flexion des Kopfes auf der Halswirbelsäule rutscht die Mandibula gegenüber der Maxilla nach ventral.
    b. Dies könnte aufgrund verkürzter Muskulatur oder der Einklemmung von Weichteilen geschehen. Bei der Extension des Kopfes wird häufig der M. digastricus gedehnt, wodurch die Mandibula nach dorsal gezogen wird. Bei extremer Flexion schieben die Weichteile des Halses die Mandibula häufig in eine protrahierte Position.
    c. Patienten mit einer Kiefergelenksdysfunktion zeigen häufig eine nach ventral translatierte Kopfstellung. Die Übungen und Techniken der Physiotherapie beeinflussen Haltung, Muskellänge, -kraft und -koordination. Dadurch kann die Fehlhaltung des Kopfes vermindert oder beseitigt werden. Wie wir mit dieser Übung gezeigt haben, kann die Kopfhaltung die Okklusion verändern. Deswegen sollte der Patient dem Physiotherapeuten frühzeitig vorgestellt werden. Kommt der Patient erst nach Abschluß der zahnärztlichen Behandlung zum Physiotherapeuten, kann es sein, daß durch die erneute Veränderung der Okklusion bei der Haltungsveränderung der Zahnarzt seine Arbeit noch einmal verändern muß.

11 Haltung

Anwendungen

Eine statische Haltung kommt zustande, indem die Körperabschnitte so ausgerichtet werden, daß der Körperschwerpunkt vertikal und zentral über der Unterstützungsfläche liegt.

1. Kleben Sie Klebepunkte auf Bezugspunkte der Körperoberfläche Ihres Partners, die Ihnen erlauben, seine Haltung im Stand von lateral und dorsal zu analysieren.

2. Beschreiben Sie die ideale Standhaltung eines Körpers von der Seite und von hinten.

3. Verwenden Sie ein Lot, um das vertikale Verhältnis der Bezugspunkte aus 1. zu untersuchen. Um das Lot bei allen untersuchten Personen möglichst gleich anzulegen, brauchen Sie einen festen Bezugspunkt, an dem Sie das Lot ausrichten. Bei dieser Übung werden Sie die Haltung von der Seite und von hinten begutachten, deswegen brauchen Sie einen lateralen und einen dorsalen Bezugspunkt als Referenz.
   Finden Sie sinnvolle Bezugspunkte.

4. Vergleichen Sie die Haltung von vier Ihrer Mitschüler mit dem Ideal, das Sie in Aufgabe 2. beschrieben haben. Verwenden Sie bei jedem Ihrer Mitschüler sowohl die laterale als auch die dorsale Ansicht. Zusätzlich zu den Bezugspunkten für die dorsale Analyse, die Sie in Aufgabe 1. ausgewählt haben, nehmen Sie noch folgende im Seitenvergleich hinzu:
   Schulterhöhe
   Skapulaausrichtung
   Dreieck zwischen Rumpf und Arm
   Höhe der Beckenschaufeln
   Glutaealfalten
   Kniekehlenfalten
   Innenknöchel

5. Durch welche Linien wird der lumbosakrale Winkel definiert, und wie groß ist er physiologischerweise?

6. Demonstrieren Sie einen vergrößerten lumbosakralen Winkel im Stand.

7. Beschreiben Sie die Stellung der Hüftgelenke und der Lendenwirbelsäule der Haltung, die Sie unter 6. eingenommen haben. Verwenden Sie dafür die Dreier-Regel.

8. Demonstrieren Sie einen verminderten lumbosakralen Winkel.

9. Beschreiben Sie die Stellung der Hüftgelenke und der Lendenwirbelsäule der Haltung, die Sie unter 8. eingenommen haben. Verwenden Sie die Dreier-Regel.

10. Untersuchen Sie die normale Haltung aus der Seitenansicht mit Hilfe eines Lots und den Bezugspunkten, die Sie unter 1. festgelegt haben. Legen Sie nun unter die Fersen Ihres Mitschülers eine Erhöhung von 7 cm. Welche Veränderungen eregeben sich an den unterschiedlichen Bezugspunkten im Verhältnis zum Lot? Nun legen Sie die Erhöhung unter die Fußballen. Wie verhalten sich die Bezugspunkte jetzt im Verhältnis zum Lot?

11. In Abb. 11.**1**, soll die vertikale Linie das Schwerelot darstellen.
    a. Welche Bewegungen könnte die Schwerkraft in den einzelnen Gelenken der unteren Extremität hervorrufen?

    b. Welche Muskeln am Hüft- und Kniegelenk arbeiten gegen die Schwerkraftwirkung?

12. Nehmen Sie die Haltung ein, die in Abb. 11.**1** gezeigt wird, und halten Sie sie, bis Sie spüren, welche Beinmuskeln diese Stellung erhalten. Handelt es sich um die gleichen Muskeln, die Sie in Aufgabe 11. genannt haben?

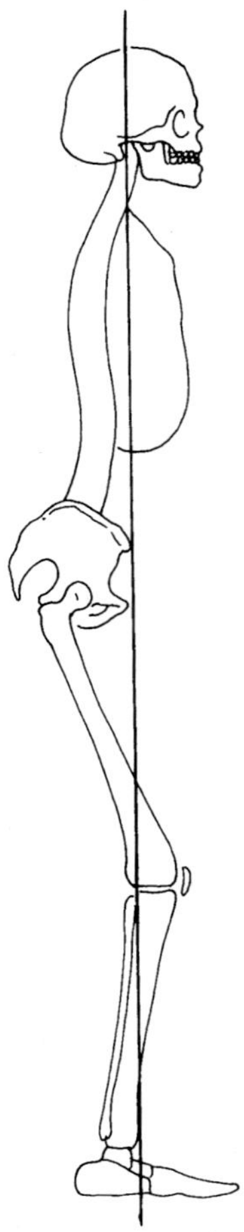

Abb. 11.**1**

13. Die Linie in Abb. 11.**2** repräsentiert die Schwerelinie.
   a. Welche Wirkung hat die Schwerkraft auf das Hüft- und Kniegelenk?

   b. Stellen Sie die Schwerkraftwirkung in Abb. 11.**1** und 11.**2** gegenüber. Stellen Sie auch Überlegungen zur relativen Größe der Wirkung in den beiden Abbildungen an.

   c. In welcher Haltung wird mehr Energie benötigt (um die Haltung zu bewahren)?

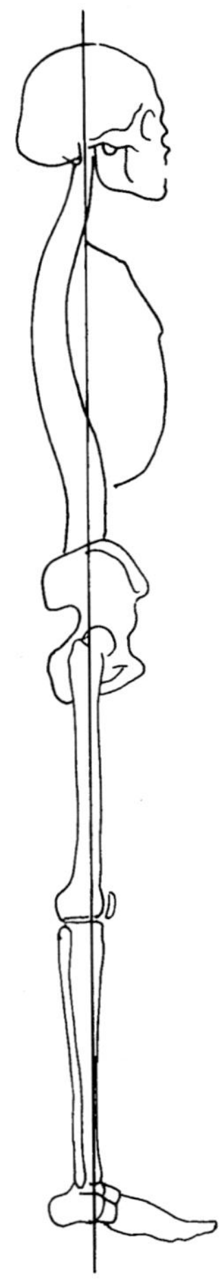

Abb. 11.**2**

14. Die primären und die sekundären Wirbelsäulenkrümmungen dienen als Federung bei vertikalen Kompressionen, welche Wirkung hat ein verminderter lumbosakraler Winkel auf die Federungseigenschaften der Lendenwirbelsäule?

15. Lassen Sie Ihren Partner in entspannter Haltung auf einem Stuhl sitzen. Beschreiben Sie seinen lumbosakralen Winkel im Sitzen.

16. Nun bringen Sie seinen lumbosakralen Winkel wieder in den physiologischen Bereich. Haben Sie den lumbosakralen Winkel Ihres Partners korrigiert, so geben Sie ihm unterstützende Hilfsmittel, die ihm ermöglichen, wieder entspannt zu sitzen und trotzdem den physiologischen lumbosakralen Winkel beizubehalten. Was mußten Sie tun?

17. Nehmen Sie im Stand eine ventral translatierte Kopfhaltung ein. Lassen Sie diese Stellung von einem Mitschüler überprüfen. Welche Kriterien haben Sie eingesetzt, um festzustellen, wie diese Haltung aussehen wird?

18. Lassen Sie Ihren Partner im Sitzen eine übertriebene ventral translatierte Kopfhaltung einnehmen. Nun soll er sein Sternum anheben. Um das zu tun, soll sich Ihr Partner vorstellen, ein Faden würde das Sternum direkt zur Decke ziehen. Sie sollten ein Heben der Rippen und des Brustkorbes beobachten können. Welchen Einfluß hatte das Anheben des Brustkorbes auf die Kopfhaltung? Würde dieser Versuch auch im Stand funktionieren?

19. Lassen Sie Ihren Partner eine Standhaltung einnehmen, die dem Ideal so nah wie möglich ist. Sehen Sie sich die Wirbelsäulenkrümmungen von der Seite an. Nun lassen Sie Ihren Partner eine ventral translatierte Kopfhaltung einnehmen und beurteilen den Einfluß auf die Wirbelsäulenkrümmungen. Beschreiben Sie, was Sie beobachtet haben.

20. Erklären Sie, wie durch eine ventral translatierte Kopfhaltung beide Mm. sternocleidomastoidei in eine verkürzte Stellung kommen.

21. Zeichnen Sie in Abb. 11.**3** einen Vektor ein, der den Schwerkrafteinfluß auf den Kopf darstellt. Beachten Sie, daß in dieser Abbildung die vertikale Linie nicht mehr die Schwerelinie repräsentiert; es ist in diesem Fall nur eine Referenzlinie, anhand derer man die Haltung beurteilen kann. Welche Abweichungen von der Idealhaltung können Sie in dieser Abbildung entdecken?

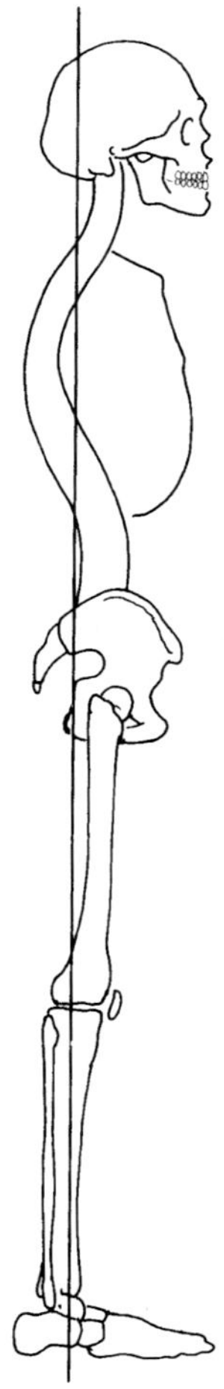

Abb. 11.**3**

22. Vervollständigen Sie folgende Tabelle für die Abb. 11.**3**.

Gelenk	**Anatomische Gelenkstellung**	**Muskelstatus** (verkürzt/gedehnt) (Geben Sie Muskel und Status an.)
Kopfgelenke		
Halswirbelsäule		
Zervikothorakaler Übergang		
Brustwirbelsäule		
Lendenwirbelsäule		
Becken		
Hüftgelenke		
Kniegelenke		
Sprunggelenke		

23. Das Gewicht des menschlichen Kopfes liegt zwischen 5 und 8 Kilogramm. Halten Sie ein 5 Kilogrammgewicht in der Hand, und stützen Sie Ihren Ellenbogen auf den Tisch mit dem Unterarm vertikal. Jetzt extendieren Sie Ihr Handgelenk, das Gewicht liegt in Ihrer offenen Handfläche. Halten Sie diese Stellung 2 Minuten lang. Am Ende der zwei Minuten beschreiben Sie die Gefühle in Ihrem Handgelenk.

24. Erklären Sie Ihre Antwort in Aufgabe 23. in bezug auf das Drehmoment, das die Schwerkraft durch das Gewicht in Ihrer Hand ausübt, und auf die Kraft, die Ihre Muskulatur aufbringen mußte, um diesem Drehmoment zu widerstehen.

25. Setzen Sie Aufgabe 21., 23. und 24. zueinander in Beziehung.

26. Benennen Sie die Krümmungen der Skoliosen, die in Abb. 11.**4** und 11.**5** dargestellt sind.

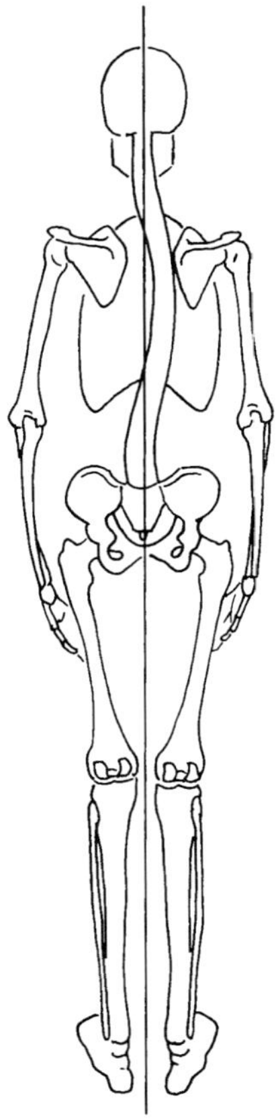

Abb. 11.**4**

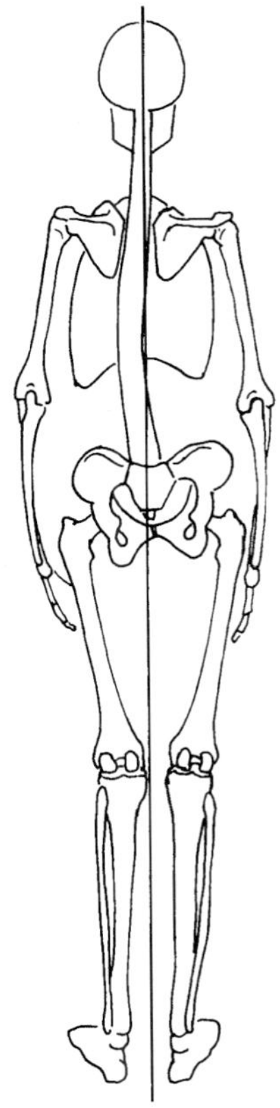

Abb. 11.**5**

27. Vervollständigen Sie die folgende Tabelle zu Abb. 11.**5**.

Gelenk	**Anatomische Gelenkstellung**	**Muskelstatus** (verkürzt/gedehnt) (Geben Sie Muskel und Status an.)
Kopfgelenke		
Halswirbelsäule		
Schultergelenk		
Brustwirbelsäule		
Lendenwirbelsäule		
Becken		
Hüftgelenke		
Kniegelenke		
Sprunggelenke		

28. Kleben Sie einen Punkt auf den Processus spinosus aller palpierbaren Wirbel Ihres Partners. Nun beurteilen Sie von dorsal, ob es Abweichungen der vertikalen Wirbelausrichtung gibt. Lassen Sie sich Ihren Partner nach vorn beugen. Ändert sich die Ausrichtung der Wirbel?
Suchen Sie nach einer skoliotischen Verkrümmung oder einem Rippenbuckel. Aus welcher Ansicht könnten Sie eine Kyphose oder eine Abflachung der primären und sekundären Krümmungen erkennen?

29. Lassen Sie Ihren Partner mit einer Erhöhung von 2,5 cm unter dem rechten Fuß stehen, beide Kniegelenke sollen endgradig gestreckt sein. Nun beurteilen Sie von dorsal, wie dies die Haltung verändert.

30. Um diese Frage zu beantworten und für die Skoliose-Reihenuntersuchung, nehmen Sie an, daß die Bewegungen in der Brustwirbelsäule auf die gleiche Weise miteinander gekoppelt sind wie in der Lendenwirbelsäule.
   a. In welche Richtung rotiert ein Brustwirbel, wenn sich die Brustwirbelsäule nach rechts lateralflektiert?

   b. In welche Richtung bewegt sich der Processus spinosus bei der Rotation?

   c. Wenn die Rechtsseitneigung fixiert ist, wie bei einer strukturellen Skoliose, auf welcher Seite können Sie den Rippenbuckel beobachten? Erklären Sie Ihre Antwort.

31. Gehen Sie auf einen öffenlichen Platz, und beobachten Sie die Haltung einer Person, die einen hervorstehenden Bauch hat, z.B. eine schwangere Frau. Beschreiben Sie, wie dies die Standhaltung der Person beeinflußt. Stellen Sie fest, wie die posturale Muskulatur reagiert.

32. Ihr Partner soll versuchen, in der Rückenlage ein Bein länger erscheinen zu lassen als das andere. Mit Hilfe welcher Bewegung hat er versucht, dies Wunder zu ermöglichen? Entwickeln Sie eine Meßmethode, mit der Sie feststellen können, ob das Bein tatsächlich länger ist als das andere oder ob es eine andere Erklärung für dieses Phänomen geben muß.

33. Messen Sie die segmentale und die totale Beinlänge. Welche Bezugspunkte haben Sie verwendet, um die einzelnen Segmente zu messen? Geben Sie Gründe an, warum man die segmentale und die totale Beinlänge messen sollte, und nennen Sie Schwierigkeiten, die daraus entstehen können, daß man nur eine der beiden mißt.

Antworten zu Haltung

1. In Ihrem Bewegungslehre- oder Anatomielehrbuch finden Sie sicherlich eine laterale und eine dorsale Ansicht eines stehenden Menschen mit einer vertikalen Schwerelinie, die durch den Körperschwerpunkt führt. Typische Bezugspunkte, die für die Beurteilung der Haltung verwendet werden, sind dort benannt und in Ihrer Beziehung zu den Bezugspunkten eingezeichnet. Einige Standardbezugspunkte für die laterale Ansicht sind: Ohr, Akromion, Trochanter major, Kniegelenk und Außenknöchel. Für die Ansicht von dorsal: Eminentia nuchae, Processus spinosus C7, Glutealfalte und Mittelpunkt zwischen den Füßen.

2. Bei der Idealhaltung des menschlichen Körpers fällt das Schwerelot in der Nähe der meisten Bewegungsachsen. Die Körperabschnitte befinden sich fast vertikal ausgerichtet übereinander; die Kompressionskräfte werden optimal über der Unterstützungsfläche verteilt. Besonders in der Seitenansicht fällt das Schwerelot in folgender Beziehung zu den Bezugspunkten:
   - leicht ventral der Flexions-/Extensionsachse der Kopfgelenke und durch den Meatus acusticus externus
   - dorsal der HWS-Lordose
   - entlang der Seite des Rumpfes (ventral der BWS-Kyphose, dorsal der LWS-Lordose)
   - leicht dorsal der Flexions-/Extensionsachse des Hüftgelenks und durch den Trochanter major
   - leicht ventral der Flexions-/Extensionsachse des Kniegelenks
   - leicht ventral der Dorsalextensions-/Plantarflexionsachse des Sprunggelenks und leicht ventral des Außenknöchels

   Von dorsal gesehen: Die Schwerelinie teilt den Körper idealerweise symmetrisch in eine rechte und linke Seite, dabei beginnt sie bei der Eminentia nuchae, verläuft entlang der Dornfortsätze, durch die Glutealfalte und endet in der Mitte zwischen den Füßen.

3. Der gängigste Bezugspunkt für eine konstante Plazierung des Lots bei der Haltungsbeurteilung von der Seite ist der Außenknöchel. Bei der Beurteilung von dorsal ist es entweder die Eminentia nuchae oder die Mitte zwischen den Fersen. Die Füße scheinen jedoch besser geeignet, da sie der stabilere der beiden Punkte sind; in Abb. 11.**5** ist jedoch die Eminentia nuchae Referenzpunkt. Wenn das Lot über einen der Bezugspunkte gebracht wurde, kann die Lage der anderen Bezugspunkte zum Lot beurteilt werden.

4. In dieser Übung können Sie die Variationsbreite des Normalen kennenlernen, und vielleicht finden Sie auch den einen oder anderen Mitschüler, der aus der Norm herausfällt. Oft fallen bei diesen Untersuchungen Haltungsschäden auf, die früher noch nicht diagnostiziert worden sind. Daraus können schwierige Situationen entstehen, die eine Hilfestellung seitens der Lehrer erfordern.
   Wenn Sie von dorsal beobachten, dann können Ihnen die zusätzlichen Bezugspunkte helfen, die Symmetrie zwischen rechter und linker Körperhälfte in der Frontalebene zu beurteilen.

5. Der lumbosakrale Winkel wird in der Seitenansicht von einer Linie parallel zum Boden und einer zweiten Linie parallel zur Deckplatte des ersten Sakralwirbels gebildet. Der physiologische Winkel beträgt ca. 30°.

6. Der lumbosakrale Winkel kann duch eine vermehrte Beckenkippung nach ventral vergrößert werden.

7. Flexion des Beckens im Hüftgelenk, Vergrößerung der Lendenlordose.

8. Der lumbosakrale Winkel kann durch eine Dorsalkippung des Beckens verkleinert werden.

9. Extension des Beckens im Hüftgelenk, Verminderung der Lendenlordose.

10. Eine Erhöhung von 8 cm unter den Fersen bringt die Bezugspunkte in der Regel weiter nach ventral. Dadurch werden der Schwerpunkt und die Schwerelinie über der Unterstützungsfläche nach ventral verschoben. Sie sollten beobachten können, wie Ihr Partner versucht, den Schwerpunkt wieder nach dorsal zu verlagern, indem er die Lendenlordose vergrößert oder die Kniegelenke beugt. Wird die Erhöhung unter die Fußballen gelegt, passiert genau

das Umgekehrte. Sie werden eine Hüftgelenksflexion oder einen anderen Versuch beobachten können, den Körperschwerpunkt wieder mehr nach ventral zu bringen.

11. a. Hüft- und Kniegelenksflexion; Sprunggelenksdorsalextension
    b. Die Hüftgelenksextensoren (M. glutaeus maximus und die ischiokrurale Muskulatur) sind am stärksten dafür verantwortlich, der Schwerkraft auf Hüftgelenksebene zu widerstehen; der M. quadriceps widersteht ihr auf Kniegelenksebene.

12. Spüren Sie die Spannung in den Muskeln, die in Aufgabe 11. genannt wurden.

13. a. In Abb. 11.1 erzeugt die Schwerkraft ein flexorisches Drehmoment in Hüft- und Kniegelenk, wohingegen in Abb. 11.2 die Schwerelinie leicht dorsal der Flexions-/Extensionsachse des Hüftgelenks und leicht ventral der Flexions-/Extensionsachse des Kniegelenks verläuft. Dadurch wird in beiden Gelenken ein extensorisches Drehmoment erzeugt. Insgesamt liegt die Schwerelinie in Abb. 11.1 weiter von den Gelenken entfernt als in Abb. 11.2, so daß der Hebelarm der Schwerkraft in Abb. 11.1 größer ist. Die Schwerkraft ist in beiden Fällen gleich groß, der Hebelarm in Abb. 11.1 größer, so daß in Abb. 11.1 daraus ein größeres Drehmoment entsteht.
    b. In Abb. 11.**2** ist das Drehmoment kleiner, und gleichzeitig geht die von der Schwerkraft ausgelöste Bewegung in Richtung Gelenkstabilität. Diese Kombination führt dazu, daß man deutlich weniger Energie benötigt, um die Haltung aus Abb. 11.**2** beizubehalten.

14. Bei einem verminderten lumbosakralen Winkel wird mehr Oberkörpergewicht direkt auf die Wirbelkörper und auf die Zwischenwirbelscheiben übertragen, so daß mehr Kompression entsteht. Physiologischerweise wird diese Kraft von der lumbalen Wirbelsäulenkrümmung absorbiert.

15. Beim Sitzen ist der lumbosakrale Winkel häufig vermindert, da das Sakrum mehr nach hinten unten gekippt wird.

16. Sie müssen höchstwahrscheinlich die Lendenwirbelsäulenkrümmung etwas unterstützen, damit Ihr Partner aufrecht und trotzdem entspannt sitzen kann.

17. Das einfachste Kriterium zur Beurteilung einer ventral translatierten Kopfhaltung ist die Ausrichtung des Arcus zygomaticus (Wangenknochens) über dem Manubrium sterni. Die Ausrichtung des Gehörgangs über dem Akromion als Kriterium zu verwenden, kann verwirrend sein, da einige Patienten sowohl eine ventral translatierte Kopfhaltung als auch protrahierte Schultern haben. Dabei würden Akromion und Gehörgang wieder übereinander ausgerichtet sein, der Patient hätte aber trotzdem eine ventral translatierte Kopfhaltung.

18. Das Anheben des Brustkorbes vermindert in der Regel eine ventral translatierte Kopfhaltung. Diese Übung funktioniert auch im Stand.

19. Durch das „Nach-vorn-Schieben" des Kopfes wird die BWS-Kyphose vermehrt, die LWS-Lordose kann vermehrt oder verringert werden. Die untere HWS ist flektiert und die obere extendiert.

20. Bei der ventral translatierten Kopfhaltung sind die Kopfgelenke extendiert, und die untere HWS ist gegen die BWS flektiert. Der M. sternocleidomastoideus verläuft dorsal der Flexions-/Extensionsachse der Kopfgelenke und ventral der Flexions-/Extensionsachse der unteren HWS-Segmente. Dadurch verkürzt die ventral translatierte Kopfhaltung den M. sternocleidomastoideus sowohl über die Kopfgelenke als auch im zervikothorakalen Übergang.

21. Die Abweichungen vom Ideal sind hier: Hyperkyphose und ventral translatierte Kopfhaltung.

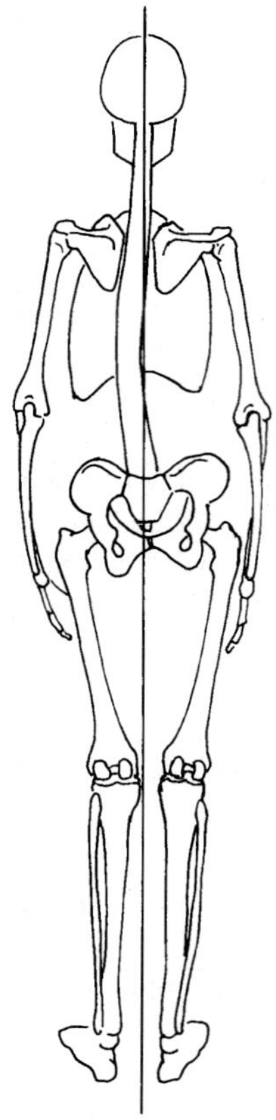

Abb. 11.6

22. Hier die vollständige Tabelle für Abb. 11.**3**.

Gelenk	**Anatomische Gelenkstellung**	**Muskelstatus** (verkürzt/gedehnt) (Geben Sie Muskel und Status an.)
Kopfgelenke	extendiert	Extensoren verkürzt Flexoren gedehnt
Halswirbelsäule	vermehrte Lordose	Extensoren verkürzt Flexoren gedehnt
Zervikothorakaler Übergang	Flexion	Extensoren gedehnt Flexoren verkürzt
Brustwirbelsäule	vermehrte Kyphose	Extensoren gedehnt Flexoren verkürzt
Lendenwirbelsäule	vermehrte Lordose	Extensoren verkürzt Flexoren gedehnt
Becken	Nullstellung in den Hüftgelenken, Extension gegen die Lendenwirbelsäule	LWS-Extensoren verkürzt Bauchmuskeln gedehnt
Hüftgelenk	Nullstellung	ausgeglichen
Kniegelenk	Nullstellung	ausgeglichen
Sprunggelenke	vermehrte Dorsalflexion	M. soleus gedehnt Dorsalextensoren verkürzt

23. Sie werden wahrscheinlich in den Muskeln des Handgelenks ein Gefühl der Überdehnung und der Erschöpfung spüren.

24. Die Schwerelinie fällt dorsal der Flexions-/Extensionslinie, so daß ein extensorisches Drehmoment im Handgelenk entsteht. Die Flexoren wollen diesem Drehmoment entgegenwirken, sind dafür aber in einer mechanisch ungünstigen Stellung.

25. Erschöpfung und Beanspruchung können in den dorsalen Muskelgruppen des Nackens und des Rückens entstehen, wenn Sie den Kopf gegen ein flexorisches Drehmoment der Schwerkraft aufrecht halten müssen, wie in Aufgabe 21. Das ist analog zu den Ergebnissen in den Übungen am Handgelenk (Aufgabe 23. und 24.).

26. Die Diagramme zeigen eine linkslumbale und rechtsthorakale Skoliose in Abb. 11.**4** und eine linksthorakolumbale Skoliose in Abb. 11.**5**.

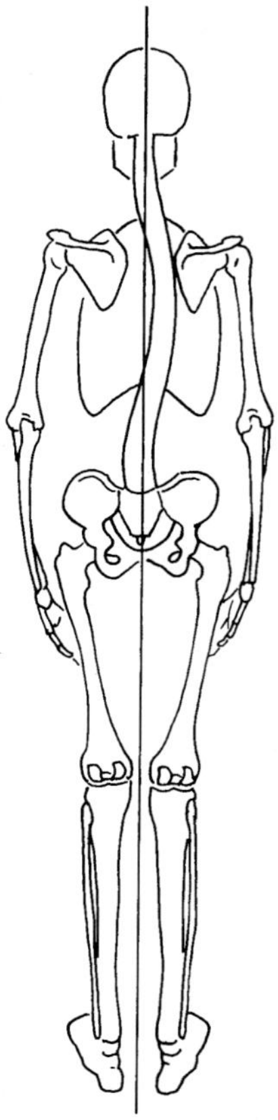

Abb. 11.**4**

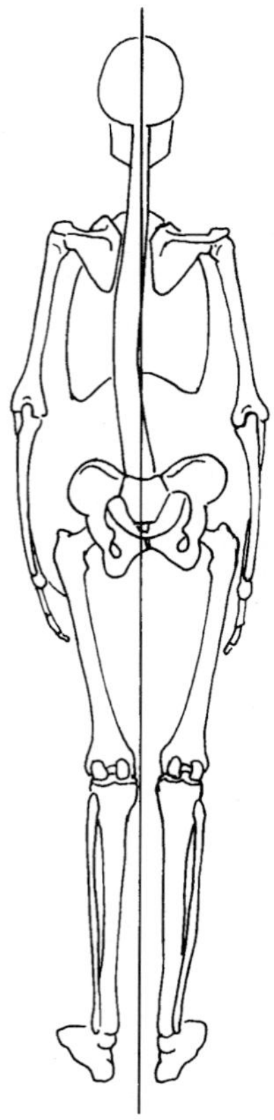

Abb. 11.**5**

27. Hier die vollständige Tabelle für Abb. 11.**5**.

Gelenk	**Anatomische Gelenkstellung**	**Muskelstatus** (verkürzt/gedehnt) (Geben Sie Muskel und Status an.)
Kopf	Nullstellung	ausgeglichen
Halswirbelsäule	Kopf steht rechts von der unteren Halswirbelsäule	rechtsseitige Muskulatur gedehnt linksseitige Muskulatur verkürzt
Schultergelenke	links Schulterhochstand rechts Schultertiefstand	M. trapezius descendens rechts gedehnt M. trapezius descendens links verkürzt
Brustwirbelsäule	linksthorakale C-Krümmung (Konvexität nach links)	rechtsseitige Muskulatur verkürzt linksseitige Muskulatur gedehnt
Lendenwirbelsäule	linkslumbale C-Krümmung (Konvexität nach links)	rechtsseitige Muskulatur verkürzt linksseitige Muskultur gedehnt
Becken	Beckenhochstand rechts	Beckenelevatoren rechts gedehnt Beckenelevatoren links verkürzt (In der Abb. sieht man eine Verkleinerung des Winkels zwischen Lendenwirbelsäule und Becken auf der linken Seite, die in der Antwort enthalten ist. Wenn keine Skoliose vorliegen würde, wäre die Antwort nicht richtig.)
Hüftgelenke	rechtes Hüftgelenk: adduziert linkes Hüftgelenk: abduziert	rechtslaterale Hüftgelenksmuskulatur gedehnt rechtsmediale Hüftgelenksmuskulatur verkürzt linkslaterale Hüftgelenksmuskulatur verkürzt linksmediale Hüftgelenksmuskulatur gedehnt
Kniegelenke	Nullstellung	ausgeglichen
Sprunggelenke	leichte bilaterale Pronation	Supinatoren gedehnt Pronatoren verkürzt

28. Häufig ist eine leichte Seitverkrümmung im Stand zu beobachten, die bei der Vorneigung wieder ausgeglichen wird. Es handelt sich hierbei um funktionelle Wirbelsäulenverkrümmungen, die nicht fixiert sind. Bleibt die Verkrümmung auch bei der Vorneigung bestehen, so handelt es sich um eine strukturell fixierte Krümmung. Die Beurteilung von lateral ist wichtig, um Veränderungen in den primären und sekundären Krümmungen zu erkennen.

29. Eine unilaterale Erhöhung des rechten Fußes bei gestreckten Kniegelenken überträgt den Effekt der Erhöhung direkt auf den lumbosakralen Übergang. Das Becken wird zur Seite kippen, rechts wird das Becken höher stehen als links, und Sie werden vielleicht eine linkslumbale Krümmung der Lendenwirbelsäule erkennen können. Hier wird die Wirkung eines längeren Beines auf der rechten Seite bei gestreckten Kniegelenken simuliert.

30. a. Eine Rechtsseitneigung der BWS bringt eine Linksrotation der Wirbel mit sich.
    b. Bei einer Linksrotation der Wirbel bewegen sich die Dornfortsätze nach rechts.
    c. Die Rippen folgen den Wirbeln, so daß sich die rechtsseitigen Rippen nach vorn und die linksseitigen Rippen mit der Rotation der Wirbel nach hinten bewegen. Ist die Rechtsseitneigung in einer strukturellen Skoliose fixiert, kommt es zu einem Rippenbuckel auf der linken Seite, da die Rippen sich links mit den Wirbeln nach dorsal bewegt haben und dort fixiert sind.

31. Wird ein überproportionaler Anteil des Gewichts nach ventral des physiologischen Körperschwerpunkts verlagert, so kommt es zu einer kompensatorischen Verlagerung des Thorax nach dorsal. Diese Anpassung kann man am besten in der Lendenwirbelsäule beobachten. Um die Haltung zu bewahren, werden die Wirbelsäulenextensoren stärker aktiviert.

32. Die Bewegung wird durch eine Lateralkippung des Beckens hervorgerufen. Um festzustellen, ob ein Bein länger ist als das andere oder ob es sich um eine Beckenverschiebung handelt, müssen Sie die anatomische Beinlänge mit der funktionellen Beinlänge vergleichen. Eine Differenz zwischen den funktionellen Beinlängen (bis zum Nabel) kann auf eine Beckenfehlstellung zurückzuführen sein. Eine Differenz in der anatomischen Beinlänge (bis zur Spina iliaca anterior superior) kann nicht durch eine Beckenfehlstellung verursacht sein, sodern nur durch einen tatsächlichen knöchernen Beinlängenunterschied.

33. Sie sollten in der Lage sein, proximale und distale Knochenpunkte an Unter- und Oberschenkel zu finden, um jeden Knochen einzeln abzumessen. Haben Sie ein kürzeres Bein diagnostiziert, können Sie mit dieser Methode feststellen, welcher Knochen betroffen ist. Die segmentale Messung erhöht jedoch auch die Fehlerquote bei der Messung. Die Gesamtbeinlänge wird von der Spina iliaca anterior superior zum medialen Malleolus gemessen, wobei weniger Fehler in der Messung entstehen, eine Festlegung welcher Knochen von der Verkürzung betroffen ist, ist jedoch schwieriger.
    Haben Sie eine Beinverkürzung festgestellt, so können Sie zwei Tests anwenden, die Ihnen dabei helfen können festzustellen, welches Segment des Beines betroffen ist. Das Prinzip hinter diesen beiden Methoden ist, den jeweiligen festen Hebel (Femur oder Tibia) zwischen Kniegelenk und Unterlage zu bringen.
    Zuerst vergleichen Sie die Kniegelenkshöhe, wenn Ihr Patient auf dem Rücken liegt und die Hüft- und Kniegelenke 90° gebeugt sind. Dies gibt Ihnen eine optische Vergleichsmöglichkeit der Oberschenkellängen, setzt jedoch voraus, daß keine starken Beckenanomalitäten vorliegen und daß das Becken nicht zu stark gegen die Lendenwirbelsäule rotiert ist.
    Dann vergleichen Sie die Kniegelenkshöhe bei angestellten Beinen in der Rückenlage, die Füße müssen nebeneinander flach auf der Unterlage stehen. So können Sie die Unterschenkellängen miteinander vergleichen.

12 Gang

Gangphasen

Das physiologische Gangmuster wird in zwei Phasen eingeteilt.

1. Nennen Sie die zwei Gangphasen.

2. Beschreiben Sie die Bewegungen des Schultergürtels und der oberen Extremitäten in Verbindung mit den Gehbewegungen der Beine.

3. An welcher Stelle des Gangzyklus ist das Kniegelenk maximal flektiert?

Abstands- und Zeitvariablen

4. Wie mißt man die Schrittlänge?

5. Stellen Sie Schrittlänge und Schrittzyklus einander gegenüber.

6. Wie mißt man die Gehgeschwindigkeit?

7. Diskutieren Sie das Verhältnis zwischen Gangrhythmus und der Dauer der Doppelbelastungsphase.

8. Vergleichen Sie den Abstand zwischen den beiden Innenknöcheln während des Ganges bei einem Kleinkind mit einem jungen Erwachsenen und bei einem jungen Erwachsenen mit einem älteren Erwachsenen. Welchem Umstand schreiben Sie die Unterschiede zu? (Beachte: Wenn Sie keine Bekannten unterschiedlichen Alters haben, gehen Sie auf einen öffenlichen Platz, z.B. eine Fußgängerzone, und machen Sie dort Ihre Beobachtungen.)

9. Wie groß ist die physiologische Divergenz der Fußlängsachsen beim Gang?
   a. Wie verändert sich die physiologische Divergenz der Fußlängsachsen bei höherer Gehgeschwindigkeit?

   b. Wie verhält sich die physiologische Divergenz zu der Größe der Unterstützungsfläche?

   c. Wie verhält sich die Größe der Unterstützungsfläche zur statischen Stabilität?

   d. Wie ist die Beziehung zwischen statischer Stabilität und Mobilität?

   e. Was könnte der funktionelle Nutzen einer Veränderung der physiologischen Divergenz der Fußlängsachsen bei größerer Ganggeschwindigkeit sein?

10. Für diese Übung brauchen Sie Puder, Teppichboden zum Laufen, einen Stuhl, einen langen Faden, ein Goniometer und ein Lineal. Streuen Sie sich im Sitzen Puder auf Ihre Fußsohlen (barfuß). Stehen Sie auf, mit Ihren Füßen in einem angenehmen Abstand zueinander. Aus dieser Stellung gehen Sie mindestens durch zwei vollständige Gangzyklen auf dem Teppichboden. Kommen Sie nach dem letzten Gangzyklus vollständig zum Stehen.
    a. Verwenden Sie eine Linie zwischen den Medialkanten aufeinanderfolgender Abdrücke Ihrer rechten Ferse, um die Divergenz der Fußlängsachse zu messen. Vergleichen Sie sie im Stand mit der im Gehen. Wie kommt es zu den Unterschieden, wenn Sie welche festgestellt haben?

    b. Messen Sie die Schrittlänge und den Schrittzyklus.

Determinanten des Ganges

11. Stehen Sie hinter Ihrem Partner, legen Sie Ihre Hand leicht auf beide Seiten seines Beckens (Cristae iliacae). Lassen Sie Ihren Partner jetzt gehen, und spüren Sie dabei seine Beckenbewegungen. Passen Sie auf, daß Sie durch Ihren Griff nicht die physiologischen Beckenbewegungen Ihres Partners unterdrücken. Beschreiben Sie die Beckenbewegungen während des Ganges.

12. Wiederholen Sie Aufgabe 11., aber lassen Sie Ihren Partner diesmal mit den Füßen näher beieinander gehen (Verminderung der medialen und lateralen Unterstützungsfläche) und dann mit den Füßen weiter auseinander. Wie wird die Beckenbewegung dadurch beeinflußt? Beschreiben Sie, wie dies das Verhältnis zwischen Unterstützungsfläche und Schwerpunkt verändert.

13. Zeigen Sie, wie eine Rotation des Beckens in der Horizontalebene auf dem stationären Femur des Standbeines den Weg des schwingenden Beines verlängert. Sie können das feststellen, indem Sie zunächst jede Beckenrotation beim Gang bewußt vermeiden und Sie dann wieder zulassen. Beobachten Sie, wie sich Ihr Gang verändert. Erinnern Sie sich daran, daß die Beckenrotation am Standbein stattfindet.

14. Wie beeinflußt die physiologische Beckenrotation die energetischen Anforderungen des Gehens?

15. Erklären Sie, wie die Bewegung des Körperschwerpunktes beim Gang die energetischen Anforderungen des Gehens verändert.

16. Erklären Sie, wie eine fehlende Kniegelenksextension das Gehen anstrengender macht (mehr Energie kostet).

17. In der Standbeinphase sinkt das Becken leicht zur nicht unterstützten Seite ab. Das Zusammenwirken des Beckenabsinkens mit der Kniegelenksextension in der mittleren Standbeinphase vermindert die Energiekosten des Ganges. Erklären Sie das.

18. In Kapitel 4 wurde schon über den Kollodiaphysenwinkel des Femurs gesprochen. Welchen Einfluß hat dieser Winkel auf die Größe der Unterstützungsfläche im Stand?

Muskellehre des Gehens

19. Während welcher Gangphase sind die Dorsalextensoren des Sprunggelenks am aktivsten?

    a. Welche Art der Kontraktion findet statt?

    b. Welche Funktion hat diese Kontraktion?

20. Warum muß sich der M. quadriceps femoris in der Phase des Fersenkontaktes kontrahieren?

21. Welche Funktion hat der M. glutaeus maximus in der frühen Standbeinphase des Gehens?

22. Bei welcher Gangphase sind die Hüftgelenksflexoren am aktivsten? Welche Funktion hat ihre Aktivität?

23. Welche Funktion haben die Hüftgelenksabduktoren des Standbeines? Welche Kontraktionsart liegt in diesen Gangphasen vor?

Beschleunigung

24. a. Gehen Sie etwa 50 m sehr langsam. Denken Sie darüber nach, wie sich die Muskulatur der Hüft-, Knie- und Sprunggelenke anfühlt.
    b. Gehen Sie jetzt in einem normalen Tempo, und denken Sie wieder an das Gefühl in Ihrer Muskulatur.
    c. Gehen Sie in einem normalen Tempo, und halten Sie plötzlich auf einem Bein an. Was geschieht mit Ihrem Körper und mit Ihrem Gleichgewicht? Spüren Sie, wie sich die Muskeln Ihres Standbeines anfühlen.
    d. Welche Erklärung gibt es für das unterschiedliche Gefühl in der Muskulatur bei a. und b.?

    e. Erklären Sie, wie sich Ihre Körperstellung und Ihr Gleichgewicht verändert hat und was Sie gespürt haben.

    f. Welche Rolle spielt die Beschleunigung beim normalen Gang abgeleitet aus a.-e.?

Anwendungen

25. Kommen Sie in Fünfergruppen zusammen, zwei werden ausgewählt, deren Gang von den anderen beurteilt werden soll. Sie sollten so gekleidet sein, daß man den Gang gut beurteilen kann.
    a. Bringen Sie an günstigen Bezugspunkten Klebepunkte an, die es Ihnen erleichtern, die Gelenkbewegungen in der Sagittal- und der Frontalebene zu beobachten. Bringen Sie einige Klebepunkte so an, daß sie die Tibia- und die Beckenrotation in der Horizontalebene verfolgen können sowie das Heben und Senken des Körperschwerpunktes. Tip: Ein Strohhalm, der an der Tibia und am Becken so befestigt wird als wäre er ein Pfeil, der durch den Knochen verläuft, kann die Rotationsbewegungen noch besser verdeutlichen.
    b. Lassen Sie immer nur einen Ihrer Mitschüler gehen, damit alle die Chance bekommen, sein Gangbild zu beobachten. Ihr Mitschüler sollte im normalen Tempo gehen. Die anderen Mitglieder der Gruppe notieren, was in den verschiedenen Gangphasen in jedem einzelnen Gelenk passiert. Meist ist es am einfachsten, sich nur auf ein Gelenk zu konzentrieren und dann der Reihe nach die anderen Gelenke zu beobachten. Man kann dabei von den Füßen zum Kopf oder vom Kopf zu den Füßen vorgehen.
    c. Schreiben Sie auf, welche Bewegung in jedem Abschnitt der Gangphasen in den verschiedenen Gelenken stattfindet.

    d. Beobachten Sie die Elevation und Depression des Körperschwerpunktes beim Gehen. Stellen Sie fest, in welchem Abschnitt des Gangzyklus der Körperschwerpunkt am höchsten und in welchem am niedrigsten ist.

    e. Stellen Sie sich seitlich mit Ihrer linken Seite an eine Tafel, und halten Sie eine farbige Kreide auf Schulterhöhe. Beugen Sie Ihren Ellenbogen, so daß die Hand Ihr Schultergelenk berührt. Damit diese Übung funktioniert, müssen Sie die Kreide ruhig halten können, während Sie gehen. Jetzt gehen Sie neben der Tafel entlang und halten mit der Kreide den Kontakt zur Tafel. Wenn Sie das andere Ende der Tafel erreicht haben, betrachten Sie die Linie, die auf der Tafel entstanden ist. Sie werden eine Sinuskurve kleiner Amplitude erkennen. Nun machen Sie das gleiche nocheinmal, jedoch gehen Sie nun mit einem steifen rechten Kniegelenk, und verwenden Sie eine andersfarbige Kreide.
    - Messen Sie den Abstand vom höchsten zum niedrigsten Punkt der Kurve.
    - An welchem Punkt des Gangzyklus liegt der höchste Punkt der Kurve?
    - An welchem Punkt des Gangzyklus liegt der niedrigste Punkt der Kurve?
    - Welche Veränderungen ergeben sich in der Kurve an der Tafel, wenn Sie mit einem steifen rechten Kniegelenk gehen? Was bedeutet diese Veränderung für die Energiebilanz des Gehens?

26. Lassen Sie einen Mitschüler eine gravierende Schwäche des linken M. triceps surae simulieren. Die Schrittlänge welches Beines wird am stärksten beeinträchtigt? Warum?

27. Wie können Sie einen schwachen M. tibialis anterior beim Gehen leicht erkennen?

28. Welche Fuß- und Sprunggelenksmuskulatur kann einen schwachen M. tibialis anterior unterstützen?

29. Eine Bewegung welcher Gelenke in der Nähe der Articulatio talocruralis kann dessen Versteifung verdecken?

30. Demonstrieren Sie ein Gangbild für jede der folgenden Muskelschwächen:
    a. bilaterale Schwäche des M. glutaeus maximus
    b. unilaterale Schwäche des M. glutaeus medius
    c. bilaterale Schwäche des M. iliopsoas
    d. unilaterale Schwäche des M. quadriceps femoris
    e. unilaterale Schwäche der prätibialen Muskelgruppe

31. Da der normale Gang eine Serie erwarteter Reaktionen ist, zählt derjenige, der geht, dauernd darauf, daß die Reaktionskräfte des Bodens ihn antreiben. Um diesen Effekt der Reaktionskräfte des Bodens in der Zusammenarbeit mit der Reibung zwischen Fuß und Boden zu demonstrieren, gehen Sie geradeaus auf das Rollbrett zu, bis einer Ihrer Füße auf dem Rollbrett steht. Machen Sie dann sofort eine 90° Wendung von dem Fuß herunter, der auf dem Rollbrett steht. Z.B. Wenn Ihr rechter Fuß auf dem Rollbrett steht, drehen Sie sich nach links und drücken sich mit dem rechten Fuß ab. Erwarten Sie eine schnelle und starke Bewegung des Rollbretts. Die Bewegung des Rollbretts ist ein Indikator der Reaktionskräfte des Bodens und der Reibung, die benötigt wird, um die Richtung zu ändern.
    a. Die Reaktionskraft des Bodens ist ein Beispiel für welches Newton-Gesetz?
    b. Beziehen sich noch andere der obengenannten Aktivitäten auf dieses Gesetz?

32. Beim Gehen wird durch die Beschleunigung eine erhebliche Kraft zur Unterhaltung der Vorwärtsbewegung ausgeübt. Mit welchem Newton-Gesetz ist die Beschleunigung am direktesten verbunden?

Antworten zu Gang

1. Die zwei Gangphasen heißen Doppelbelastungsphase und Schwungbein- (Spielbein)/Standbeinphase.

2. Die Arme bewegen sich gemeinsam mit dem kontralateralen Bein. Wenn z.B. das linke Bein nach vorne bewegt wird, bewegt sich auch der rechte Arm nach vorn. Becken- und Schultergürtel werden gegeneinander gestellt.

3. Das Kniegelenk ist am Beginn der Spielbeinphase – nach der Zehenablösung – maximal flektiert.

4. Beim Schrittzyklus handelt es sich um den Abstand zwischen dem Punkt des Fersenkontaktes des einen Beines und dem folgenden Fersenkontakt des gleichen Beines.

5. Ein Schrittzyklus wird am gleichen Bein gemessen, während die Schrittlänge der Abstand vom Fersenkontakt eines Beines zum Fersenkontakt des anderen Beines ist.

6. Die Gehgeschwindigkeit ist die Schrittlänge multipliziert mit der Anzahl der Schritte pro Minute. Daraus erhält man die Wegstrecke, die in einer Minute zurückgelegt wird.

7. Je schneller der Gangrhythmus, um so kürzer die Doppelbelastungsphase.

8. Die Unterstützungsfläche bei Kleinkindern ist breiter als bei Erwachsenen, da Ihr Schwerpunkt kranialer liegt und die Gleichgewichtsreaktionen geringer sind. Alte Menschen haben auch eine breitere Unterstützungsfläche, da Sie langsamere Gangmuster und langsamere Gleichgewichtsreaktionen haben, weswegen eine größere statische Stabilität benötigt wird.

9. Beim Gang beträgt die physiologische Divergenz der Fußlängsachse 7°.
   a. Je schneller das Gangtempo, um so geringer die physiologische Divergenz der Fußlängsachse.
   b. Je größer die Divergenz der Fußlängsachsen, um so größer die Unterstützungsfläche.
   c. Je größer die Unterstützungsfläche, um so größer die statische Stabilität.
   d. Statische Stabilität und Mobilität verhalten sich umgekehrt proportional zueinander. Wenn das eine zunimmt, nimmt das andere ab.
   e. Eine höhere Geschwindigkeit benötigt mehr Mobilität. Eine höhere Geschwindigkeit bringt dynamische Stabilität mit sich, wie beim Fahrradfahren. Je schneller man geht, um so geringer ist der Nutzen und der Bedarf für eine große Divergenz der Fußlängsachsen.

10. a. Die Linie zwischen aufeinanderfolgenden Fersenabdrücken des gleichen Fußes ist die Referenzlinie zum Messen der Divergenz der Fußlängsachse. Dies ist die Progressionslinie. Bei den Puderfußabdrücken wird eine Mittellinie festgelegt. Der Winkel zwischen ihr und der Progressionslinie ist die Divergenz der Fußlängsachse.
    b. Es müssen horizontale Linien am Ende des Fersenabdrucks eingezeichnet werden, um den Abstand von einem zum anderen zu messen. Die Horizontalen müssen zueinander parallel sein, um die Länge des Schrittzyklus zu bestimmen. Diese Übung kann zu einer Diskussion darüber führen, welche Gangpathologien zu einer Veränderung des Schrittzyklus oder der Schrittlänge führen und warum. Die Schrittbreite ist der Abstand zwischen den parallelen Progressionslinien des rechten und des linken Fußes.

11. Sie sollten die Rotation in der Horizontalebene spüren, das Lateralkippen in der Frontalebene und die Seitverlagerung von einem Fuß auf den anderen.

12. Je weiter die Füße auseinander sind, um so größer wird die Seitverlagerung, um den Schwerpunkt über das Standbein zu bringen. Dadurch wird die Bewegung des Schwerpunktes in seitlicher Richtung und auch die zum Gehen benötigte Energiemenge größer.

13. Das rotierende Becken bringt das Schwungbein nach vorne, wodurch der Fuß weiter nach vorn transportiert wird.

14. Die Verlängerung des Beines durch die Beckenrotation dient dazu, das Absinken des Körperschwerpunktes während des Schrittes zu vermindern. Um die gleiche Schrittlänge beizubehalten ohne Beckenrotation, müssen sich die Hüftgelenke stärker flektieren und extendieren, wobei die Vertikalbewegung des Körperschwerpunktes größer wird.

15. Die Verlagerung des Körperschwerpunktes in der Vertikalen bedeutet physikalische Arbeit und benötigt Energie. Eine Lateralbewegung des Körperschwerpunktes erzeugt eine lineare Beschleunigung, der mit muskulärem Einsatz begegnet werden muß, wofür wiederum Energie benötigt wird.

16. Eine fehlende Kniegelenksflexion verursacht kompensatorische Bewegungen, wie ein Heben des Beckens auf der betroffenen Seite oder eine Zirkumduktion des betroffenen Beines, um den Fuß während der Schwungphase vom Boden zu lösen. Aufgrund dieser Kompensationen kommt es zu einer seitlichen Verlagerung des Körperschwerpunktes. Eine fehlende Kniegelenksflexion unterbricht auch die Zusammenarbeit der Sprung- und Kniegelenke und den geschmeidigen Übergang in die Standbeinphase. Durch all diese Dinge erhöht sich der Energiebedarf.

17. Das gestreckte Bein in der Standbeinphase hebt den Körperschwerpunkt an. Das Absinken des Beckens in der Standbeinphase wirkt dem entgegen. Das Absinken des Beckens begrenzt damit die Bewegung des Körperschwerpunkts in der Vertikalen.

18. Der Kollodiaphysenwinkel leitet das Femur, das im Azetabulum sitzt, zur Mittellinie und verkleinert so die Unterstützungsfläche.

19. Die Dorsalextensoren des Sprunggelenks sind beim Fersenkontakt am aktivsten.
    a. Exzentrisch
    b. Verhindert, daß der Fuß beim Übergang vom Initial Contact zur Loading Response auf den Boden klatscht.

20. Beim Fersenkontakt fallen das Schwerelot und die Kraftlinie vom Boden durch das Bein hinter die Flexions-/Extensionsachse des Kniegelenks, so daß ein flektierendes Drehmoment entsteht. Der M. quadriceps kontrahiert sich, damit das Kniegelenk der Schwerkraft nicht nachgibt.

21. Der M. glutaeus maximus gewährleistet die Beckenkontrolle in der Standbeinphase.

22. Die Hüftgelenksflexoren sind während der Zehenablösung am aktivsten und für die Einleitung der Schwungbeinphase verantwortlich.

23. Die Abduktoren sind laterale Stabilisatoren des Beckens, sie verhindern ein übermäßiges Absinken des Beckens während der Standbeinphase auf der Spielbeinseite. Während das Becken absinkt, ist die Kontraktion exzentrisch. Bei stabilem Becken ist die Kontraktion isometrisch.

24. d. Die Gangmuskeln kontrahieren sich fast ununterbrochen wenn man langsam geht, da es bei langsamem Tempo weder dynamische Stabilisation noch Beschleunigung gibt, die einen in Bewegung hält.
    e. Der normale Gang wird zum größten Teil von der Beschleunigung angetrieben. Das ist auch die Kraft, die einen vorwärtstreibt, wenn man versucht, plötzlich anzuhalten.
    f. Bewegt sich der Körper erst einmal, können kurze Kontraktionsstöße das Gehen aufrechterhalten. Die Tendenz, nach vorn zu kippen, wenn man versucht schnell anzuhalten, ist ein Maß für die Kraft der Beschleunigung beim Gehen.

25. a. Setzen Sie die Klebepunkte an die großen Gelenke und an Punkte, die einen großen Bewegungsausschlag haben. Mit Hilfe von Versuch und Irrtum werden Sie nach einigen Versuchen die besten Stellen für die Klebepunkte gefunden haben. Eine Ausnahme bilden die Punkte an der Tibiakante und am Sakrum zur Beobachtung der Rotation in der Horizontalebene.
    Um die vertikale Bewegung des Körperschwerpunktes zu erkennen, kleben Sie einen Punkt seitlich an den Rumpf auf Höhe des Körperschwerpunkts.

c. Die Gelenkbewegungen können Sie anhand Ihres Lehrbuches zur Bewegungslehre überprüfen.
d. Der Körperschwerpunkt befindet sich in der mittleren Standbeinphase am höchsten und in der Doppelbelastungsphase am niedrigsten.
e. • Der Abstand des niedrigsten zum höchsten Punkt in der Sinuskurve sollte nicht mehr als 5 cm betragen. Warum?
   • Mittlere Standbeinphase
   • Doppelbelastungsphase
   • Die Kurve wird in der linken mittleren Standbeinphase höher liegen, damit der rechte Fuß für seine Schwungbeinphase vom Boden gelöst werden kann. Es wird mehr Energie zum Gehen benötigt, da durch die größere Vertikalbewegung des Körperschwerpunktes mehr Arbeit geleistet werden muß.

26. Der rechte Schritt wird kürzer werden, da die Standbeinphase auf der linken Seite frühzeitig beendet wird. Um die Standbeinphase links zu verlängern muß der M. triceps surae das Sprunggelenk stabilisieren, wenn das Schwerelot ventral vom Gelenk fällt. Das geschieht während der mittleren Standbeinphase, wenn das Schwungbein sich vor das Standbein bewegt.

27. Eine Schwäche des M. tibialis anterior verursacht einen „Stepper-Gang". Der Vorfuß wird zuerst aufgesetzt. Um die Zehen vom Boden zu lösen, muß der Patient sein Kniegelenk höher ziehen als normal, das geschieht mit größerer Hüft- und eventuell auch Kniegelenksflexion. Der Fuß hängt in der Schwungbeinphase nach unten.

28. Muskeln, die einen schwachen M. tibialis anterior unterstützen können, sind die der gleichen Muskelloge: M. extensor hallucis longus, M. extensor digitorum longus.

29. Die Articulationes mediotarsale und Articulationes tarsometatarsale können eine versteiftes Articulatio talocrurale verbergen.

30. a. Der Rumpf wird beidseits nach hinten gelehnt, um das Schwerlot dorsal der Hüftgelenke zu halten.
    b. Der Rumpf wird über die Standbeinhüfte zur Seite gelehnt.
    c. Das Becken wird ruckartig nach vorne geschoben.
    d. Genu recurvatum beim Fersenkontakt und in der mittleren Standbeinphase.
    e. „Stepper-Gang" während der Schwungbeinphase und ein Aufklatschen des Fußes beim Fersenkontakt.

    Die verschiedenen Gangarten sollten von einer Lehrkraft demonstriert oder zumindest berichtigt werden.

31. In dieser Übung kann man erkennen, wie wichtig der Reibungswiderstand des Untergrundes für die Richtungsänderung und Fortführung der Fortbewegung ist. Es sollte sich aus dieser Übung ein Verständnis entwickeln, daß die Anstrengungen des Körpers in eine dorsale bzw. laterale Richtung gehen und nur aufgrund des Reibungswiderstandes des Bodens bzw. der vom Boden entgegengesetzten Kräfte eine Fortbewegung nach vorn bzw. in die Gegenrichtung entsteht.
    a. Dies ist ein Beispiel für das dritte Newton-Bewegungsgesetz. Das Gesetz der Reaktion.
    b. Obwohl sich die Übungen a., b. und c. direkt auf das Gesetz der Beschleunigung (zweites Newton-Gesetz) beziehen, können sie auch als Anwendungen des dritten Newton-Gesetzes gesehen werden.

32. Gesetz der Trägheit der Masse